AF723904

Gewidmet den letzten Ursprungsvölkern Europas, Asiens und Nordamerikas und deren bedrohten Kulturen sowie allen frei lebenden und domestizierten Rentieren und Karibus als Mitgeschöpfe dieser Erde.

Bernhard Wagner, EUR.-ING./M.A., geb. 1948 in Karlsruhe, Studium der Elektrotechnik/Nachrichtentechnik und Neuere Geschichte. Der weitgereiste Publizist und Journalist schreibt für Tageszeitungen und andere Medien. Der Autor hat bisher u. a. Bücher über Mallorca, zur Verkehrsgeschichte und zur Weihnachtskultur veröffentlicht. Wagner ist Mitglied der Internationalen Akademie der Wissenschaften (AIS), San Marino.

Bernhard Wagner

IM REICH DER RENTIERE

EIN LESE-ERLEBNIS-REISEBUCH

Wissenswertes über die Welt
der nordischen Flitzer

Mit zahlreichen Tipps,
über 800 Farbfotos und Abbildungen
55 Karten sowie extra Reiseteil
rund um den Globus

Lindemanns Bibliothek

Ren [rɛn, re:n; skand.] (Rentier, Rangifer tarandus), großer Trughirsch v. a. in den Tundren- und Waldgebieten N-Eurasiens und des nördl. N-Amerika (einschl. Grönland); Körperlänge bis über 2 m, Schulterhöhe 1,0–1,2 m, Fell dicht und lang, dunkel- bis graubraun, auch hell oder gescheckt, im Winterkleid sehr viel heller als im Sommer; ♂ und ♀ mit starkem, ziemlich unregelmäßig verzweigtem Geweih, Enden oft schaufelförmig. Das R. tritt in großen Rudeln auf, die jahreszeitlich weite Wanderungen durchführen. Das halbzahme, in großen Herden gehaltene **Nordeurop. Ren** (Rangifer tarandus tarandus) dient den nord. Nomaden als Zug- und Tragtier, als Fleisch-, Milch-, Fell- und Lederlieferant. Im sö. Kanada lebt das **Karibu** (Rangifer tarandus caribou), mit bes. großer Schaufelbildung.

Ren (Mrz. Renes) [lat.], svw. ↑ Niere.

Lindemanns Bibliothek, Band 202,
herausgegeben von Thomas Lindemann.
Dieser Band entstand gemeinsam
mit Tom Høyem.

Abbildungsnachweis: s. S. 497 ff.
Kartografie: www.cartomedia-karlsruhe.de
Mitarbeit: Christof Beck, Kurt Fay,
Uwe Kunze, Stefanie Iwanek, Brigitte Wagner

ISBN 978-3-88190-696-8

www.infoverlag.de

Bei manchen Internetadressen, v. a. im „Reiseteil“ ab S. 313, haben wir aus Platzgründen auf das „www“ verzichtet.

Inhalt

Doggerland in der Nordsee: Versunkenes Land, wo Jäger und Rentiere lebten

Vor etwa 20 000 Jahren gab es eine Landbrücke zwischen Großbritannien und dem europäischen Festland; mitten drin befand sich das **Doggerland** (auch Doggerbank genannt), das etwa 8 500 Jahre vor heute (Mittelsteinzeit) den Jägern und Sammlern reiche Beute u. a. an Mammuts und Rentieren lieferte. Allerjüngsten Forschungen zufolge – darunter die Universitäten Birmingham (*Professor Vincent Gaffney*) und Reading (*Dr. Jim Leary*), in Schottland St. Andrews (*Dr. Richard Bates*), Dundee und Aberdeen, sowie die Universität Trinity St. David in Lampeter (Wales) – war dieses bis zu einer Tiefe von 120 m liegende Gebiet eine liebliche Gegend, wo sich nordische Paarhufer en masse aufhielten. Jäger wie Rentiere konnten damals trockenen Fußes vom Kontinent nach England und den Kanalinseln kommen. Britische Unterwasserarchäologen haben im Gebiet des Doggerland Feuersteingeräte, alte Klingen und Kratzer sowie Rentierknochen freigelegt, die von einer mittelsteinzeitlichen Siedlung stammten. Doggerland in der Nordsee ist weltweit eines der reichsten Gebiete für Säugetier-Artefakte. Man darf gespannt sein, was in den nächsten 150 Jahren dieses einst versunkene Land – ein Atlantis der Nordsee – zwischen Großbritannien, Niederlande, Deutschland und Dänemark noch alles bieten wird.

www.youtube.com/watch?v=ErC0tRmVTVg
map.doggerland.net

Prof. Vincent Gaffney, britischer Archäologe für Doggerland

Mitten in Doggerland

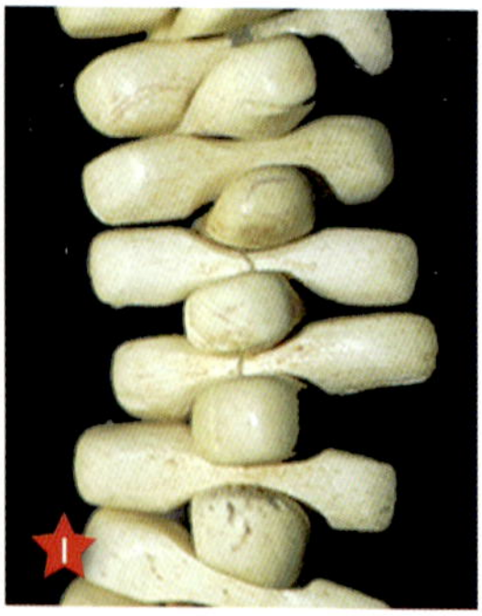

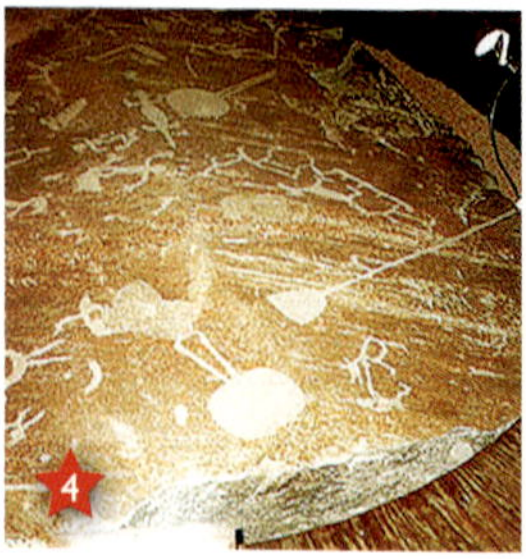

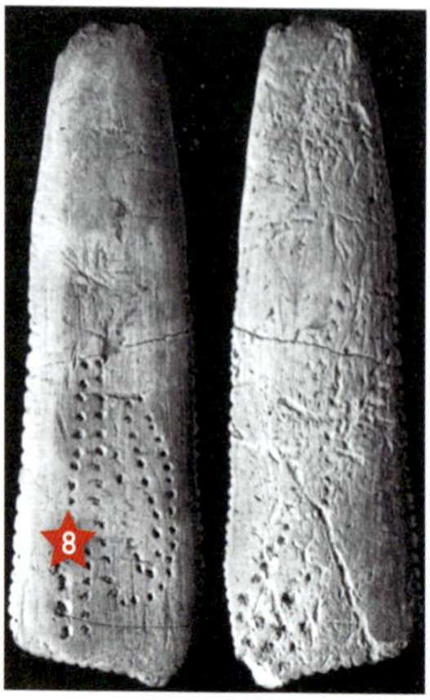

Diese **Top 17** müssen Sie gesehen, von ihnen gelesen oder gehört haben!

DIE WELT DER RENTIERE
HIGHLIGHTS

An den grünen Berghängen auf dem Nordkalottleden nördlich vom Torneträsk fühlen sich die geselligen Rentiere wohl.

On the beach – das assoziiert den gleichnamigen Hit von Cliff Richard und The Shadows aus dem Jahre 1964. Doch diesmal sind die Akteure die Rentiere von Varanger, am äußersten Zipfel in Nordnorwegen. Eingefangen hat diese wunderbare Begegnung mit den Menschen – „Wonderful Life" – die norwegische Fotografin Mari-Ann Nilssen in Varangerbotn. Es ist sehr selten, dass man einen Treff zwischen Rentieren und Menschen am Meer erleben kann. Normalerweise laufen die Tiere weg, aber die Fotografin hatte das Glück, im richtigen Augenblick den Auslöser zu betätigen und diesen besonderen Moment im Bild festzuhalten. Die besondere Impression mit französischen Touristen wurde in der Bucht von Sandfjord eingefangen. Sie liegt in der Nähe vom Hamningberg, am Ende von Europa, wo der Weg endet ...

Der Rentier-Blick

Rückblickend begann eigentlich alles mit einer deutsch-dänischen Begegnung im Karlsruher Hardtwald im November 2005. Für einen Pressetermin sollte ich über die schwierige Lage des Waldes berichten, zumal der Hardtwald Teil des europäischen Schutzgebietsnetzes „Natura 2000“ ist, in welchem die Lebensräume schutzwürdiger Arten und Lebensgemeinschaften bewahrt werden sollen. Bei dem weitläufigen Waldrundgang, der nur mit einem Kleinbus bewältigt werden konnte, waren auch Gemeinderatsmitglieder dabei. Und so saß ich neben Stadtrat *Tom Høyem*, seines Zeichens Chef der Europäischen Schule. „Für wen schreiben Sie?“, fragte er mich. „Badische Neueste Nachrichten.“ Als ich einen Akzent wahrnahm, fragte ich ihn, woher er denn stamme. „Dänemark.“ „Da war ich früher mal. Kopenhagen, Tivoli. Die Sandstrände am Limfjord, die Universitätsstadt Aarhus ...“ Ich geriet ins Schwärmen. Wir tauschten unsere Karten aus und begegneten uns ab und an bei anderen Presseterminen, die wir stets auch für Gespräche über Mensch und Natur nutzten.

Ausschnitt aus der Carta marina: Rentiere werden gemolken.
links: Rentier im Naturpark Reinhardswald

Als in mir drei Jahre später die Idee zu einem Buch über Rentiere reifte, wurde mir rasch klar, dass ich dieses Projekt nur mit der Hilfe eines Nordlandkenners weiterverfolgen konnte. Ich rief Tom Høyem an. Der einstige dänische Minister für Grönland war begeistert und er hatte bereits ähnliche Ideen im Kopf gehabt. Er war an Bord. Als Mitherausgeber lieferte er im Verlauf meiner Recherchen zahlreiche wertvolle Tipps und Hinweise, die in diesen Band eingeflossen sind. Schon bald sollten wir

Weihnachtskarte mit Steiff-Rentier „Renny“

feststellen, dass uns das Rentier-Fieber gepackt und fest im Griff hatte. Aus zahlreichen Ideen entstanden Puzzleteile, die wir dem Verleger *Thomas Lindemann* präsentieren konnten. Ihm muss unser „Rentier-Blick“ wohl gefallen haben und so machten wir uns alsbald gemeinsam an die weitere Arbeit an diesem Buch.

Einem Aufruf in der hiesigen Tagespresse, uns persönliche Erlebnisse mit Rentieren zu übermitteln, folgten zahlreiche Zuschriften in Text und Bild, die auf vielfältige Weise in diesen Band Ein-

Und ab geht’s mit Rentier-Power!

gang gefunden haben, nicht zuletzt in einem kleinen Abschnitt. Auch Raritäten wechselten die Besitzer. So schenkte die Zoopädagogin *Dr. Ulrike Stephan* dem Chef der Europäischen Schule im Jahre 2011 ein Original-Steiff-Rentier namens **Renny**, das immerhin 50 Jahre auf dem Buckel hatte. Høyem hat es als Motiv für seine offizielle Weihnachtskarte verwendet. Unsere nordischen Paarhufer haben mit dem Fest der Feste immerhin so manches zu tun, auch wenn sie alles andere als Weihnachtstiere sind. Sie bieten Stoff das ganze Jahr über, wie sich auf den nachfolgenden Seiten reichlich belegen lässt.

*

Ursprünglich war dieser Band als Lesebuch gedacht, mit Geschichten, Wissenswertem und kleinen Reisehinweisen zwischenrein. Aus den zunächst eher spärlichen Hinweisen auf Fundorte von Rentieren, Museen und Höhlen sammelte sich zusehends eine Flut an Hinweisen zu archäologischen Rentier-Spuren an, gefolgt von einer Unmenge an Bildern zu diesem Thema. So ist nunmehr ein „Lese-Erlebnis-Reisebuch" entstanden, das neben Wissenswertem über die Welt der nordischen Flitzer zahlreiche Tipps und Fotos sowie einen separaten Reiseteil rund um den Globus enthält. Auf etwa 20.000 Kilometern per pedes, mit dem Auto, mit

Vallon-Pont-d'Arc (s. S. 361) ist Ausgangspunkt für prähistorische Touren – hier die romanische Kirche im 25 km entfernten Larnas.

Weltweite Verteilung von Rentieren und Karibus

Bahnen und Bussen, Flugzeugen und Schiffen konnte ich eine Fülle wunderbarer Rentier-Schauplätze und -Schätze entdecken, die ich mit diesem Buch gerne weitergebe.

Rentier-Trekking hoch oben in Schottland

Was wählt man für einen Reiseführer aus, wenn man das Rentier und dessen Fundstellen auf Fels- und Höhlenzeichnungen, in Fragmenten und Superlativen, in Museen oder vor Ort vorstellen möchte? Passen Outdoor-Attraktionen zur Begegnung mit den Rentiernomaden und ihrer Kultur? Welche Orte und Landstriche liegen in der Nähe von interessanten Rentier- und Karibu-Entdeckungspunkten? Sind auf dem „St.-Olav-Pilgerweg" in Norwegen auch Zeugnisse von Rentieren zu finden? Antworten finden Familien, Abenteurer und Naturliebhaber im

Hinweis: Im Buch wird sowohl die Schreibweise „Lappland" als auch „Sápmi" für die skandinavische Region verwendet. Obwohl „Sápmi" (= Land der Sami) die korrekte Schreibweise ist, wird in den meisten Schriften der nordischen Länder und Tourismusbüros der Begriff „Lappland" verwendet.

Rentier-Reiseführer (ab s. S. 313). Er ist gespickt mit einer Fülle an Informationen, zahlreichen Adressen und Kurzbeschreibungen.

Das Buch ist einer Spezies gewidmet, Rentier bzw. Karibu, die ihr Leben eher scheu und sensibel meistert. Doch die Rentiere leben nicht allein. Mit ihnen ziehen nordische Völker wie Sami, Inuit, Tschuktschen und Mongolen meilenweit über Steppen und Hochplateaus, vereiste Landschaften und sommergrüne Auen. Rentiere ohne Menschen und Menschen ohne Rentiere, das geht nicht. Nicht umsonst werden daher in Literatur und Forschung die Rentiere als „Gold der Sami" bezeichnet. Auch ihnen ist ein Kapitel gewidmet (s. S. 65).

Eine Samin bei der Handarbeit

Illustration zum Gedicht „A Visit from St. Nicholas", 1869

„Im Reich der Rentiere" gibt es Geschichten von weihnachtlichen Himmelsflitzern, Betrachtungen von Höhlen- und Felszeichnungen, auf denen Paarhufer von Eiszeitmenschen verewigt wurden. Wenig bekannt sein dürfte, dass sich noch heute auf eiszeitlichen Rentierflöten rockige Töne von damals entlocken lassen (s. S. 44). Und: Rentiere liegen im Trend – in der Mode, der Kunst, im Film, ja sogar in der Wirtschaft (s. S. 173 ff).

Dass das Buch „made in Karlsruhe" ist, mag verwundern. Wäre es aus skandinavischer oder kanadischer Sicht herausgegeben worden, wäre das naheliegend. Dennoch stellt Karlsruhe einen plausiblen Augangspunkt dar: Der Oberrheingraben zwischen Vogesen und Schwarzwald ist in grauer Vorzeit eine **Magistrale der Rentiere**, ein Lauf-Korridor in Europa, gewesen. Ganz gleich, wie die eiszeitlichen Verhältnisse auch lagen, die Rentiere müssen sich

Leuchtturm Hanstholm Fyr, Limfjord (Dänemark)

Goldbeeren aus Norrland

Rentierdenkmal in Røros
Lecker: Rentier-Burger

Inuit-Familie (Nordamerika)

Der Inari-See (Inarijärvi) ist der drittgrößte See Finnlands.

„1.000 Rentiere“ der Künstlerin May-Britt Nyberg Chromy

hier nach den Funden am Rhein – etwa in den Kiesgruben im Kreis Karlsruhe und in Rheinland-Pfalz – wohlgefühlt haben. Allerdings auch die Rentierjäger, die im Markgräflerland und im Hegau leichte und reiche Beute machen konnten.

Nicht zuletzt will das Buch eine Bestandsaufnahme der gegenwärtigen Situation der Rentiere und der indigenen Völker sein und damit den Blick für so manchen Unbill schärfen. Denn wenn die Rentiere nicht mehr da sind, dann verschwinden auch ihre Völker. Schon 1956 schrieb der Rentierforscher *Prof. Dr. Wolf Herre*: „Auch das wilde Ren weitet seine Gebiete nicht aus. Die Jagd durch den Menschen mit Schusswaffen, auch in entlegeneren Gebieten, trägt zu seinem Erlöschen bei. Alte, einst unzugängliche Heimstätten des Rentieres hat der Mensch durch Flugzeuge und andere Verkehrsmittel erreicht. Er spürt an diesen Stellen nach Bodenschätzen oder machte sie sich aus anderen Gründen dienstbar. So vertrieb er das Rentier. Es wird Aufgabe des Menschen sein, den Fortbestand auch dieses eigenartigen Wildes zu sichern."

Bernhard Wagner

Ein Porcupine-River-Karibu-Kälbchen trottet mit seiner Mutter auf einer Küstenebene.

Karibus sind scharf auf das Salz auf der Straße.

Museum im Wigierski Park Narodowy (Polen)

Christmas-Island-Münze mit goldenem Rentier

Mitternachtssonne in Finnland

Kobuk Sanddünen

Weihnachts-Schmuck

Eisskulptur im „Icium", Finnisch-Lappland

Die Dordogne im Quercy

Homepage der Inuit, Nunatsiavut

Ferme Chemins du Nord, Orbey (Vogesen)

Rentiere auf weihnachtlichem Toilettenpapier

Pracht-Exemplar eines Karibus

Inuit-Museum, Mia (Katalog)

Das Weihnachtsdorf in Rovaniemi

Der amerikanische Komponist Leroy Anderson (1908–1975) hatte schwedische Wurzeln. Seinen Weihnachtshit „Sleigh Ride" – Schlittenfahrt – hätte er sicher gerne so gesehen.

Rentiergeweih auf einem bunten
Blumenteppich in Norwegen

SPEKTAKULÄRE FOSSILFUNDE UND EISZEITLICHE GRAFFITIS

Rudolphs arktische Wurzeln

Es war eine archäologische Sensation, als in **Süßenborn** (heute Stadtteil von Weimar / Thüringen) fossile Reste von Rentieren kurz nach der Jahrhundertwende gefunden wurden. Schon im Jahre 1911 berichtet der bedeutende Eiszeitforscher, der Freiburger Professor *Wolfgang Soergel*, Folgendes: „Die vorliegende Stange (Geweihstange) grub ich im Sommer 1908 etwa 8 – 10 m unter der Oberfläche an der Südwestwand einer der östlichen Schottergruben bei Süßenborn aus ..."

Diese Arbeiten führte später der renommierte Wissenschaftler Professor *Hans-Dietrich Kahlke* fort. In der DDR-Enzyklopädie

Der älteste Karibu-Knochenfund von Fort Selkirk ist 1,6 Millionen Jahre alt.

Route zum „Süßenborner Kiesbruch“: Süßenborn ist ein Stadtteil von Weimar. Das über 850 Jahre alte Dorf mit 300 Einwohnern hat neben Erdbeeren, Gemüse und Kartoffeln noch andere „Bodenschätze“ zu bieten. Mitte des 18. Jh. begann der Sandabbau in den Kiesbrüchen östlich des Dorfes. Die Aufschüttung der Kiesbrüche entstand durch die Ilm, ein Nebenfluss der Saale, vor 500.000 Jahren. In den Kiesen wurden unzählige fossile Funde gemacht. 1831 besuchte der 81-jährige *Goethe*, der seine Gartenwege übrigens mit Süßenborner Sand auffüllen ließ, den Ort: *„Um 12 Uhr in den Süßenborner Kiesbruch, wo vor einiger Zeit die Elephantenbackzähne und andere Knochen gefunden wurden.“* Der Zahn landete in seiner Sammlung. Süßenborner Kies wurde bis 1995 abgebaut. Und so kommt man hin: Entweder mit dem Bus 🚌 von Weimar Richtung Apolda nach Süßenborn. Per pedes von Weimar aus 🚶 (5 km) geht es u.a. an der Fasanerie, Speicher Kromsdorf, dann den Weg nach Süden einschlagen bis Süßenborn. Von hier ist es bis zur kulturgeschichtlichen Fundstelle noch etwa 1 km. **www.wandern-fuer-alle.eu** (im Menu die Rubrik „Interaktiv“ anklicken und sich auf der Karte durch einen weiteren Klick auf dem Wanderweg orientieren).

„Urania-Universum“ berichtet er im Beitrag „Die ältesten Ren-Funde der Welt“ aus dem Jahre 1968 u. a.: „Das aufschlussreichste Fundgebiet dieser ältesten bisher bekannten Rene ist der Raum nördlich und südlich des Harzes bis ins Flussgebiet der Ilm. Natürlich liegen aus diesen etwa 450.000 bis 500.000 Jahre alten Fundschichten meist nur Geweihbruchstücke vor…“ Diese Funde – mit weiteren in den 1930er- und 1940er-Jahren – gelten bis heute als **die ältesten fossilen Rentiergeweih-Funde weltweit**.

Der heutige Leiter der Senckenberg-Forschungsstation Weimar, Prof. Dr. *Ralf-Dietrich Kahlke,* dazu: „Süßenborn ist etwa 650.000 Jahre alt, es sind die ältesten Geweihfunde vom Ren dort gefunden worden, allerdings sind auch einige postcraniale Stücke (Reste des Skeletts) dabei. Süßenborn lieferte die ältesten Geweihfunde, keinesfalls die ältesten Rentierfunde. Ältere Funde sind aus Alaska, den Yukon-Territories und den Kolyma Lowlands bekannt. Rentiere sind offensichtlich mit der Herausbildung der zirkumpolaren Tundra entstanden, also vor etwa 2,6 bis 2,7 Millionen Jahre vor heute, wenngleich derartig alte Funde bislang fehlen.“

Weimar und die Eiszeitforschung

Mit wenigen Räumen hat alles begonnen – heute ist die **Senckenberg-Forschungsstation** in Weimar eine führende, hochmoderne Wissenschaftseinrichtung und beherbergt die umfangreichste und vielfältigste quartärpaläontologische Sammlung Europas mit insgesamt 78.800 Funden, Präparaten bzw. Serien (Stand: Dezember 2012); darunter die **Süßenborn-Sammlung** mit den ältesten fossilen Rentiergeweih-Fundstücken der Welt.

Durch zahlreiche Grabungen und Expeditionen im In- und Ausland wird die Sammlung ständig vergrößert und steht internationalen Wissenschaftlern und Gastforschern zur Verfügung. Die Weimarer Wissenschaftler forschen weltweit – von der Arktis und Alaska über China, Indien und Georgien bis hin nach Israel, Deutschland und Spanien. Sie beschäftigen sich mit der Entwicklung der Tier- und Pflanzenwelt der quartären Eiszeit – der Zeitspanne vor etwa 2,6 Millionen Jahren bis heute.

Professor Hans-Dietrich Kahlke, Vater des heutigen Leiters, Professor Ralf-Dietrich Kahlke, gründete im Jahre 1962 das neu geschaffene **Institut für Quartärpaläontologie**. Anlässlich des 50. Gründungsjubiläums am 30. März 2012 sagte Prof. *Volker Mosbrugger*, Generaldirektor der Senckenberg-Gesellschaft für Naturforschung: „Die Entwicklung der Forschungsstation in Weimar ist eine gesamtdeutsche Erfolgsgeschichte. Dass diese Einrichtung heute zu Senckenberg gehört, verdanken wir der Initiative von Professor Ralf-Dietrich Kahlke. Gemeinsam mit Professor Fritz F. Steininger, dem damaligen Senckenberg-Direktor, und den Wissenschaftsministerinnen Dagmar Schipanski (Thüringen) und Ruth Wagner (Hessen) wurde diese dann umgesetzt“. Ergänzend fügte er hinzu: „Schon vor dem Mauerbau gab es wissenschaftliche Annäherungen, doch der ‚Eiserne Vorhang‘ war ein unüberwindbares Hindernis. Der heutige Standort in Weimar erweist sich als eine wesentliche Bereicherung Senckenbergs, auf die wir sehr stolz sind.“

Die Senckenberger Eiszeit-Sammlungen in Weimar sind die umfangreichsten und vielfältigsten in Europa.

Einen noch älteren fossilen Fund an Karibufragmenten lieferten wissenschaftliche Mitarbeiter in den späten 80er-Jahren im Yukon-Territorium. *Charles Richard Harington*, Paläontologe vom Kanadischen Naturmuseum in Ottawa: „Die Karibu-Knochenfunde von Fort Selkirk sind ungefähr 1,6 Millionen Jahre alt. Ein anderes gefundenes Fragment von Cape Deceit aus Alaska soll etwa 1,8 Millionen Jahre alt sein." Die Beinfragmente des Karibu-Fossils von Selkirk wurden in Löß-Schichten bzw. im Schwemmsand gefunden und an Dr. Harington nach Ottawa geschickt.

Seit Jahrtausenden ist **Fort Selkirk am Yukon** auch die Heimat der Karibus. Und hier wurden auch die bisher ältesten fossilen Karibu-Knochenfunde der Welt nahe den Basaltklippen im Jahre 1989 ausgegraben. 6

Der Geologe *Hugh Bostock* schrieb schon in den 30er-Jahren über diese inzwischen berühmte Region: „In manchen Jahren treten sie (Anmerkung: Karibus) in großer Zahl am Lewes River zwischen Selkirk und Carmacks auf ... (sie) kehren in großen Herden von mehreren Tausend Tieren im Juli zurück."

Das **Canadian Museum of Nature** (Musée Canadien de la Nature) in Ottawa beherbergt über 10 Millionen Sammlungsstücke, darunter die Fossilfunde von Karibus.

240 McLeod St, Ottawa
ON K2P 2R1, Kanada
+1 613 566 47 00
www.nature.ca

Diese Wanderungen der legendären „Forty-Mile-Herde" finden inzwischen nicht mehr statt, sind jedoch ein wichtiger Teil der Geschichte von Fort Selkirk. Diese „Historic Site" kann übrigens nicht mit dem Auto erreicht werden. Trips mit Boot oder Flugzeug können jedoch bei Tourveranstaltern in Carmarcks und in Minto gebucht werden.
www.virtualmuseum.ca/Exhibitions/FortSelkirk

„Woodland Caribou" (Waldland-Karibus) dieser Gegend sind den „Barren Ground Caribou" (Karibus der Tundraregionen) ähnlich, jedoch um einiges schwerer.

Nomadentum

„Brennend heißer Wüstensand", so heißt es in einer Liedzeile des größten deutschen Nachkriegshits „Heimweh" von Freddy Quinn. Doch was dies in der realen Welt tatsächlich bedeutet, wissen nur die dort lebenden Nomaden. Kalte, sternenklare Nächte und tagsüber Sandstürme, ein nie enden wollender Horizont von Dünen aus feinpulvrigem Sand und die ständigen Wanderungen zu erquicklichen Oasen. Genau in diesem eher unwirklichen Raum erleben die Tuaregs als Nomaden die Tiefe des Alltags. Darüber hat *Charles de Foucauld* (1858–1916) nicht nur als christlicher Wüstenmissionar, sondern als Sprachforscher und als „Nomade im Zelt" berichtet. Die muslimischen Nomaden im nordafrikanischen Hoggar-Gebiet waren es auch, die den europäischen „Marabut" (d. h. ein heiliger und wei-

ser Berater für alle Lebenslagen) in seinem langjährigen Wüstenabenteuer während einer Hungersnot mehrfach das Leben retteten. Die Nomaden kennen die Zeichen der Natur, sie leben in einem ursprünglichen Rhythmus, der sich eng an den saisonalen Schwankungen der Natur ausrichtet.

Nomaden sind Hirtenvölker, die wandern, und das auf allen Kontinenten, um ausreichend Futter für ihre Tiere zu finden und um Waren auszutauschen. Das gilt für die indigenen Völker und Ureinwohner von Nordamerika wie in Asien genauso wie für die samische Bevölkerung in Skandinavien. Das Umherziehen ist ihre Überlebensstrategie, denn die mobile Lebenskultur hat sich in extremen klimatischen Zonen entwickelt, in denen die kargen Nahrungs- und Versorgungsquellen weit verstreut sind.

Rentiere sind auch Nomaden

Eine Besonderheit unter den Nomaden ist, dass immer mit diesem Begriff die umherziehenden Menschen verbunden werden. Doch eigentlich – und das ist in der Ethnographie wohl einmalig – sind auch die „Rentiere als Nomaden" einzustufen. Die **Sami** oder die Völker Sibiriens folgen dem Wildtier nämlich auf Strecken bis zu 5.000 Kilometer. Prof. *Wolf Herre* hat sich dazu so geäußert: „Menschen, die als Rentiernomaden leben, können keine festen Wohnsitze beziehen ... Stets müssen sie den Renherden folgen; der seit Urzeiten bestehende Wandertrieb der Rene konnte auch durch den Menschen nicht gewandelt werden. Die Renzüchter haben sich also den Tieren angepasst und nicht umgekehrt die Tiere den Menschen – das war in diesem Fall die einzige mögliche Lösung ... "

Das älteste Zeugnis der Malerei sind Höhlenmalereien mit Tierdarstellungen aus der letzten Eiszeit und dem Jungpaläolithikum (jüngere Altsteinzeit). Bisher sind über 300 solcher **Bilderhöhlen** entdeckt worden, deren Bogen sich hauptsächlich von Portugal über Spanien bis nach Frankreich spannt. Es gibt aber auch Bilddokumente aus dem Ural, aus Italien, Rumänien und Tschechien. Täglich werden neue Entdeckungen gemacht.

Aus religionsgeschichtlicher Sicht werden die Höhlenmalereien zu einer „Art Heiligtum" gezählt. Weil sie in einem unbewohnten Raum (Saal) und meistens relativ weit vom Höhleneingang sich befanden. „Die Abbildungen hatten nicht den Sinn, den Wohnraum zu schmücken, sondern sind als ‚Jagdzauber' oder ‚Jagdmagie' zu sehen", so beschreibt es der Religionswissenschaftler und Philosoph Mircea Eliade („Geschichte der religiösen Ideen", Bd. I: Von der Steinzeit bis zu den Mysterien, 1978).

Nordeuropa und Asien

Norwegen und Schweden sind für ihre zahlreichen Felsgravuren mit Schiffen, Menschen und Tieren bekannt. Das hängt u. a. auch stark mit dem Besiedeln dieser Länder mit den durch das Ende der letzten Eiszeit eingetretenen Veränderungen vor 10.000 Jahren zusammen.

ALTA IN NORWEGEN

Die **Felsgravierungen von Alta** in Norwegen liegen etwa 700 Kilometer nördlich des Polarkreises und zeigen besonders deutlich die Veränderungen, die durch den Klimawandel hervorgerufen wurden. Die ältesten Gravuren liegen etwa 23 bis 26 Meter über dem derzeitigen Meeresspiegel und entstanden vor etwa 6.000 bis 7.000 Jahren, während die jüngsten etwa 8,5 Meter über Meereshöhe

Die Jagdszenen auf Rentiere und Elche sind Teil der berühmten Felsgravierungen von Alta in Norwegen.

liegen und vor 2.500 Jahren geschaffen wurden. Bei den frühen Darstellungen handelt es sich um Jagdszenen mit Bären und Rentieren in einem Gehege, Elche, menschliche Figuren und Boote.

Bei Tanum (s. S. 412) wurden zwei Museen (etwa 8 km voneinander entfernt) für Felsritzungen errichtet, um das Verständnis für die rund 10.000 Bilder in der Region zu verstärken. *Dr. Gerhard Milstreu*, Direktor des „Tanum Rock Art Museums", befürchtet, dass die Felsritzungen in vielleicht 100 Jahren – bedingt durch die negativen Folgen von Industrie- und Umwelteinflüssen (saurer Regen) – als Kulturerbe verloren gehen könnten.

Tanums Hällristningsmuseum Underlös (Tanum Rock Art Museum)
S-457 91 Tanumshede, Schweden
✆ +46 525 295 55
www.rockartscandinavia.se

Vitlycke Museum
Vitlycke 2, S-457 93 Tanumshede, Schweden
✆ +46 525 209 50
www.vitlyckemuseum.se

BOHUSLÄN IN SCHWEDEN

Nord-Bohuslän in Schweden besitzt ein reiches Erbe an Felsritzungen. Nachdem das Klima von etwa 9.000 bis 4.000 v. Chr. um etwa 5 Grad Celsius wärmer war als heute, ließen sich schon früh mesolithische Jäger, Fischer und Sammler an den Küsten nieder. Sie hinterließen nicht nur zahlreiche Gravuren, sondern auch Felsmalereien 30 bis 90 Meter über dem Meer.

FELSZEICHNUNGEN IN FINNLAND

Hätten Sie gedacht, dass der große finnische Komponist *Jean Sibelius* (1865 – 1957, **www.sibelius.fi**) die Geschichte der Funde der finnischen Felsmalerei einleitete? Jedenfalls war er der Erste, der im Jahre 1911 die ersten Bilder am **See Vitträsk** in Südfinnland entdeckte. Seitdem folgten Funde an bisher insgesamt 64 Orten, überwiegend in Ost- und Südfinnland. Bei den meisten Felszeichnungen überwiegen in den Tierdarstellungen die Rentiere mit einem Anteil von etwa 30 Prozent.

Der See Vitträsk

Sibelius' Landsitz in Ainola liegt etwa 38 km von Helsinki entfernt. Im Jahre 1904 zog der Komponist mit seiner Familie nach Ainola, um dem städtischen Lärm zu entfliehen und sich hier in Ruhe seiner Arbeit widmen zu können. Die Landschaft war damals weitgehend unberührt. An der historischen Uferstraße können Sie Jean Sibelius' Landhaus Ainola besichtigen.

Ainolankatu
FIN-04400 Järvenpää, Finland
✆ +358 9 287 322
www.ainola.fi

Das Sibelius-Monument in Helsinki

RUSSLAND UND SIBIRIEN

In Russland und in Sibirien werden ständig neue Felsgravierungen, Zeichnungen und stellenweise auch Malereien in dem riesigen Gebiet Sibiriens, vom Ural bis zur Küste des Stillen Ozeans und des nördlichen Eismeeres, entdeckt. Sie kommen ausnahmslos in der Nähe der gewaltigen sibirischen Ströme und Seen, am Ob, Jenissei, an der Angara, Lena, am Baikalsee und am Amur vor. Zu den interessantesten Entdeckungen vorzeitlicher Kunst gehören die Felsgravierungen am Fluss **Pegtymel** nahe der Eismeerküste im Nationalkreis der Tschukotischen Halbinsel (Stadt Pewek), am östlichen Zipfel Sibiriens. Dort hat man in den 1960er-Jahren über 100 steinzeitliche Felsmalereien entdeckt, die u. a. Rentierjäger und Boote darstellen. Prof. *Miroslav Ksica* und *Olga Ksicová* M.A., Brno (Tschechische Republik) schreiben hierzu:

„Es sind die nördlichsten bisher bekannten Felsbilder der Welt. Obwohl an allen diesen Fundstätten Szenen von der Jagd auf Rentiere oder Walfische vorherrschen, kommen hier auch noch andere Motive vor, wie zum Beispiel Sonnenzeichen oder weidende und sich paarende Tiere."

FRANKOKANTABRISCHE FELSENKUNST

Spanien und Frankreich

An den Wänden der Höhlen in Frankreich und Spanien sind am häufigsten Pferde und Wildrinder dargestellt. Doch auch das Ren ist in einigen Höhlen der Spitzenreiter.

Grotte Chauvet-Pont-d'Arc – Höhlenkunst als Weltkulturerbe

Eine Sensationsmeldung jagt die andere. War es noch vor Jahrzehnten die Höhle Lascaux, so ist es heute **Chauvet**, die inzwischen schon wieder durch eine neuerlich entdeckte Höhle – bezüglich ihres Alters – auf Platz zwei verwiesen wurde. Doch bezüglich der Darstellungen von Landsäugetieren ist Chauvet wohl eine außergewöhnliche Höhle mit prähistorischen Kunstobjekten.

Der Vorgeschichtler *Jean Clottes* wird den Tag, als er diese Höhle des Süd-Ardèche das erste Mal betrat, es war der 29. Dezember 1994, so bald nicht vergessen. „Der Kulturminister hatte mich gebeten, die Grotte, die einige Tage vorher von *Jean-Marie Chauvet,*

Luftbild mit Blick auf die Felsen mit der Chauvet-Höhle und die Ardèche (rechts)

Felszeichnungen in der Chauvet-Höhle mit Rentieren, Pferden, Bison und Hirschen

Eliette Brunel und Christian Hillaire entdeckt worden war, zu begutachten. Ich wusste nicht, was ich finden würde. Man hatte mir mehrere Dutzend Rhinozerosse angekündigt, wo man bisher nur weniger als 20 in allen Höhlen Europas kannte. „Ich war eher skeptisch ... Als ich vom Gewölbe aus über die Leiter abstieg, war mein erster Schock die Weiße, das Glitzern, die Schönheit, die Frische. Ich sagte mir: Es sieht wie eine jungfräuliche Grotte aus! Und dann kam ich aus dem Staunen nicht mehr heraus. Mein stärkstes Gefühl überkam mich vor der Wand der Pferde. Überwältigt von der ästhetischen Qualität der Zeichnungen hatte ich Tränen in den Augen. Ich dachte, das sei ein neues Lascaux, ohne zu ahnen, dass diese außergewöhnlichen Malereien noch zweimal älter waren. Die Grotte

Chauvet ist wirklich fantastisch." So der Originalton über die ersten Eindrücke in eine andere Welt.

Chauvet liegt auf dem Gebiet der Gemeinde Vallon-Pont d'Arc im Cirque d'Estre, einem Mäander, den der Fluss Ardèche aufgegeben hat, nachdem der Pont d'Arc entstanden war. Die Entdeckung der Höhle hat die Welt der Archäologie und Kunstgeschichte verändert; nicht nur der Originalität und ästhetischen Qualität der unberührten Gemälde wegen, sondern wegen ihres Alters: vor über 30.000 Jahren sind diese Bilder entstanden und sind damit fast doppelt so alt wie frühere Entdeckungen. 14 Tierarten sind unter den mehr als 400 Darstellungen zu finden, u. a. Rentiere.

Da die Grotte eine außergewöhnliche Aufmerksamkeit auf sich zog, ist sie aus Gründen des Erhalts bereits seit ihrer Entdeckung für das Publikum geschlossen. Der Conseil Général de l'Ardèche und die Region Rhône-Alpes haben beschlossen, mit Unterstützung des Staates und der EU eine Replik zu schaffen. Innovative Techniken werden angewandt, um die Grotte so naturgetreu wie nur irgend möglich nachzubilden. Das Faksimile wird mehrere Kenntnisse kombinieren: wissenschaftliches Know-how, geometrische Daten, künstlerische Sensibilität und exakte, aber diskrete perspektivische Techniken. Verteilt auf in die Erde versenkte Bereiche, wie ein auf die Landschaft verteilter Abdruck auf einem acht Hektar großen Gelände, wird die Einrichtung eine Nachbil-

So soll die Nachbildung – das Faksimile – der Chauvet-Höhle einmal aussehen.

Filmemacher Werner Herzog im Frühjahr 2010 vor dem Eingang der Chauvet-Höhle

dung der Grotte, ein Entdeckungszentrum, eine pädagogische Einheit, einen Eventbereich, ein Restaurant und eine Boutique umfassen. Geplante Eröffnung: 2014.

www.grotte-chauvet.org
www.prehistoireardeche.com

Ins Kino mit Werner Herzog

Nur wenige Personen durften bisher die Grotte betreten. Einer der wenigen ist *Werner Herzog*, der im Frühjahr 2010 die Erlaubnis erhielt, dort einen ungewöhnlichen Dokumentarfilm in 3D zu realisieren. Der vielfach preisgekrönte Regisseur und Produzent unternimmt darin eine überaus spektakuläre Reise zu unseren weit entfernten Vorfahren, zur Geburtsstunde der Kunst und der so übermächtigen Symbolik dieses einmaligen Ortes. Der Film über einen der ehrfurchtgebietendsten Orte auf Erden – „Die Höhle der vergessenen Träume" – wurde 2011 auf dem 61. Filmfestival von Berlin mit einer überwältigenden Resonanz gezeigt.

Steinzeit-Rap auf Knochenflöten

Da sage noch einer, Rap stamme aus dem High-Tech-Zeitalter – weit gefehlt. Die Entdeckungen von Tübinger Forschern im Jahre 2009 in der **Höhle Hohle Fels** und im Vogelherd belegen erneut, dass Knochenflöten zum Steinzeit-Rap gehörten wie Schmuckanhänger aus Rentierknochen. Die ältesten Flöten stammen aus Slowenien, Süddeutschland und Österreich. Obwohl diese Funde nur noch in Bruchstücken vorhanden sind, weisen sie mindestens drei Fingerlöcher auf. – Was ist so aufregend an diesen Funden? Sie stellen die ältesten Musikinstrumente der Menschheit dar, sieht man von Trommeln zum rituellen Gebrauch ab. Da sie im Gegensatz zu Trommelmaterialien wie Tierhaut und Holz nicht rasch verrotten, haben sie Jahrtausende überdauert. Ihre Herstellung zeugt von einem außerordentlichen handwerklichen Geschick der Steinzeitmenschen.

CD-Cover (Ausschnitt) „Knochenklang“

Im Urgeschichtemuseum in Asparn ist u. a. die faszinierende paläolithische Knochenflöte aus Grubgraben bei Kammern zu sehen, eine der ältesten Flöten der Welt, gefertigt aus einem Rentierschienbein.

Urgeschichtemuseum Niederösterreich
Schlossgasse 1
2151 Asparn/Zaya
✆ +43 2577 84180
www.urgeschichte.at

Inzwischen gibt es viele Museen in Europa, zu deren musealer Didaktik steinzeitliche Workshops zählen, in denen sich Knochenflöten rekonstruieren lassen. Doch wie klingt die Steinzeit? Das paläolithische Ensemble **Knochenklang** in Wien hat im Jahre 2000 zusammen mit dem Verlag der Österreichischen Akademie der Wissenschaften und der Musikwissenschaftlerin *Bernadette Käfer* eine CD produziert, die in der Musikarchäologie ganz oben angesiedelt werden muss. Das Ensemble spielt Musik auf originalen und rekonstruierten Flöten (u. a. Rentierknochenflöten) aus der Altsteinzeit Mitteleuropas. Als Beglei-

Rentierherde im hohen Norden

tung werden Rhythmusinstrumente verwendet, die für diesen Zeitabschnitt denkbar, aber nicht eindeutig nachgewiesen sind. Die Musikstücke leben vom Zusammenspiel der Trommelschläge mit dem Spiel der Flöten.

Das „Rentierzeitalter" in der Kulturgeschichte des Menschen

Während der **Eiszeit** vor etwa 100.000 bis 10.000 Jahren vor heute war das Rentier in Mitteleuropa stark verbreitet. Als Hauptjagdbeute lieferte es nicht nur Fleisch und Felle, sondern auch Geweihe für das Herstellen von Werkzeugen und Waffen. Als Kunstschaffende haben die Menschen zahlreiche Schnitzereien, Felsbilder und Wandmalereien mit Rentierdarstellungen geschaffen. Mit dem zurückweichenden Eis zogen auch die Rentiere und ihre Jäger nach Norden.

In die wissenschaftliche Nomenklatur wird der Abschnitt Magdalénien (etwa von 17.000 bis 10.000 v. Chr.) auch als **Rentierzeitalter** bezeichnet, was die dominierende Stellung der Rentiere

Verbreitung einiger Tierarten während der letzten Eiszeit vor etwa 20.000 Jahren, u.a. mit Rentieren

in der Kulturgeschichte des damaligen Menschen darstellt. Erhalten sind bis heute u. a. geschnitzte Rentierknochen, Lochstäbe, Schmuck und Jagdwaffen wie Speerschleudern. Das Rentierzeitalter gilt als Blütezeit der Eiszeitkunst in Südfrankreich und Nordspanien.

Einen kulturgeschichtlich schönen Bogen von damals bis heute spannt die französische Filmproduzentin *Sophie Cattoire* mit ihrem 2011 gedrehten Streifen „L'Age du Renne sous le Plancer des Vaches – Le Choc!“ (Das Rentierzeitalter unter dem Fußboden der Kühe – Der Schock!). Darin werden Höhlenzeichnungen mit dem Leben des Farmers *Gilbert Pémendrant* in authentischen

Rentierzeitalter, L'Age du Renne, Illustration der Menschen, 1870

Die Ferme von Gilbert Pémendrant mit seiner privaten Höhle Bernifal aus dem Rentierzeitalter

Bildern beschrieben, dem die **Höhle von Bernifal** bei Meyrals (Dordogne) gehört. Gilbert übernahm diese samt der Farm von seinen Eltern und bewirtschaftet sie bis heute. Verdenken kann man ihm den Schock nicht, als er eines Tages unter dem Fußboden seines Kuhstalles eine Höhle mit für ihn eigenartigen Wandmalereien entdeckte. Gilbert hat sich natürlich inzwischen erholt und liebt jetzt beides: seine Kühe und seine eigene Höhle aus der Urzeit. So eine Konstellation dürfte weltweit einmalig sein.

www.albuga.free.fr/fr/rencontre/Bernifal/article.html

A. DE PANIAGUA

L'AGE DU RENNE

PARIS
PAUL CATIN, ÉDITEUR
3, RUE DU SABOT, 3
1926

links:
Buchtitel „L'Age du Renne", 1926

rechts:
Filmplakat über den letzten prähistorischen Farmer und die Höhle Bernifal (Dordogne)

RENTIERE UND KARIBUS: PHÄNOMENE UND ÜBERLEBENSKÜNSTLER

Der Körperbau des Rentiers

Vom Laufen und Rennen

Die **Paarhufe** eines Rentiers sind von besonderen Knochen durchzogen, deren Belastbarkeit – je nach Untergrund – kurzfristig angepasst werden kann. Sogar über Moore und Heide kann ein Rentier laufen, ohne einzusinken. Die mit einer Spannhaut versehenen, spreizbaren Hufe ermöglichen den Tieren in steinigem Gelände einen sicheren Tritt, bei Schlamm und Schnee verhindern diese das Einsinken. Lange Zwischenzehenhaare und ein Drüsensekret halten den Schnee zwischen den Zehen fern.

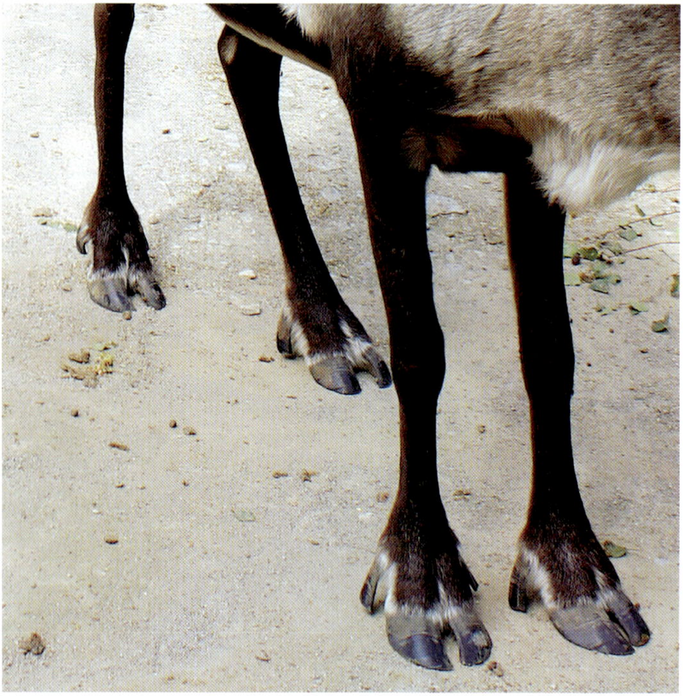

Paarhufe eines Rentiers

Zudem haben sie den gewissen „Klick“ im Sprunggelenk (dieses unüberhörbare Geräusch stammt von der Bewegung der Sehnen), der es ihnen ermöglicht, den leichtfüßigen Gang jeden Tag neu unter Beweis zu stellen. So können sie sich optimal an Land und im Wasser bewegen.

Gute Kühlung und dickes Fell

Für ein Rentier ist es gleichermaßen wichtig, im Winter nicht zu erfrieren, sich im Sommer nicht zu überhitzen und – wenn es sein muss – im Sprint schnell vor Raubtieren zu fliehen. Die Nordlandtiere haben von Natur aus eine **besondere Wärmeregulierung**: Läuft das Rentier langsam, zieht es kalte Luft durch die Nase ein. Dort verdunstet die Feuchtigkeit auf den Schleimhäuten, der Nasenraum wird gekühlt und kaltes Blut gelangt in die Blutbahn. Um diesen Effekt zu erhöhen, hecheln die Tiere bei höherem Tempo mit heraushängender Zunge, ähnlich wie Hunde.

Wenn Rentiere mit Höchstgeschwindigkeit unterwegs sind, findet ein trickreicher Wärmeaustausch in ihrer Blutzirkulation statt: Die Wärme des arteriellen Blutes wird auf die benachbarte Vene übertragen (Gegenstromprinzip, d. h. warmes Arterienblut, das zum Gehirn fließt, wird vom kalten Blut in den Venen gekühlt) anstatt an die kalte Umgebung abgegeben zu werden. Auf diese Weise können die Paarhufer mit ihrem Energieverbrauch auch ihren Nahrungsbedarf niedrig halten.

Das Fell der Tiere ist sehr dicht und besteht aus hohlen Haaren, welche mit luftgefüllten Markzellen gefüllt sind und so besser isolieren. Rene haben etwa dreimal so viele Haare pro Quadratzentimeter Fell wie andere Hirscharten. So können sie auch extreme Minustemperaturen aushalten, ohne den Stoffwechsel beschleunigen zu müssen. Kurios: Sie können auch die Temperatur in den Beinen regulieren, sodass die äußeren Schichten nur etwa 0 Grad Celsius warm sind, was einem Wärmeverlust der Körperorgane vorbeugt.

Wärmedämmung nach Rentierart

Wie der Eisbär als polarer Bewohner, hat auch das Rentier schon immer in der Evolution seine Verpackung – das Fell – den klimatischen Schwankungen angepasst. Ein beispielhafter Fall von Nachhaltigkeit. Das dichte **Rentierfell** (luftgefüllte Röhrenhaare) mit 1.700 Haaren pro Quadratzentimeter isoliert auch bei Kältegraden von bis zu –50 Grad Celsius, aber auch bei Hitze bis +40 Grad Celsius optimal. So schreiben die Wissenschaftler *Udo Küppers* und Professor *Helmut Tributsch* in ihrem Buch „Verpacktes Leben – Verpackte Technik" (2002), dass schon der norwegische Physiologe *Per Scholander* im Jahre 1957 einen Versuch unternahm, Felle auf ihre Dichtigkeit hin zu untersuchen. Erstaunliches hatte er herausgefunden: Beispielsweise kann mit einem drei Zentimeter dicken Rentierfell ein Wärmedurchgangskoeffizient von 1 Watt/Quadratmeter pro Grad Celsius erreicht werden. Eine sechs Zentimeter dicke Lage Rentierfell würde danach ausreichen, ein modernes Haus zu isolieren!

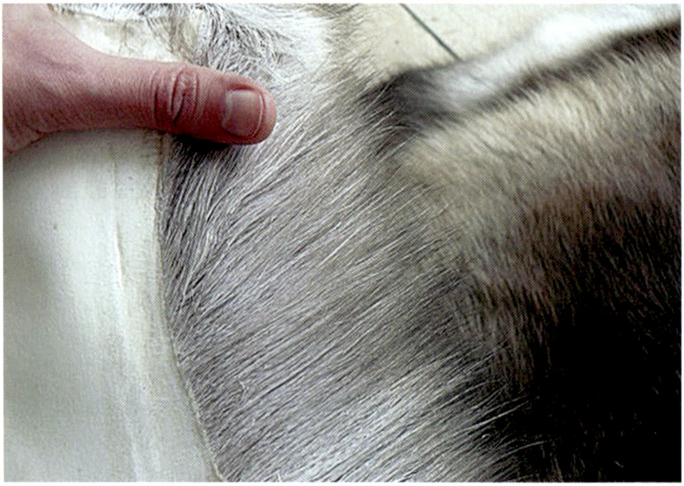

Das dichte Rentierfell sorgt für eine optimale Wärmedämmung.

Vielfalt und Charakter bei Nordlandhufern

Es gibt schwarze und weiße, braune und graue, gescheckte und gefleckte Hausrentiere; vom Körperbau sind niedrig gestellte, mit kurzen Beinen und meist gedrungenen Geweihen genauso anzutreffen wie hochgestellte, schlanke Tiere mit gestreckten, hohen Kopfzierden. Etwas Besonderes sind weiße Rentiere mit blauen Augen.

Rentiere mögen – im Gegensatz zum Elch, der eher als Einzelgänger auftritt – die Geselligkeit. In der freien Natur haben Rentierhirsche eine Lebenserwartung von bis zu 10 Jahren, Kühe sogar eine von etwa 15 Jahren. Als domestiziertes Rentier hat der nordische Paarhufer eine Lebenserwartung von etwa 20 Jahren.

Lernen fürs Leben in wenigen Monaten

Die Fürsorglichkeit und soziale Wesensart der Rentiere zeigen sich besonders, wenn Kälbchen geboren wurden. Das Leittier einer Herde wird immer stehend das „Amt des Wächters" ausüben, während alle übrigen Mitglieder der Herde wiederkäuend ruhen. Möchte sich aber das Leittier selbst niederlassen, so steht augenblicklich ein anderes Alttier auf und übernimmt die Wache. Die zahmen Rentierkühe bilden für ihre Kälbchen eine Art kollektive Stamm-Mutterschaft. So erlauben sie genauso den fremden wie den eigenen Kindern bei anderen Kühen zu saugen.

Schon kurz nach der Geburt sind die Kälbchen in der Lage, mit ihrer Mutter und den Herden durch riesige Weideflächen zu ziehen. Eine Zeit voller Abenteuer, Aufregung und Zähigkeit. In nur wenigen Wochen müssen die Rentierkälbchen alles lernen, was sie zum Überleben brauchen: wie man beim Schwimmen die zarten Schwimmhäute richtig spreizt; wie man unter den kleinen Paarhufen spürt, dass unter dem Schnee Leckerlis wie Rentier-

Ein Rentierkälbchen aus der Finnmark

flechten darauf warten, verzehrt zu werden, und wie man sich in der Herde integriert, dass Wolf und Vielfraß einem nichts anhaben können.

Geweih der Rentiere oder *Rudolph ist ein Mädchen*

Einzigartig unter den Hirscharten ist, dass sowohl männliche als auch weibliche Rentiere Geweihe tragen. Das Geweih der Männchen wird direkt nach der Brunft abgeworfen (also im Oktober), im April fängt das neue wieder an zu wachsen. Die Kühe werfen ihr Geweih dagegen erst im April bis Mai ab. Deswegen sind auch alle „fliegenden Rentiere" in der Weihnachtszeit weiblich.

Die Rentiermilch macht's

Mittlerweile hat es sich bis nach Dubai herumgesprochen, dass **Rentierfleisch** sehr mager und proteinhaltig ist. Zudem entspricht es den Halal-Vorschriften, nach denen die Muslime solches Fleisch essen dürfen. Wenn es außerdem noch artgerecht behandelt wird bis zuletzt, dann ist das für die, die nicht auf Fleisch verzichten wollen, eine ideale Nahrung.

Milchzusammensetzung beim Rentier: Wasser: 66,9 Prozent; Kohlenhydrate: 2,8 Prozent; Milchfett: 16,9 Prozent; Eiweiß: 16,9 Prozent; Spurenelemente: 1,2 Prozent. Zum Vergleich: Kuhmilch bringt es beim Eiweiß auf 3,5 Prozent und bei den Spurenelementen auf 0,7 Prozent. Vielleicht ist es das Geheimnis der nordischen Völker, dass sie – bedingt durch den Fleischlieferanten – selten dick sind.

Botanisch und geologisch gesehen – echte Klasse

Dass die Rentiere echte **Überlebenskünstler** in den arktischen Regionen sind, belegen wissenschaftliche Studien immer wieder. Einer der großen Rentierforscher, Professor *Wolf Herre*, hat diese phänomenalen Eigenschaften so beschrieben:

„Es herrschen Schnee, Eis und Kälte. Aber dann kommt eine kurze Zeit des Lichtes mit vierundzwanzigstündigem Tag und wohliger Wärme. Eine Fülle pflanzlicher Nahrung wird von den 760 Arten der Blütenpflanzen, den 330 Moosarten und den 250 Flechten erzeugt. Doch plötzlich kommt wieder der Frost, rasch folgt der Schnee, welcher die Landschaft dicht einhüllt. Nun kann in der Tundra nur leben, wer Dunkelheit und Kälte ertragen kann, vor allem aber auch, wer Nahrung zu finden und sich eine tiefgekühlte Kost zunutze zu machen weiß. Das ist das Geheimnis der Rentiere: Sie haben diese Fähigkeiten. Mit den Vorderläufen schlagen und stampfen sie dazu schmale Gänge in den Schnee. Oft stehen sie bis zum Bauch eingehüllt. Unter dem Schnee finden sie jene Flechten, die wir ‚Rentierflechten' nennen, neben vielen anderen Sträuchern und Gräsern. Es ist eine höchst vielfältige Kost, die die Rentiere im Winter aufnehmen, nur Moose werden gemieden ... "

Ein Rentier sucht unter dem Schnee nach Flechten.

Die Nordlandtiere sind hier botanisch und geologisch gesehen Meister ihres Fachs, um eine ausgewählte Nahrungskette aufrecht zu erhalten. Sie können zum jeweiligen Zeitpunkt innerhalb eines Jahres flexibel reagieren, entscheiden und überleben:

- wie in welcher Höhe welche Pflanzen wann wachsen,
- welche Pflanzen welchen Inhalt haben,
- nach welcher Nahrungsquelle sie Bedarf haben und
- wie sie die entsprechenden Regionen erreichen.

Zu den Überlebenskünsten zählt gewiss auch die Anpassung an die unterschiedlichen Lichtintensitäten im hohen Norden. Forscher der Universität Manchester haben nämlich herausgefunden, dass das Licht den Lebensrhythmus bestimmt. Ursache sei hierfür die **Melatonin-Konzentration** im Blut. Das bedeutet, dass bei ihnen infolge der Hormon-Produktion das Muster von Ruhe und Aktivität nur vom Licht-Dunkelheit-Zyklus bestimmt wird. In der Rentier-Praxis sieht das dann so aus, dass sich die Tiere beispielsweise im Polarsommer nur kurze Schlafphasen gönnen, weil sie die Helligkeit des 24-Stunden-Tages für die Nahrungssuche optimal ausnutzen wollen.

Rentiere können aber noch viel mehr: Sie sehen in der Dunkelheit und sind gegen **Schneeblindheit** immun. Forschungsergebnisse, die im „Journal of Experimental Biology" (2011) publiziert wurden, machen eines deutlich: Die Rentiere können selbst in den dunkelsten Nächten des Polarwinters noch immer sehen, ihre Nahrung finden und auch ihre gefräßigen Feinde ausmachen. Sicher mit ein Grund, warum Santa Claus sich seine Himmelflitzer ausgesucht hat. Denn kein anderes polares Nutztier kann so gezielt in dunkelster Nacht Geschenke ausliefern ...

Wissenschaftlich belegt: Eiszeitliche Überlebenskünstler

Die Frage nach dem **Aussterben** vieler großer Säugetiere hat die Wissenschaftler der Welt immer wieder umgetrieben. Was mögen die Ursachen dafür in der letzten großen **Eiszeit** (Höhepunkt vor ca. 21.000, Ende vor etwa 10.000 Jahren) gewesen sein? Das Klima? Nach einem Bericht im Fachjournal „Nature" (2011) haben Wissenschaftler der Universität Kopenhagen bei einer Analyse von sechs Säugetieren herausgefunden, dass das Aussterben die Folge einer Kombination aus Klimawandel und verändertem Lebensraum der Tiere durch das Vordringen des Menschen war.

Unbeeindruckt von allen Veränderungen blieb das Rentier: Es existiert bis heute. Und das, obwohl auch Rentiere beliebte Jagdtiere waren und sich ihr Lebensraum, anders als der von Pferd und Bison, dramatisch verkleinerte. Ihre hohe Fruchtbarkeit und ökologische Flexibilität sind nach Angaben der Wissenschaftler die wahrscheinlichsten Gründe für ihren Erhalt. Was genau dagegen zum Aussterben des Mammuts geführt hat, konnten die Forscher in ihrer Analyse nicht beantworten.

So weit die Hufe tragen: Das Phänomen Massenwanderung

Die Massenwanderung der Landsäugetiere „Karibus" kommt riesigen Güterzügen gleich. Nur mit dem Unterschied, dass sie als „lebende Linie" – als Riesenherdenzug – in ihrem Territorium jahrhundertelang ihre natürlichen Richtungen bestimmen konnten. Einen solchen Treck hat im Jahre 1947 der Kanadier *Farley Mowat* erlebt. Ein Auszug seiner Beobachtungen:

„In gewundenen, aufgerissenen Reihen, zusammengeballt, einzeln und in breiter Front strömten die Karibus auf das Eis des Sees, bis sie sich in einer meilenbreiten Front nach Norden wälzten. Die langen Strähnen lösten sich auf in endlose Reihen von ein-

Rastplatz der Rentiere am Inarisee

zelnen Karibus, die sich so genau hintereinander hielten wie Perlen, die auf eine Schnur gereiht sind. Hier und dort lief ein Kalb neben seiner Mutter her, die schon wieder schwer an einem neuen Leben trug. Nicht ein einziger Bulle war in dem Strom der Tiere, die – alle hochträchtig – von einem unwiderstehlichen Instinkt nach Norden in die weite Tundra getrieben wurden, die das Wochenbett der Karibus ist."

Noch immer gelten diese **Tierwanderungen** als die „großen Wunder der Natur". Einer, der diese Massentierwanderungen systematisch untersucht, ist Professor Dr. *Martin Wikelski*, Direktor der Abteilung für Tierbewegung und Immunökologie am Max-Planck-Institut für Ornithologie, Radolfzell/Konstanz: „Die Tiere sind während ihrer Wanderungen in einer anderen Gemütsverfassung. Sie sind dann auf das Wandern fokussiert, beinahe so wie ein Sportler beim Wettkampf", erklärt der weltweit führende Experte für Tiermigration anlässlich eines Gespräches im Jahre 2009. In einer eigens zusammengestellten „Weltkarte der Wandertiere" befinden sich die Karibus auf Platz 16 in guter Gesellschaft mit Schildkröten, Streifengans und Monarchfalter.

Weitere Informationen über das Phänomen Tierwanderungen auf dem Globus unter: **www.movebank.org**. Hier kann man eine globale Datenbank über Tierwanderungen abrufen.

Der britische Extrem-Tierarzt und die Karibu-Kuh „Claudia"

Einer, der den nordamerikanischen Huftieren gefolgt ist, ist der Extrem-Tierarzt *Steve Leonard*. Für die BBC dreht er außergewöhnliche und spektakuläre Tierreisen rund um den Globus. Eine dieser Reisen führte ihn auch zu den Karibus in Alaska. Der Hintergrund: Jedes Jahr begeben sich gewaltige Karibu-Herden auf eine 700-Kilomter-Wanderschaft vom Süden des Yukon nach Norden in Richtung arktisches Meer. Mit dabei auch zahllose hochträchtige Weibchen, wie zum Beispiel die Karibu-Kuh „Claudia"; so

„Der Zug der Rentiere" von *Allen Roy Evans*. In seinem Buch schildert der Kanadier, unter welchen Schwierigkeiten 3.000 zahme Rentiere von der Küste Alaskas ins Mündungsgebiet des Mackenziestromes getrieben wurden.

245 Seiten, broschiert
Rowohlt (Mai 1991)
ISBN 978-3499124075

benannte Steve Leonard (Foto links) sein nordisches Tier, das er zusammen mit dem Karibu-Forscher *Martin Kienzler* auf seiner strapaziösen Reise begleiten wollte. Ihm ging es darum, wie die trächtigen Tiere die unvorstellbar anstrengende Wanderschaft überstehen und ob „Claudia" jemals ihr Kälbchen zur Welt bringen könnte. Bisher wurde eine solche tierische Extrem-Wanderschaft noch nie mitbegleitet.

Der Film „Tierische Weltreise mit Steve Leonard", erstmals gesendet am 12. November 2006 auf VOX, präsentiert einzigartige Natur- und Tieraufnahmen aus der Luft, zeigt Zwiegespräche mit

Karibu-Nachwuchs vom Yukon Bay

Karibu-Kennern, die meinen, dass es diesmal am Kreuzungspunkt von Old Crow für die Ankunft der Tiere schon viel zu spät sei. Doch „Claudia" schafft es. Ihr Halsband und ihr hochträchtiger Bauch haben Steve und sein Team – nachdem sie die Kuh zwischenzeitlich aus den Augen verloren bzw. kein Funksignal erhalten haben – am Ende wieder gesichtet. Die absolute Höchstleistung der hochträchtigen Karibukuh „Claudia" – eine 700 km lange Strecke zurückzulegen, durch reißende Flüsse mit dem Kälbchen zu schwimmen, gegen die Unbilden des Wetters anzukämpfen und gegen fressgierige Wölfe bestehen zu können – steht für die Belastbarkeit aller Rentier-Kühe auf der Welt.

Rentierhaltung

Wenn die Berichte in der Geschichte der Rentierhaltung zutreffen, soll der im 9. Jahrhundert lebende norwegische Stammesfürst *Ottar* 600 Rentiere als sein Privateigentum besessen haben. Eine richtige Rentierhaltung im großen Maßstab setzte allerdings erst

Rentierscheidung in Finnisch-Lappland

im Mittelalter in den schwedischen und norwegischen Fjällgebieten ein. Durch die Kunst der Sami, sich die „wilden Rentiere“ als Hausrentiere unterzuordnen, entwickelte sich für die Völker des Nordens eine neue Erwerbsform: die Rentierhaltung.

Ein Sami fängt ein Rentier mit dem Lasso ein.

Arktische Cowboys

Nicht nur seit dem legendären amerikanischen Westernfilm „Die Cowboys“ mit *John Wayne* (1971) wurde das harte, schwere und entbehrungsreiche Leben der „Viehhirten“ als Beruf eindrucksvoll vermittelt. Doch neben den nordamerikanischen Kuhjungen gibt es auch solche im hohen Norden. Diesen arktischen Cowboys hat *Jessica Oreck*, Tochter des US-Botschafters in Finnland, ein filmisches Denkmal gesetzt mit ihrem Dokumentarstreifen „The Story of Arctic Cowboys“. Die weltweite Premiere „**Aatsinki** – The Story of Arctic Cowboys“ wurde bei den Tribeca Filmfestspielen Ende April 2013 in New York in der Kategorie „Dokumentarfilm“ mit beachtlichem Erfolg präsentiert.

Einige Pressestimmen: „Ähnliches haben Sie noch nicht gesehen“ (Kristal Cooper, Toronto Film Scene).„Unvergleichlicher Zauber“ (Unseen Films). „Absolut atemberaubend“ (Rachel Kolb, Just Press Play).

> **Rentierpark Salla**
> mit dem „Rentier-Formel-1-Rennen" nach lappländischer Art.
>
> www.sallareindeerpark.fi

Zum Inhalt: Ein Jahr lang hat Jessica Oreck in der finnischen Rentierherden-Familie *Aatsinki* gelebt und studieren können, wie hart die Arbeit, die Freizeit und die komplizierte Verbindung zwischen Mensch und Natur ist. Die Filmemacherin bezeichnet die beiden Brüder Aarne und Lasse Aatsinki als arktische Cowboys, die mit ihren Frauen und Kindern nördlich vom Polarkreis in Finnisch-Lappland leben, wo sie die gemeinsame Leitung von Rentierhirten übernommen haben und die letzte Gruppe von Wildrentieren in ganz Finnland verwalten:

„Aatsinki ist ein Teil rauer Cowboy-Abenteuer, Teil einer Umweltstudie und eine hundertprozentige Liebeserklärung zur Lebensweise dieser Familie. Ich habe Aarne und Lasse gefunden, während ich nach der modernen Entsprechung von der klassischen amerikanischen Grenzgeschichte gesucht habe. Obwohl sie Motorschlitten fahren und Pelzmützen tragen, statt mit Stetsons die Pferde reiten, sind sie wesentliche arktische Cowboys. Pionierarbeit haben sie geleistet, und ihr Haus in einer meist nicht vorstellbaren Gegend gebaut, wo die meisten Menschen nicht Urlaub machen würden."

Rentierkennzeichnungen und Schlachten

Zur Rentierscheidung werden die Herden im September an einen Platz zusammengetrieben. Hier erfolgt das mühevolle Zusammenführen der einzelnen Herden, die sich durch eine Kombination verschiedener **Kerbeinschnitte** in den Ohren der Tiere unterscheiden lassen (s. Abb. nächste Seite). So kann der Besitzer seine Tiere herausfinden. Der Vorteil liegt darin, dass außer einem Messer kein weiteres Hilfsmittel verwendet werden muss. In letzter

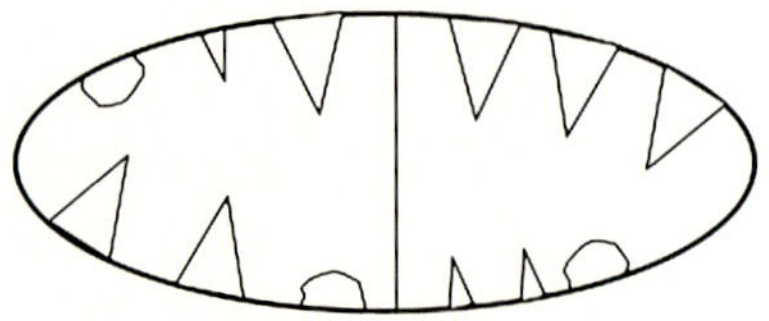

Ein Beispiel für Kerbeinschnitte in den Ohren der Rentiere wie in amtlichen Unterlagen dargestellt.

Zeit werden aber zunehmend Ohrmarken eingesetzt, die denen etwa bei Kühen in der EU ähnlich sind.

Den zum Schlachten bestimmten Rentieren wird eine Schlinge oder Lasso über das Geweih geworfen und sie werden durch einen rituellen schnellen und gezielten Schnitt am Hals innerhalb von ein paar Sekunden nach Samiart getötet. Selbst dabei sind die Schlachtrentiere wie ihre zuschauenden Kollegen ruhig – ähnlich den Schafen, die zur Schlachtbank geführt werden. Im Gegensatz zu den Schweinen, die meist tagelange Fahrten über sich ergehen lassen müssen, um dann endlich durch den nach EU-Richtlinien zur Schlachtung notwendigen Bolzenschuss erlöst zu werden, haben die bei den Rentierscheidungen getöteten Tiere weder Stress noch werden ihnen Beruhigungsmittel verabreicht.

Leider ist auch das Los der Rentiere auf ihrem letzten Gang heute nicht mehr ungetrübt, denn nach **EU-Richtlinien** dürfen sie eingepfercht per Lastwagen zum Schlachthof gefahren werden. Auf den kilometerlangen Fahrten müssen die ängstlichen Tiere vor lauter Stress pinkeln. Damit sich dies nicht auf die Fleischqualität auswirkt, bekommen die Nordlandtiere schließlich auch noch Beruhigungsmittel verabreicht – die EU-Richtlinien machen nicht mal hier Halt und sind in der Auslegung höher bewertet als die artgerechte Haltung und der respektvolle Umgang mit Mitgeschöpfen.

Eine wahre Fundgrube an Informationen zum Rentier, dessen Haltung, Geschichte und Zucht: **www.paliskunnat.fi**.

Der Wert der Rentiere

Rentiere werden oft als das **Gold der Sami** bezeichnet. Aber was zeichnet sie für diese Wertschätzung aus? Eine Antwort darauf ist in der Phänomenalität zu suchen. **Brehms Tierleben**, Standardwerk der Tierkunde, beschreibt es so: „Man darf das Renntier [Anm.: Schreibweise des Doppelbuchstabens „N" im Original von 1928] als den wichtigsten aller Hirsche bezeichnen. Ganze Völker danken ihm Leben und Bestehen; denn sie würden ohne dieses sonderbar genug gewählte Haustier aufhören, zu sein. Dem Lappen und Finnen ist das Renntier weit notwendiger als uns das Rind oder das Pferd, als dem Araber das Kamel oder seine Ziegenherden; denn es muss die Dienste fast aller übrigen Herdentiere leisten. Das zahme Renntier gibt Fleisch und Fell, Knochen und Sehnen her, um seinen Zwingherrn zu kleiden und zu ernähren; es liefert Milch, lässt sich als Lasttier benutzen und schleppt auf dem leichten Schlitten die Familie und ihre Gerätschaften von einem Ort zum anderen; mit einem Wort: das Renntier ermöglicht das Wanderleben der nördlichen Völkerschaften. Ich kenne kein zweites Tier, in welchem sich die Last der Knechtschaft, der Fluch der Sklaverei so scharf ausspricht wie in dem Renntier."

Eine Rentierdarstellung aus „Brehms Tierleben"

Meister in sportlichen Disziplinen

Auf ihren Wanderungen durch die Taigawälder und Tundren legen die Tiere rund 5.000 Kilometer im Jahr zurück – in einem Leben etwa 100.000 Kilometer. Als **gute Schwimmer** sind sie bekannt und schnell im Spurt. Im normalen Schnee erreichen die Sprinter kurzzeitig Spitzengeschwindigkeiten von bis zu 80 Kilometern in der Stunde – da kann weder ein afrikanischer Löwe, ein Kamel noch ein Pferd im gestreckten Galopp mithalten. Gesunde Tiere erreichen diesen enormen Speed, durch den sie fast jedem Wolf oder Bär entkommen. So gesehen könnten sie – wenn es eine WM der Tiere gäbe – an folgenden Disziplinen teilnehmen: Langstreckenlauf, 100-Meter-Lauf und Schwimmen. Das würde schon lustig aussehen, wenn die Paarhufer auf den obersten Siegertreppchen bei der Goldmedaillenvergabe stehen würden ...

Zur jährlichen Wanderung der Rentierherden zwischen ihren Sommer- und Winterquartieren gehört auch das Schwimmen.

Mit nur vier Rentieren ist die Tour durch deine Stadt nicht zu schaffen.

Etwas Rentier-Mathematik

Eines steht fest: Langeweile kennt Santa Claus und seine Rentierbande ganz bestimmt nicht bei etwa 1,8 Milliarden Kinder auf der Welt, die beschenkt werden wollen! Für die folgende kleine Knobelei nehmen wir an, dass eine Durchschnittsfamilie zwei Kinder hat; Santa muss also in der Weihnachtszeit 900 Millionen Hausbesuche erledigen. Geht man weiter davon aus, dass jedes Kind Weihnachtsgeschenke von 2 kg Gewicht bekommt, dann würde der gesamte Geschenkeberg 3,6 Milliarden kg wiegen. Nachdem ein Rentier bis zu 180 kg ziehen kann, bedeutet dies, dass Santa Claus weltweit etwa 20 Millionen Rentiere braucht, um seinen Riesenschlitten zu ziehen.

Also: *Wie viele Rentiere benötigt Santa Claus für deine Stadt?*

Legt man eine Stadt wie Karlsruhe mit rund 300.000 Einwohnern zugrunde, so wären dort etwa 50.000 Kinder unter 18 Jahren zu beschenken. Nimmt man nun also an, dass jedes Kind 2 kg Geschenke erhält, dann wiegt der Schlitten am Anfang unserer Karlsruher Luftreise etwa 100 Tonnen. Da nun ein normales Rentier etwa 180 Kilogramm ziehen kann, braucht der Gabenbringer für seine Tour durch das Stadtgebiet ungefähr eine Herde von 550 Rentieren. Und so geht's:

Formel:
Kinder (Anzahl) x Geschenke (in kg) = Schlittengewicht (in t)

Anzahl der Rentiere für die Stadt:
Schlittengewicht (in kg) : 180 kg (Zugkraft je Rentier)
= Anzahl der Rentiere

Hütehund – einer der härtesten Jobs

Haben Sie einmal einem Hund zugesehen, der die Schafherde eines Schäfers zusammenhalten muss? Was da der Vierbeiner so alles zu Wege bringen muss – alle Achtung! Wenn beispielsweise die Herde an einen Bach zum Trinken getrieben werden soll und dabei bloß kein Lämmlein verloren gehen darf – der Schafherdenhund absolviert das ohne zu murren. Er rennt, was die Beine hergeben. Und all das ohne viel Gebrüll – er befolgt nur die Anweisungen seiner Meisterin oder seines Meisters. Bei einer Schafherde von über 100 Tieren stößt er dann aber doch an seine Grenzen. Ganz anders im hohen Norden, wo ein **Rentierhütehund** bis zu 1.000 Tiere in Schach halten kann. Das war nicht immer so. Früher mussten die Sami selbst ihre Herde zusammenhalten, so gut es eben ging. Doch das war viel zu anstrengend.

Ein Geschenk der Götter

Nach der Legende haben die Götter den Menschen ein wunderbares Geschenk gemacht: eben den Rentierhund. Vor langer, langer Zeit kamen die Hunde selbst auf die Idee, den Menschen zu helfen. Demnach sollen einige der Hunde auf einer Hügelspitze miteinander geplaudert haben. Dabei beobachteten sie das Treiben der Menschen, die verzweifelt versuchten, eine Rentierherde zusammenzuführen. Nachdem die Hunde das hoffnungslose Treiben der schreienden und laufenden Menschen eine Weile angesehen hatten, fassten sie sich ein Herz und sagten zueinander: „Das können wir besser." Von da an bekamen die Rentiernomaden einen unersetzlichen Helfer an ihre Seite gestellt, der auch in einer geänderten Weidewirtschaft mit Helikoptern und Schneemobilfahrzeugen immer noch eine Hunde-Nasenlänge voraus ist.

Doch welche Hunderasse eignet sich am besten für den härtesten Job der Welt? Fest steht, dass der finnisch-lappländische Hütehund **Lapinporokoira** ganz oben auf dem Treppchen steht. Der Athlet im Tiefschnee wird in Norwegen mit „Lapsk Vallhund" (etwa „samischer Hütehund") bezeichnet. Echt Klasse sind auch die Samojeden-Hunde in den sibirischen Weiten.

Immer wachsam: ein Lapinporokoira.

Der beste Besitz eines Mannes

Der Lapinporokoira wird vom finnischen Rentierhundezuchtverband als ausdauernder Gebrauchshund beschrieben, der selbständig die weit verstreuten Rentiere zusammentreibt und einzelne – auch kilometerweit verstreute – Tiere aufstöbert, um sie wieder zur Herde zurückzutreiben.

Bis heute ist nicht ausreichend geklärt, wie die Hütehunde ihre ihnen anvertrauten Arbeiten fast immer richtig einschätzen und erledigen. Die Rentierbesitzer sprechen davon, dass sie das wohl angeboren bekommen haben. Insofern seien nach Angaben der Samen die Hunde der „beste Besitz eines Mannes", der gut behandelt werden müsse. Die vierbeinigen Athleten der Rentiernomaden erfahren eine außerordentliche hohe Wertschätzung, die sich u. a. in einem samischen Sprichwort so ausdrückt: „Gib dem Hund das erste Stück, er arbeitet härter als Du." Im Buch „Die Lappen von West-Sothnia am Anfang des 19. Jahrhunderts" beschreibt *Sigfried Drake* den Hütehund folgendermaßen: „Ein Hütehund wird nicht verkauft, egal zu welchem Preis. Diese Art von Hund ist besser als ein Mann, weil der Hund am besten weiß, wie man mit einem Rentier umgeht."

Ein Rentierhütehund hat die Paarhufer fest im Griff.

Mitfahrt auf Lastwagenflächen, Motorschlitten und in Helikoptern – das ist der Alltag für diese nordischen Vierbeiner. Auf Befehl müssen sie vom Beifahrersitz hinunter springen und das Zusammentreiben der Herde erledigen; das heißt, sie müssen laufen können, was die Pfoten hergeben – ein tägliches Laufpensum von bis zu 100 Kilometer im Schnee war nach Angaben des finnischen Hundezuchtsvereins noch vor einigen Jahrzehnten nichts Ungewöhnliches. Dann natürlich die eigentliche **Hütearbeit**: Dabei steuert der Hund mit Gebell die Herde, kann sich aber auch ganz still verhalten. Diese Ruhe ist beim Zusammentreiben wesentlich, damit nicht zum falschen Zeitpunkt und oder am falschen Ort die sensiblen Tiere angebellt werden. Würde dies geschehen, dann hätte das fatale Folgen für den Besitzer wie für die Herde.

Pello, die Heimat der Rentierhütehunde

Alljährlich findet in der finnischen Gemeinde Pello, 30 km nordwestlich von Rovaniemi, am Fluss Tornionjoki an der Grenze zu Schweden gelegen, ein Spektakel für Pfoten auf vier Füßen statt: der große Wettbewerb für den besten Rentierhütehund.

www.lappalaiskoirat.fi (= finnischer Hundezüchterverein)

Der „Hauptbahnhof" von Pello – Hot Spot für Rentierhütehunde

RENTIERJÄGER:
VON ALASKA BIS SIBIRIEN

Werkzeuge und Fallen

Speerspitze aus Lorbeerblatt

Seit es Rentiere gibt, wurden sie als Nahrungsgrundlage der Eiszeitmenschen gejagt. Gegenüber den Mammuts hatten die Paarhufer einige Vorteile: geringeres Gewicht und die Verwertung von allem, was das Rentier hergab. Findig stellten sich unsere Vorfahren an, an solche gesunde Nahrung heranzukommen. Sie fertigten spezielle Speere und Schleudern, Pfeil und Bogen (Rentiersehnen) sowie Harpunen. Wesentlich für die Jagd waren auch die geografischen Lagen. Meist trieb man die Herden im Tal zusammen, wo es durch Begrenzungen kein Entrinnen für die Paarhufer geben konnte. In wissenschaftlichen Arbeiten wird diesbezüglich u. a. darauf verwiesen, dass es in Grönland gemeinschaftlich veranstaltete Jagden im Herbst auf Rentiere gab, bei denen Jagdhunde zum Einsatz kamen und die Rentiere von Klippen gedrängt wurden. Faunafunde in den inneren Fjord-Gegenden deuten darauf hin, dass Rentiere auch außerhalb dieser kommunalen Jagden das ganze Jahr über gejagt wurden. In die Enge getrieben wurden große Rentierherden etwa in Tallagen, in

Zeitalter und Kulturstufen	Tiere	Schneehase	Mammut	Wildpferde	Wollnashorn	Rentier	Wildrinder (Bison)
Magdalénien		8,4	2,2	49,0	0,6	39,8	1,2
Gravettien		2,8	30,0	29,8	19,4	18,0	5,1
Aurignacien		0,5	41,1	39,8	2,3	16,3	3,9
Mittelpaläolithikum (mittlere Altsteinzeit)		0,0	17,7	39,2	16,7	26,3	11,7

Tabelle nach Dr. Hannes Napierala und Prof. Hans-Peter Uerpmann (Eberhard-Karls-Universität Tübingen): Jagdbeute in verschiedenen Zeitaltern und Kulturstufen (Angaben in Prozent). Der jeweils angegebene Wert bezieht sich auf das Knochengewicht an einer Fundstelle. Den dargestellten Ergebnissen liegen die Analysen von drei baden-württembergischen und einer Schweizer Fundstelle zugrunde. Die Tabelle zeigt, dass – über alle Kulturstufen hinweg – Wildpferde und Rentiere zu den begehrtesten Beutetieren für den Speisezettel zählten.

Hügeleinschnitte, so beim Petersfelsen bei Engen/Hohentwiel (Baden). Auch andere, noch heute aus der Luft auszumachende Fangmethoden wurden speziell für Rentiere und die Karibus entwickelt. Als Beispiel sei genannt: die **Fangzäune** (sog. „Caribou-Fences") im Vuntut National Park von Kanada. **www.vgfn.ca/heritage**

Knochen schreiben Rentiergeschichte

Eine besondere Stellung bei Untersuchungen zur Urgeschichte nimmt eine Arbeit von Dr. *Jacobo Weinstock-Arenovitz* vom Staatlichen Museum für Naturkunde Stuttgart ein, der 1999 Folgendes zu Wege gebracht hat: Zur Erlangung seiner Doktorwürde reiste er zu Sammlungen und Museen nach Spanien, Frankreich, England und in die Schweiz, um dort insgesamt 10.000 Rentierknochen zu untersuchen. Grund für dieses penible Unterfangen war die Erforschung der Klimaauswirkungen auf Säugetiere in der Eiszeit. Der Forscher begab sich also auf ein Terrain, als die Paarhufer vor 10.000 oder gar 100.000 Jahren gestorben sind. Einer der Schlüsse aus den Forschungen besagt, dass die Größenunterschiede der Tiere nicht durch Anpassungen an die Temperatur zustande kommen, sondern dass das Klima nur indirekt Einfluss auf die Körpergröße der Tiere nimmt.

Aus der Knochensammlung im Städtischen Museum Engen

Winterwunderland mit Rentieren
im französischen Teil des Europa-Park in Rust

WIE RENTIERE ZUM VORWEIHNACHTLICHEN HYPE WURDEN

Wurzeln der weihnachtlichen Überflieger: Der sibirische und mongolische Rentiergeist

Viele Mythen und Legenden ranken sich um die Rentiere, die zu den am weitesten verbreiteten Botschaftern der Weihnachtszeit geworden sind. Bis heute sprechen einige Quellen – allerdings nicht plausibel und in ihrem Grundgehalt nachprüfbar – die Vermutung aus, dass die fliegenden Rentiere ihr Vorbild in der Geschichte eines muslimischen Einsiedlers hatten, der mit seinem Pferd *Ankabil* durch die Lüfte bis nach Lappland geflogen sei. Oder liegt etwa der amerikanische Sprachforscher *Clement Clarke Moore* (s. nächste Seite) richtiger, der solche Mythen von fliegenden Rentieren aus Sibirien gekannt haben muss?

Die wohl wahrscheinlichste und wissenschaftlich untermauerte These stammt aus der Mongolei und den Riten der Schamanen. Ein hochkarätiges internationales Team – **Smithsonian Deer Stone Project** – unter der Leitung des britischen Wissenschaftlers Dr. *William W. Fitzhugh* erforschte seit 2001 die bis heute über 550 dokumentierten und identifizierten in der mongolischen Steppe befindlichen „deer stones“, Hirsch- bzw. Rentiersteine. Nach seinen Angaben sind diese bis zu 3 m hohen Steine etwa 3.000 Jahre alt. Für den Anthropologen *Piers Vitebsky*, Direktor im „Scott Polar Research Institute“ an der Universität Cambridge, sind die auf den Steinen verewigten Kunstobjekte überwiegend Rentiere.

Mongolischer Rentierstein

Denn das indigene Volk der **Ewenken** hatte damals schon die Rentiere benutzt. Vitebsky schreibt über die Darstellung in seinem Buch „The Reindeer People“ u. a.: „Das Rentier mit seinem ausgestreckten Nacken und seinen vor- und zurückschleudernden Beinen sieht aus, als würde es nicht galoppieren, aber durch die Luft springen.“

Die Geweihe haben dabei oft kunstvolle und spiralförmige Verzierungen, die das ganze Rentier umfassen, und sind Sonnenscheiben oder anderen sonnenverwandten Gebilden zugeordnet. Dies betont die Verbindung des Rentieres mit der Sonne, welche häufig mit dem sibirischen Schamanismus in Zusammenhang gebracht wird.

Wie die himmlischen Flitzer zu ihren Namen kamen

Die Rentiere kamen daher wie der Wind,
und der Alte, der pfiff, und er rief: ‚Geschwind!
Renn, Renner! Tanz, Tänzer! Flieg, fliegende Hitz!
Hui, Sternschnupp! Hui, Liebling! Hui, Donner und Blitz!‘

So die Übersetzung von *Erich Kästner* aus dem berühmten Poem „A Visit from St. Nicholas“ von *Henry Livingston* (1748 – 1828), der damit den sensiblen Nordlandtieren zu ihrem ersten weihnachtlichen Auftritt überhaupt verholfen hat.

Über die Urheberschaft des Gedichtes samt Namensgebung der Rentiere entbrannte ein erbitterter Streit zwischen Livingston und Moore. Die Fakten besagen Folgendes: Der Text aus dem Jahre 1823 wurde und wird immer noch *Clement Clarke Moore*, einem Wissenschaftler für ostasiatische Sprachen aus New York, zugeordnet, der ihn 1844 in seine gesammelten Werke aufnahm, ohne ihn als Plagiat zu kennzeichnen. Die Annahme, dass Moore der Autor ist, ist so verbreitet, dass bislang nur selten die erst in

Buchcover von „A Visit from St. Nicholas" aus dem Jahre 1869

jüngster Zeit belegte Tatsache zu lesen ist, dass Henry Livingston jr. das Gedicht geschrieben hat.*

In der Originalfassung kommen die acht Rentiere mit Namen Dasher, Dancer, Prancer, Vixen, Comet, Cupid, Dunder und Blixem vor, die Santa Claus auf seinem Schlitten durch die Lüfte ziehen. Es seien die „Namen der Pferde in Livingstons Stall" gewesen, be-

* Interessierte finden hier mehr: Chapter six, „Yes, Virginia, There was a Santa Claus", pp. 221-282, in: *Foster, Don.* Author unknown: On the Trail of Anonymous. New York: Henry Holt and Company, 2000. ISBN 0-8050-6357-9. Foster weist hier detektivisch brillant die wirkliche Autorenschaft nach.

richtet *Mary van Deusen*, eine Nachfahrin von Livingston. Über die Namensgebung der lieben Rentiere entspann sich übrigens ebenfalls ein satter Streit. Die Ursache hierfür ist in den vielen späteren Umdeutungen zu suchen: Danach wurde aus den originären Namen „Dunder“ und „Blixem“ eben Donner (Dunder) und Blitz (Blitzen).

Rudolph, der Song

5

Seit über 60 Jahren zählt der Song „Rudolph, The Red-Nosed Reindeer“ (Rudolph mit der roten Nase) zu den **Weihnachtshits** der jüngeren Musikgeschichte. Ausgangspunkt der Komposition ist ein Malbuch von 1939, das *Robert Lewis May* für die Warenhauskette „Montgomery Ward“ entwerfen sollte. Seine Chefs waren anfangs nicht sehr begeistert von der Geschichte, da sie eine rote Nase, die mit Trunksucht assoziiert werden könnte, für Kinder zu Weihnachten nicht angemessen fanden. *Denver Gillen* entwarf jedoch überzeugende Illustrationen des Rentiers mit der roten Nase und die Geschichte wurde schließlich doch angenommen. Montgomery Ward verteilte allein im Jahr 1939 etwa 2,4 Millionen kleine Malbücher vom „Rentier mit der roten Nase“ und trotz der Kriegszeiten wurde bis Ende 1946 die stattliche Zahl von 6 Millionen erreicht.

So ist zu verstehen, dass nach dem Krieg die Nachfrage nach den Rechten an der Figur des kleinen Rentiers riesig war. Leider hatte May die Geschichte als Angestellter des Hauses Montgomery Ward geschrieben und so blieb das Copyright dort. Erst als er durch Krankheit und den Tod seiner Frau hoch verschuldet war, konnte er *Sewell Avery*, den damaligen Präsidenten von Montgomery Ward, 1947 überzeugen, ihm die Rechte zu überlassen.

Mays Schwager *Johnny Marks* entwickelte daraufhin den Liedtext und die Melodie und 1949 wurde die erste Version von *Gene Autry*, dem singenden Cowboy, aufgenommen. Die Schallplatte

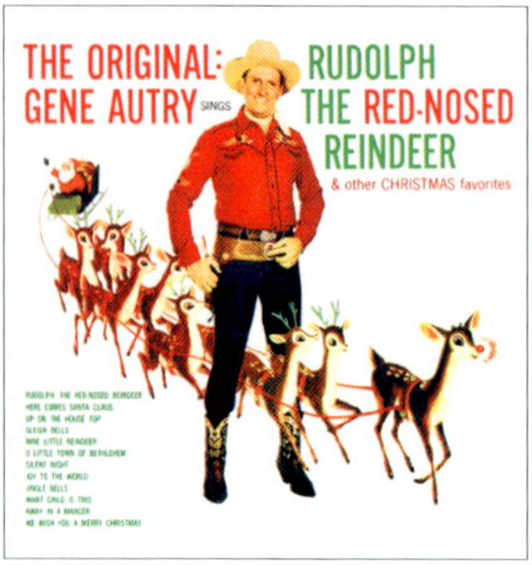

konnte allein im ersten Jahr zwei Millionen Mal verkauft werden. Der Song zählt heute zu einem der meist verkauften Tonträger aller Zeiten und wurde im Laufe der Jahre von Hunderten von Interpreten gesungen, so zum Beispiel von *Perry Como*, *Chuck Berry* und *Ringo Star*. Das Lied wurde in über 25 Sprachen übersetzt. In der Heimat von Gene Autry in Wisconsin wurde der runde Geburtstag kräftig gefeiert und es gibt sogar einen eigenen Poststempel für dieses weihnachtlich-musikalische Ereignis.

www.geneautry.com

Kamel oder Rentier?

In der Vorweihnachtszeit 2011 blieben meine Augen eines Tages bei der Zeitungslektüre an der Anzeige eines Orientteppichhändlers hängen: Mitten in die weihnachtlichen Sonderangebote drapiert, fährt da Santa Claus mit seinem Schlitten, voll bepackt mit feinen Teppichen. Nichts für ungut. Allerdings wurde sein Gefährt anstelle von himmlischen Paarhufern von **Kamelen** gezogen. Wie sich weisen wird, kein Einzelfall.

Drei Wochen später saßen meine Frau und ich im Zug nach Passau. Am Bahnhof in Prattling, etwa 20 Kilometer vor unserem Ziel, sah ich beim Ausfahren ein Plakat vorbeihuschen, auf dem, wenn ich mich nicht völlig getäuscht hatte, wiederum Kamele einen weihnachtlichen Schlitten ziehen. Ein neuerlicher Angriff auf meine Rentier-Seele, die zu zerstreuen eine bevorstehende Flusskreuzfahrt nach Wien mehr als geeignet war. Ein Textilrentier gehörte übrigens zur Weihnachtsdeko an Bord. Und die Nordlandtiere begegneten uns beim Bummel auf dem Passauer Weihnachtsmarkt rund um den Dom ebenso wie in Wien auf seinen vielen Märkten und, lebensgroß präpariert, sogar am Schloss Schönbrunn.

„Diesmal werde ich genauer nach dem Plakat Ausschau halten", sagte ich zu meiner Frau, als wir die Heimfahrt antraten. Und als der Zug in Prattling einfuhr, da prangte mir also in der Tat in überdimensionaler Größe ein Christkind mit wunderschönem Schlitten in eisiger Landschaft entgegen und davor zwei prächtige, mit Glöckchen ausstaffierte Kamele. Also doch Konkurrenz für die Himmelsflieger?

Immerhin: Kamele sind wunderbare und ausdauernde Tiere, können Wasser und Fett wochenlang speichern und haben als Wüstenschiffe ihren Stammplatz sowieso ... aber als Transportkollegen von Santa Claus, das geht einfach zu weit!

Werbeanzeige mit schlittenziehenden Kamelen

Christkind-Schlitten und Kamele? Nur ausnahmsweise! Ansonsten: s.u.!

Bei näherer Betrachtung entpuppte sich die Werbewand als gelungener PR-Gag mit dem darunter angebrachten Aufdruck: „Wenn es so wäre, dann würden Sie es als Erste erfahren! Bayerischer Rundfunk. Abendschau von 18.30 bis 20 Uhr."

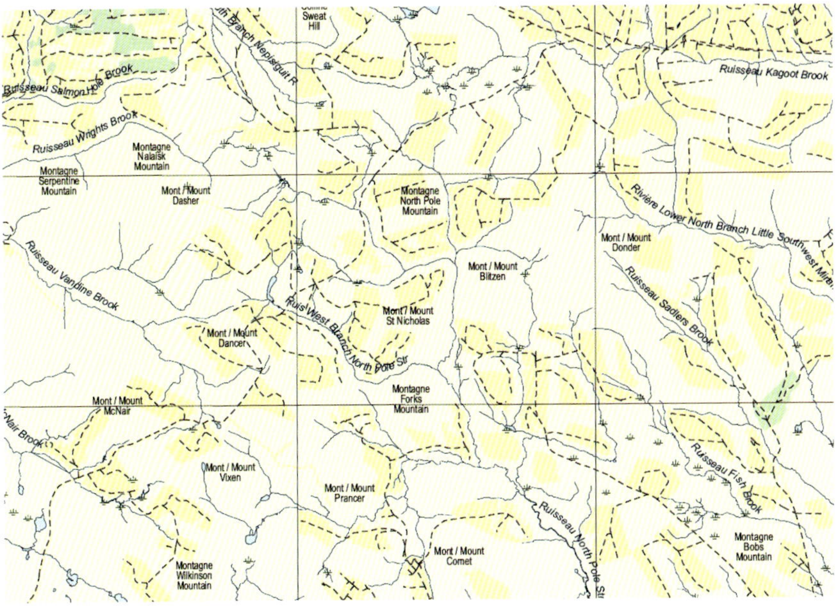

Kartenausschnitt mit jenen Hügeln,
die nach den fliegenden Rentieren benannt sind.

Die „Himmelsflitzer“ und ihre Christmas Mountains

Vorweihnachtszeit 1964 im kanadischen Städtchen **Fredericton**: Die Menschen gingen ihrer Arbeit nach oder tätigten ihre Weihnachtseinkäufe. „Hallo, Mr. Wightman“, grüßten die Leute den Landvermesser *Arthur F. Wightman*. „Haben Sie wieder einige interessante Namen für unsere Hügel und Flüsse gefunden?“

„Mal sehen. Im Büro habe ich ja die Landkarte von New Brunswick ausgebreitet. Ich hoffe, dass mir etwas Passendes einfällt.“

Dort angelangt, brütete er über einer Karte, auf der markante Namen wie etwa der des Flusses St. John schon vergeben waren. Als ständiges Mitglied des „Kanadischen Komitees für geografische Namen“ kannte er sich gewiss aus. Wenn er Namen auswählen müsste, sollten diese so zugkräftig sein, dass das Komitee nichts einwenden konnte. Jetzt stand Wightman also vor der Aufgabe, zehn Hügeln im nördlich-zentralen New Brunswick einprägsame Namen zu verpassen. Nun, was hilft für eine gute Inspiration? Tee oder Kaffee trinken und das Radio einschalten. Da dudelte just das Stück „Rudolph the Red-Nosed Reindeer“ in der Version von Gene Autry. Während Wigthman auf der Landkarte nochmals die Linien und Nordpol-Strömungen des Quellgebietes analysierte, stand für ihn fest: Die 685 Meter Höhe eines Gipfels der Nordpol-Strömung würde **North Pole Mountain** heißen. Und mit der Bennenung der anderen Gipfelpunkte würde er sie unsterblich machen, die Rentiere jenes Songs von Johnny Marks. Wightman rief sich einige Zeilen des Gedichtes ins Gedächtnis:

With a little old driver so lively and quick,
I knew in a moment it must be St. Nick.
More rapid than eagles, his coursers they came,
and he whistled and shouted and called them by name.

Now **Dasher***! Now* **Dancer***! Now* **Prancer** *and* **Vixen***!*
On, **Comet***! On,* **Cupid***! On,* **Donder** *and* **Blitzen***!*
To the top of the porch! To the top of the wall!
Now dash away! Dash away! Dash away all!

Und so benannte er acht der Hügel nach den fliegenden Rentieren von Santa Claus. Das „Geographical Names Board of Canada“ akzeptierte übrigens alle seine Namensvorschläge.

Die „Christmas Mountains“ werden mehr und mehr abgeholzt.

Nur Rudolph hatte das Nachsehen. Zwar hatte Wightman auch „Mount Rudolph“ vorgeschlagen. Das lehnte das Komitee jedoch wegen der Kommerzialisierung des Songs ab. Nummer 10 wurde fortan daher **Mount St. Nicholas** genannt. Eine recht salomonische Namensfindung!

Kein Wunder, dass heute ein anderer Hügel, am Fluss Nepisiguit gelegen, **Mount Wightman** heißt, benannt nach dem Namensgeber der weihnachtlichen Rentier-Hügel.

Der einheimische Journalist *David Folster* (1937 – 2010) hat die 135 km von Fredericton entfernte Hügelgruppe, die bei Wanderern und Kletterfreunden beliebt ist, schließlich mit seiner (zugegeben nicht ganz offiziellen) Namensgebung unsterblich gemacht, die **Christmas Mountains**. Der sie einst großflächig umgebende altbestehende Wald fiel trotz massiver Proteste in den vergangenen Jahrzehnten großflächig der Papierindustrie zum Opfer.

Weihnachts-Track, Rentierschule und Rentiersee

Luftabwehrkommando und Weihnachts-Track

Seit 1958 überwacht das von den Regierungen von Kanada und den USA gemeinsam gegründete Luftabwehrkommando **NORAD** den Luftraum über Nordamerika, um eventuelle Bedrohungen ausfindig zu machen. Doch alljährlich an Weihnachten machen die Mitarbeiter eine Ausnahme. Denn dann verbringen die Mitarbeiter(innen) von NORAD freiwillig einen Teil ihrer Freizeit, um am Heiligabend die Anrufe und E-Mails von Kindern zu beantworten und die Position von *Santa Claus* durchzugeben, wenn er vom Nordpol mit seinen „fliegenden Rentieren" zur Geschenkreise rund um den Globus aufbricht. Ist das der Fall – also an Weihnachten – dann lässt sich sein Kurs auf einer eigens eingerichteten Internetseite (s. u.) verfolgen.

Doch wie kam es dazu, dass ein Luftabwehrkommando sich des Themas annahm? Dazu folgende verbürgte Geschichte:

Startseite von „www.noradsanta.com"

NORAD 1958 gründeten die Regierungen von Kanada und den USA ein gemeinsames Luftabwehrkommando für Nordamerika namens „North American Aerospace Defense Command“, auch bekannt als NORAD. NORAD und seine Vorgängerorganisation CONAD („Continental Air Defense Command“) begleiten den Weihnachtsmann auf seiner jährlichen Reise an Heiligabend nun schon seit nahezu 60 Jahren.

Heiligabend 1955. In der nordamerikanischen Sicherheitszentrale **CONAD** (Vorläufer von NORAD) waren die Mitarbeiter schon auf das Fest eingestimmt, als plötzlich ein Telefonanruf alles ändern sollte. „Guten Tag“, meldete sich *Harry Shoup*, Colonell und zuständiger Abteilungschef in der Hotline der Sicherheitszentrale. „Bin ich hier richtig bei Santa Claus?“, fragte ein Kind am anderen Ende der Leitung. Santa Claus in der Sicherheitszentrale? – das war neu. Mit allem hätte Shoup gerechnet, vielleicht mit einem Anruf des Präsidenten höchstpersönlich, der ihm und seinem Team fröhliche Weihnachten übermitteln wollte, aber mit einem Kind, das mit Santa Claus sprechen möchte? Shoup blieb ganz gelassen und fragte: „Warum soll hier Santa sein?“ „Weil ich es so in der Anzeige vom Kaufhaus Sears Roebuck & Co in Colorado Springs gelesen habe. Da stand nämlich: ‚Hey Kindchen, möchtest Du mit dem Weihnachtsmann sprechen? Wähle diese Nummer‘. “ Jetzt war dem Colonel alles klar: Es war ein Zahlendreher, der sich bei der Anzeige eingeschlichen hatte.

Vielleicht, weil Weihnachten vor der Türe stand oder weil ihn die Geschichte irgendwie berührte, ließ Harry Shoup mit den Radarsystemen nach Anzeichen dafür suchen, dass der Weihnachtsmann seine Reise vom Nordpol in Richtung Süden angetreten hat. Jedem Kind, das bei NORAD anrief, wurde die aktuelle Position des Weihnachtsmanns durchgegeben – damit war eine Tradition geboren.

Unter der Schirmherrschaft von NORAD wurde die Internetseite **www.noradsanta.org** ein riesiger Erfolg. So besuchten allein 2011 insgesamt 18,9 Millionen Menschen Norad Tracks Santa's Webseite; 101 000 Fans waren bei Twitter registriert und die Facebook-Seite konnte nahezu eine Million Besucher verzeichnen (Mail Online News, 30.12.2011). Auf den Trailern kann die Route von Santa mit seinen Himmelsflitzern um die ganze Welt mitverfolgt werden. Nach dem Start geht es zunächst nach New York mit herrlichen Schlenkern, die kein Pilot der Luftfahrtgesellschaften so leicht nachvollziehen kann, dann folgt Europa mit dem Brandenburger Tor in Berlin, Schloss Neuschwanstein in Bayern, London, Verona, Barcelonas Kathedrale Familia Sagrada und Athen. In rasanter Fahrt zieht das himmlische Schlittengespann sogar vorbei an einem Jumbo-Jet, nimmt Kurs zum Mount Everest, Hawaii, Südafrika, Toronto und landet schließlich sicher wieder in Nordamerika. Ein vorweihnachtlicher Spaß für Jung und Alt.

Übrigens: *Michelle Obama* sprach am Vorabend von Weihnachten 2012 mit Kindern, währenddessen bei der NORAD die Santa-Claus-Spuren verfolgt wurden. Der überwiegende Teil der Fan-Gemeinde sieht in der weihnachtlichen Tradition eine nette Geste von Seiten eines Amtes. Zudem: Eine bessere Reklame für NORAD und Santa Claus mit seinen Rentieren gibt es wohl bis heute kaum.

12 *Rentier-Weihnachtsschule am Nordpol*

Der amerikanische Weihnachtsbringer *Santa Claus* lebt in Northpole ... und mit ihm seine Rentiere. Wer das Treiben dort begutachten möchte, sollte **www.northpole.com** besuchen. Seit 1996 gibt es die Seite, auf der sich das versteckte Dorf mit Geschichten rund um Santa Claus präsentiert. Wer weiß schon, wie sich die Rentiere über das Jahr fit halten, damit sie in der Weihnachtszeit spurten, abheben, fliegen, bremsen und sicher auf jedem Hausdach landen können. Die Homepage gibt Auskunft zuhauf über die Rentier-Weihnachtsschule im **Santa Camp**. Zum gesamten Areal gehört ein Rentier-Tower, von dem aus sämtliche Starts und Landungen verfolgt werden. Schließlich müssen die Rentiere mit ihren Gesellen von hier mit einem Geschenkgewicht von 60.000 Tonnen starten. Das Dorf hat eigentlich alles, was man so für

Der „North Pole“ in den Fünfzigern – 20 km von Lake Placid entfernt, ist er bis heute ein Garant für weiße Weihnachten.

Weihnachten braucht. Eine riesige Rentier-Scheune, in der es sich die Paarhufer gemütlich machen. Dort bessern die Elfen das Zaumzeug genauso aus, wie sie Säcke an Kraftfutter mit Flechten bereitstellen. In einer Reparaturwerkstatt werden die Schlitten und Beschläge der Hufe auf Vordermann gebracht, im Fitnessraum trainieren Prancer und Dancer. Unentbehrlich für jeden Flug sind

Nicht nur in North Pole Alaska gibt es Weihnachten rund ums Jahr, sondern auch in **North Pole, New York**, einem Dorf ein paar Kilometer westlich von Wilmington. Bekannt ist der kleine Ort für **Santa's Workshop**, einem der ältesten Freizeitparks der Vereinigten Staaten.

324 Whiteface Memorial Highway
North Pole, NY 12997
www.northpoleny.com

die Wetterstation, ein Mail-Büro für die Tausenden Nachrichten aus aller Welt und ein Spielzeugshop, der über das Jahr von den Elfen mit den weihnachtlichen Geschenken eingedeckt wird. Nicht zu vergessen die Küche, in der Santas Frau das Sagen hat. Wie in jeder Gemeinde fehlt es auch hier nicht an Bildungseinrichtungen. In Santas Dorf ist es die Elfenakademie, in der Vorträge über Finnland, Grönland, Rentierverhalten und Navigation gehalten werden. Hochkarätige Referenten sind u. a. Vertreter von Finnair und Professoren für Rentierhaltung. Und abends geht es dann ab in das Elfenclubhaus, wo mit Rentierpunsch und Rentierbier kräftig gefeiert wird.

Ach ja, eine **Rentier-Weihnachtsschule** gibt es auch in Rovaniemi im Santa-Claus-Dorf. So ist damit zwar unter den weihnachtlichen Fixpunkten eine Art Konkurrenz entstanden, aber – davon können Sie ruhig ausgehen – in Wirklichkeit arbeiten die Rentiere von Rovaniemi und die von North Pole in Nordamerika eng zusammen. Keiner kommt den anderen in die Quere und das ist auch gut so.

In der Rentier-Scheune machen es sich auch die Paarhufer so richtig gemütlich.

Ein rießengroßer Flickenteppich – der Reindeer Lake

Ein Rentiersee im Karibuland

Im geografischen Namensregister von Kanada sind nahezu 350.000 Namen aufgeführt. Da ist auffallend, dass es neben Hunderten von Karibu-Seen, -Inseln, -Hügeln, -Bergen und -Buchten genauso viele bezüglich der Rentiere gibt. Der **Reindeer Lake** (Rentiersee) hat eine Fläche von 5.658 Quadratkilometern, vergleichbar mit der Fläche der Balearen samt Ibiza und Malta, und ist damit einer der größten Seen Kanadas. Er erstreckt sich 400 km südwestlich der Hudson Bay über die Provinzen **Manitoba** und **Saskatchewan**.

Wie ein Flickenteppich enthält der Rentiersee Tausende kleiner Inseln. Markant ist die Stelle, wo vor etwa 100 Millionen Jahren ein Meteorit die Erde streifte und in das Gebiet im Nordosten stürzte. Das Resultat war u. a. die Ausbildung des heutigen Reindeer Lake, den zweitgrößten See in Saskatchewan.

Der Begriff **KARIBU** stammt von den **Chipewyan** (Eigenname „Dene") – den Ureinwohnern – ab und wurde als „Micmac xalibu" bezeichnet. Es ist also der Name, der den nordamerikanischen Rentieren gegeben wurde.

Thompson-Gedenkbriefmarke der kanadischen Post von 1957

Der Rentiersee erhielt seinen Namen aufgrund der großen Herden von Karibus, die auf ihrer Wanderung aus dem Süden hierher kamen. Der See sollte eigentlich wohl als „Karibu-See" benannt werden, da er bereits auf vielen frühen Karten so bezeichnet war. Doch bereits der kanadische Geograf und Pelzhändler *David Thompson* (1770–1857) – der „größte Geograf Nordamerikas" – schreibt auf seinen Erkundungsreisen aus dem Jahre 1850 stets nur vom „Reindeer Lake". Offiziell wurde er dann tatsächlich einen Tag vor Weihnachten des Jahres 1936 auch so benannt.

Weit und breit kein Rentier in Sicht – die Grasslands in Saskatchewan

Weihnachtsmann Falko und vier Rentiere

Es ist Freitag, der 9. November 2012, um die Mittagszeit in der Karlsruher City. Die Menschen schlendern gemütlich in den Kaufhäusern und ergattern das langersehnte Schnäppchen. Draußen, am Friedrichsplatz, in unmittelbarer Nähe des Naturkundemuseums bahnt sich indes Großes an. Dort steht ein weißer Kranausleger, an dem ein Mann Seile vertäut. Kurze Zeit später kommt ein Kleinbus mit der Aufschrift **Falko Traber Hochseilshow** angefahren. Höchstpersönlich steigt der berühmte Sohn der legendären Traber-Familie aus und gibt Anweisungen an seine Mitarbeiter: „Dort auf dem Rasen soll der Mast aufgestellt werden."

Der Hochseilartist begrüßt mich und erklärt mir, warum er etwas in Zeitverzug sei. „Ich musste noch zu einer Seilerei, um Metalldrähte entsprechend zu verdrillen." Schließlich hängen von diesen ganz wesentlich die Darbietungen in luftiger Höhe ab. Immerhin hat das Seil eine Länge von rund 125 Metern und einen Durchmesser von etwa 14 Millimetern. Es hängt etwa 33 Meter über den Boden und muss zwischen beiden Verankerungspunkten eine Last von annährend drei Tonnen halten. Doch das ist nur ein kleiner Aspekt, der für die erregende winterliche Hochseilattraktion beachtet werden muss. Der Mann überlässt nichts dem Zufall. Er ist Perfektionist von Anfang an.

Falko Traber kommt ins Schwärmen, wenn er von einer der schönsten und europaweit einmaligen vorweihnachtlichen Shows am Himmel – „Der Fliegende Weihnachtsmann" – spricht. „Nach irgendeinem der vielen Weihnachtsmann-Filme dachte ich mir, warum nicht mal als selbiger mit seinen Rentieren am Hochseil durch die Lüfte schweben?" Die Idee war geboren. Umgesetzt wurde sie nach Falkos Plänen in penibler Kleinarbeit, bis die Show erstmals im Jahre 2009 präsentiert werden konnte. Viel Herzblut stecke darin, versichert der Artist. Das zeigt sich im Detail von Schlitten und Rentieren. Mit Miniaturmodellen im Maßstab 1:10 wurde an den richtigen Proportionen und dem Design gefeilt. Dass der

Weihnachtsmann Falko und vier Rentiere bei der Hochseilshow in Karlsruhe

Schlitten nicht zu verspielt wirkt, ist *Stefan Toth*, dem ehemaligen Zeichner bei Walt Disney, zu verdanken. Die vier Rentiere Blitzer, Comet, Dancer und Rudolph haben unterschiedliche Formen, die die jeweiligen Charakterzüge der Himmelsflitzer unterstreicht.

Stichworte Eiffelturm in Paris oder Rockefeller Center in New York? „Das wären Herausforderungen, die wir gerne annehmen würden", sagt Hochseilartist Falko.

Falko Traber · Die Wurzeln der weltweit bekannten Artistenfamilie lassen sich bis 1512 zurückverfolgen. Seit über 60 Jahren ist die jetzige Generation im badischen Breisach am Rhein zu Hause. Falko gehört zur Weltelite der Hochseilartisten. 1979 hatte die damalige Traber-Show einen Auftritt in dem James Bond Film „Moonraker – Streng geheim". Falko Traber wurde am 13. Oktober 1959 in Besançon geboren. Die Liste seiner sensationellen artistischen Glanzleistungen in aller Welt ist lang.

„Kubanisches Rentier“ unter einer Palme

Normalerweise kommt dieses Phänomen in Wirklichkeit nicht vor. Anders verhält sich die Sache, wenn ein Künstler hier eingreift. So geschehen im Jahre 2007 in Karlsruhe, als der kubanische Künstler *Pável Miguel* zum Pinsel griff.

Ganz unspektakulär sollte ich für die Karlsruher Tageszeitung eine kleine Story über die bunten Tierreliefs auf einem Baumstamm beim Weihnachtswald an der St. Stephanskirche schreiben. Und eben diese Reliefs hatte Pável künstlerisch angefertigt. Nun sollten Kinder diese Tiere durch Anmalen noch „veredeln“. Voller Tatendrang verpassten sie denn auch den Waldtieren ein besonderes Farbkleid. Nachdem alles „im Kasten“ war, sagte der lebensfrohe Künstler zu mir: „Das Gespräch mit Ihnen war sehr angenehm. Darf ich Ihnen noch eine weihnachtliche Tier-Zeichnung von mir als kleines Geschenk geben? – Welches Tier darf es denn sein?“ „Ein Rentier, bitte“, sagte ich. „Ah, Reno“, antwortete der Maler. Und ehe ich mich versah, zeichnete er in schneller Abfolge ein Rentier vor der Silhouette einer Palme und eines Strandes auf eine Vorlage und versah sein Werk mit dem spanischen Weihnachtsgruß: „Felices Navidades para Bernardo.“

Pável Miguel, 1962 auf Kuba geboren, studierte an der Universität und Kunstschule in Havanna. Der Künstler lebt inzwischen in Pfinztal-Berghausen, Deutschland.

Rentier-Fans grüßen auf vielen Wegen

Wer eine Sammlung von Briefmarken und Postkarten mit Rentier-Motiven besitzt, kann sich glücklich schätzen. Denn mit den gezackten Grüßen samt Karten lassen sich bis heute eine Kulturgeschichte und ein Brauchtum rund um die Nordlandtiere dokumentieren. **Philatelistische Kostbarkeiten** von Künstlern aus aller Welt sind darauf reproduziert, ein Augenschmaus für alle Briefmarken- und Kunstfreunde. Doch manches aus dieser Zeit erscheint nicht mehr zeitgemäß, Neues, Avantgardistisches hat Einzug gehalten. Für Sammler ließen sich hier seitenweise Briefmarken all jener Länder abbilden, die das Rentier u. a. als Symbol zu Weihnachten bisher bereits verwendet haben; zu ihnen gehören Antigua & Barbuda, Grönland, Großbritannien, Kanada, Japan, Russland, Tanzania, Tuvalu, USA, die Futuna Inseln ...

Briefmarken und Rentiere

Nicht nur per Hundepost wurden früher Briefe und Päckchen zugestellt, sondern auch mit Ochsen, Kamelen und Rentieren. Auf der Internet-Seite **www.die-briefmarke.com** wird angegeben, dass bei der Postzustellung neben der Ochsenpost in Indien und Kamelpost in den arabischen Ländern auch die Rentierpost einen hohen Stellenwert besaß. Und auf solchen beförderten Karten

und Briefen samt gezackten Briefmarken wurde gerne das Nordlandtier zum Symbol des persönlichen Grußes. Nachfolgend einige Briefmarken-Beispiele aus den zurückliegenden Jahrzehnten:

DÄNEMARK/GRÖNLAND

Eine interessante, wertvolle Briefmarkensammlung besitzt der Däne *Tom Høyem*, ehemaliger Grönlandminister und Direktor mehrerer Europäischer Schulen. Die Rentiermotive auf den Postwertzeichen wurden von der grönländischen und dänischen Post aufgelegt (s. Abb. links und oben).

ISLAND

Die Erstausgabe einer Marke mit Rentier erfolgte am 9. Oktober 2003 nach einem Entwurf von *Hlynur Ólafsson*. Zum Hintergrund: erste Rentiere wurden im späten 18. Jahrhundert aus Norwegen und Finnland nach Island eingeführt. **www.stamps.is**

NORWEGEN

Auf den norwegischen Briefmarken sind die Felszeichnungen von „Alta" das Standardmotiv. Beispielsweise schmückte im Jahre 2006 „Rudolf, das Rentier und die Felszeichnungen" die weihnachtliche Post. Der Künstler: *Enzo Finger*. **www.posten.no**

Begehrtes Sammelobjekt bei einer Briefmarkenauktion in der norwegischen Stadt Tromsø war im Jahre 2011 eine Karte mit der

Briefmarke „Rentierpost um 1890“. Interessant ist in diesem Zusammenhang das „Sami-Ski-Rennen“, ein internationaler Skimarathon. Dabei geht es von Hetta in Finnland nach Kautokeino in Norwegen. Die Streckengesamtlänge beträgt etwa 90 Kilometer. Die Loipe folgt einem alten Postpfad, auf dem früher zu Fuß, auf Skiern oder mit Rentierschlitten Post befördert wurde.

ÖSTERREICH

Anlässlich einer Sonderpostbeförderung mit Rentieren in den 90er-Jahren hatte die österreichische Post zwei Briefmarken herausgegeben: 1. Rentierschlittenpost am 6.12.1994 in Wien und 2. Rentierschlittenpost am 14.12.1996.

EHEMALIGE SOWJETUNION (UdSSR)

Anlässlich „60 Jahre Jakutische ASSR“ im Jahre 1982 wurde auf einer Briefmarken-Sonderausgabe (Nr. 5142/1982 Wappen) der Abbau von Bodenschätzen als zentrales Motiv-Thema gewählt. Am linken oberen Briefmarkenrand sind aber immerhin zwei Rentiere abgebildet, die symbolhaft einen wesentlichen Teil des bis dahin vorherrschenden Wirtschaftszweiges – der Rentierhaltung – darstellt.

Gedruckte und elektronische Grüße

Ähnlich wie bei den Briefmarken gehören Karten mit Rentiermotiven zu teils begehrten Sammelobjekten. Im Trend liegen auch elektronische, oft animierte Weihnachtsgrüße per E-Mail & Co. Aus der unendlichen Vielzahl gedruckter Kartenmotive unserer nordischen Paarhufer hier zwei Beispiele aus meinem Postkasten:

Weihnachtsmann und Rentiere
Entwurf Thomas Olsson, Wien, 2006

Partykracher:
Santa Claus tanzt mit Rudolph.

FRÜHE SCHWÄRMER FÜR LAPPLAND: EIN ELSÄSSER, EIN ITALIENER UND EIN BISCHOF

Lappland – Terra Incognita

Nicht nur Christoph Kolumbus oder Magellan betraten auf ihren Forschungs- und Entdeckungsreisen unbekanntes Land. Genauso galt dies bis in das 16. Jahrhundert hinein für die „Entdecker" Lapplands, das heutige **Samiland**. Niemand interessierte sich für den Norden, der war zu jener Zeit ein weißer Fleck auf den Landkarten Europas, obwohl er bezüglich Flora und Fauna den Vergleich mit afrikanischen, amerikanischen und australischen Gegenden nicht zu scheuen brauchte.

Einer der Ersten, der sich mit jener Terra Incognita beschäftigte, war *Paulus Diaconus* (um 725–795; auch als *Paulus Warnefried* bezeichnet), der als Gelehrter am langobardischen Königshof am Ende seines Lebens mit reichen Erfahrungen die Langobardengeschichte aufschrieb. In einem dieser Bücher behandelt er u. a. auch das Volk der **Scritovinni** (gemeint sind in etwa „skilaufende Finnen"), bei denen auch „zur Sommerszeit beständig

Rentier-Paar-Schlitten mit Sami im norwegischen Finnmark

Schnee“ liege. Bezüglich der Sami und ihrer Tiere schreibt er: „Sie leben gleich den Tieren, genießen das rohe Fleisch derselben und kleiden sich in deren Felle. Auch befindet sich bei ihnen ein Tier, dem Hirsche ähnlich, von dessen Haut sie sich einen Rock machen, der bis an die Knie reicht. Darein hüllen sie sich. In jenen Gegenden sind die Tage bei weitem länger als anderswo ...“

Ein Straßburger Gelehrter setzt Lappland ein Denkmal

Johannes Scheffer (auch *Ioannis Schefferi*) wurde am 2. Februar 1621 in Straßburg als Sohn des wohlhabenden Kaufmanns Johann Scheffer und seiner Frau Elisabeth Kraschel geboren. Nach dem Studium an der Universität Straßburg begab er sich auf Reisen, die ihn nach den Niederlanden und in die Schweiz führten. 1648 berief ihn die schwedische Königin *Kristina Augusta* an die Universität Uppsala als Professor für Rhetorik und Politik. In seinem Universalwerk **Lapponia** (Frankfurt, 1675) setzte er dem hohen Norden mit seinen Menschen und Tieren ein Denkmal. Im Kapitel „Von den vierfüßigen zahmen Tieren der Lappen“ beschreibt er nach damaligem Kenntnisstand detailreich das nordische Tier u. a. so: „Ein jedes Rentier hat sein besonderes Zeichen. Dieses Zeichen aber machen sie entweder an die Hörner, oder weil sie die Hörner abwerfen, an die Ohren ... Die Lappen haben viele wilde Rentiere gefangen, die ihre eigene Merke und Zeichen an den Ohren hatten ...“

JOANNIS SCHEFFERI
ARGENTORATENSIS
LAPPONIA
Id est,
REGIONIS LAPPONUM
ET GENTIS NOVA ET
VERISSIMA DESCRIPTIO.
In qua multa
De origine, superstitione, sacris magicis, victu, cultu, negotiis Lapponum, item Animalium, metallorumque indole, quæ in terris eorum proveniunt, hactenus incognita
Produntur, & Iconibus adjectis cum cura illustrantur.
FRANCOFURTI
Ex Officina CHRISTIANI WOLFFII
Typis JOANNIS ANDREÆ.
ANNO M. DC. LXXIII.

Titelseite von Johannes Scheffers Meisterwerk „Lapponia“

Im Gegensatz zu vielen anderen topographischen und ethnographischen Beschreibungen der frühen Neuzeit basieren die Kapitel von „Lapponia" auf Berichten von Pfarrern in Schwedisch-Lappland, die an den Autor weitergeleitet wurden (s. dazu auch: „Nordlichtroute", Universitätsbibliothek Tromsø, 1999). Den Auftrag zur Erarbeitung eines realistischen Buchs über die Sitten und Gebräuche der Samen hatte Scheffer 1671 vom schwedischen Staatsmann *Magnus Gabriel de la Gardie* erhalten. Scheffer starb am 26. März 1679 in Uppsala.

Linné und das Rentier

Der große schwedische Botaniker *Carl von Linné* (1707 – 1778), der auch als der „Kanzleibeamte Gottes" tituliert wurde, hat wahrlich Großes geleistet, indem er jede Pflanzen- und Tierart in eine systematische Nomenklatur einführte. Bezüglich des Rentieres und Lappland sind Linnés Reisen in den hohen Norden nicht nur durch die sprachlichen Texte eindrücklich, sondern auch durch persönlich angefertigte Zeichnungen. Sein Buch über die lappländische Pflanzenwelt, **Flora Lapponica**, wurde erst 1737 in Amsterdam veröffentlicht. Darin schreibt er über die Bevölkerung und ihre Tiere: „Oh, du glücklicher Lappländer, der du im letzten Winkel der Erde, nahezu verborgen von der Welt, ein gutes Leben lebst, in vollständiger Zufriedenheit und vollständiger Unschuld. Du fürchtest weder Hunger noch das Wüten des Krieges ... Du schläfst unter dei-

Linnés Bildnis wurde 1775 nur wenige Jahre vor seinem Tod von Alexander Roslin gemalt.

Das Moosglöckchen – Linnaea borealis – ist nach Linné benannt.

nen Rentierfellen, ohne Mühsal, Streit und Hader, auch frei von Neid, den du nicht kennst ... Du isst im Frühling frischen Fisch, im Sommer saure Rentiermilch, im Herbst Schneehühner und andere Wildvögel, im Winter frisches Rentierfleisch ohne Salz oder Brot ..."

In seinen Reisebeschreibungen vom Mai 1732 verwendet Linné den Begriff **rhenones**, wie der folgende Auszug deutlich macht: „Die Rentiere oder ‚rhenones' waren unzählig, wurden morgens und abends heimgetrieben zum Melken ..." Wenn auch Linné im Jahre 1758 für das Rentier den Namen „Rangifer tarandus" in seine Nomenklatur „Systema naturae" einführte, so ist er – trotz den Angaben in vielen wissenschaftlichen Werken – nicht der alleinige Urheber für den Namen des nordischen Tieres.

Von der Herkunft nach leitet sich der Name schon von *Albertus Magnus* ab, der diesen Begriff in seiner Schrift „De animalibus" („Über die Tiere") verwendet: „Dicitur Rangyfer quasi ramifer". Dieses Wort geht ursprünglich zurück auf das Wort **„raingo"**, welches die Sami verwendeten. Das originale Wort „tarandus" ist schon weit früher entlehnt in dem Werk „Quadrupedum omnium bisulcorum historia" von *Ulisse Aldrovandi* aus dem Jahre 1621. Darin heißt es im Kapitel 30, nämlich „De Tarando" („De Rangifero").

Selma Lagerlöfs wunderbare Reise

Im Jahre 1906 erschien das Buch **Nils Holgerssons wunderbare Reise durch Schweden** der schwedischen Schriftstellerin *Selma Lagerlöf* (1858–1940). Im Kapitel „Bei den Lappen" heißt es: „Der Junge lehrte das Mädchen, Schnüre aus Rentiersehnen zu drehen, Felle zu gerben, Kleider und Schuhe aus Leder zu nähen, Kämme und Geräte aus Rentiergeweih zu schnitzen, Ski zu laufen und im Rentierschlitten, den er Ackja nannte, hinter den Renen herzufahren ..."

1909 erhielt **Selma Lagerlöf** als erste Frau den Nobelpreis für Literatur. Ihr „Nils Holgersson" wurde weltweit in mehr als 30 Sprachen übersetzt.

Der erste Tourist am Nordkap

Fernweh und sein großes Interesse an Flora und Fauna müssen wohl den italienischen Pfarrer *Francesco Negri* (1624–1698) aus Ravenna gepackt haben, als er vom warmen Süden in den kalten Norden, dem „nördlichsten Zipfel der Zivilisation", aufbrach. Francesco Negri soll 1664 ohne Gefolge von Italien zu jenem steil emporragenden Schieferplateau gereist sein, wobei er die Strecke zum größten Teil zu Fuß, mit Kutschen und auf Ski bewältigte. Der italienische Pfarrer ist wahrscheinlich der Erste, der mit dem ausdrücklichen Reiseziel „Nordkap" in den Norden gefahren ist. Er war verwundert darüber, dass die Europäer die Erforschung

71° 10‘ 16“ nördlicher Breite, 2.095,4 km vom Nordpol entfernt:
das Nordkap auf der norwegischen Insel Magerøya und seine Bewohner

dieses Landstriches so vernachlässigten. Sein Buch über diese Reise, **Viaggio Settentrionale**, kam erst 1700 – nach seinem Tode – heraus. Das Werk besteht aus acht Reisebriefen, von denen der letzte von Finnmark handelt. Seine Schilderungen des dortigen Volkslebens sind scharfsinnig, sowohl was die Samen und ihre Rentierherden als auch was die Norweger angeht. („Die Nordlichtroute“, Universitätsbibl. Tromsø, 1999).

Francesco Negri,
der erste Nordkap-Tourist

Die Landkarte Nordeuropas von Olaus Magnus: „Carta marina"

Ein Bischof und sein Faible für Lappland

Das beeindruckende historische und geografische Dokument „Die Wunder des Nordens" von *Olaus Magnus* (1490 – 1557), dem letzten katholischen Erzbischof von Uppsala, wurde 1539 in Venedig veröffentlicht und 1567 ins Deutsche übersetzt. Das Werk enthält genaue Beschreibungen des täglichen Lebens der Bewohner Nordeuropas und der dortigen Flora und Fauna.

Auf seiner **Carta marina** von 1539 vermerkt der geistliche Kartograph und Geograph, dass die Bewohner „... Herden von vier- oder fünfhundert Rentieren haben, die sie vor Wagen und Schlitten spannen. Sie reiten auch auf den Rentieren, denn diese sind auf dem Schnee geschickter als Pferde". Bezüglich der dargestellten Rentiere merkt Magnus an: „Hier laufen die Rentiere auf dem

Eis und geben zur Erhaltung der Menschen Milch, aus der verschiedene Speisen zubereitet werden."

Im Kapitel über die „Beschreibung der Völker des Nordens" (Rom, im Januar 1555) setzt sich der Bischof auch mit den noch nicht als Haustier gebrauchten Rentieren auseinander: „ ... Den wilden Tieren, fürnemlich den Reynigern, ziehen sie die Senadern aus, zerteilen und zerziehen sie, dass sei klein werden wie Faden, gebrauchen sich darnach derselbigen, dass sie Kleider daraus machen und die Fäll damit zusammennähen, denn es wächst kein Flachs in diesen Landen ..."

Interessant ist der Aspekt des katholischen Bischofs, der früh erkannte, dass Rentiere nicht verfrachtet werden sollten. Magnus schreibt hierzu: „Wann man sie in ein fremdes Land, fürnehmlich über Meer führet, leben sie von wegen der Veränderung des Lufts und der ungewohnten Speiß nicht lang."

Ausschnitt der „Carta marina"

Grönländischer
Sommer

GESCHICHTEN AUS ALLER WELT

Grönländisches Geschenk und Schmaus im königlichen Theater

VON TOM HØYEM

Im Jahre 1987 kam ich das erste Mal als ganz neuer Minister für Grönland nach Grönland. Ich war noch keine vier Wochen im Amt und hatte das „Land der Kalaallit" niemals zuvor besucht. Bei einem Willkommens-Essen hatte mein Nachbar gefragt: „Herr Minister, essen Sie Rentier?" „Ja", habe ich geantwortet. „Sehr gerne". „Dann bekommen Sie eines", war seine Antwort. Ich hatte diese Konversation ganz vergessen und war seit Monaten wieder zurück im Ministerium in Kopenhagen, als eines Tages mein

„Det Kongelige Teater" ist das dänische Staatstheater in Kopenhagen.

Assistent zu mir kam und sagte: „Herr Minister, wir haben ein etwas spezielles Geschenk für Sie bekommen."

Ins Ministerium war ein totes Rentier – mit Haut und Haaren – direkt aus Grönland geliefert worden. Ich war verständlicherweise ziemlich überrascht – und erinnerte mich dann an jenen Abend in Grönland: Mein Tischnachbar hatte es also ernst gemeint: „Dann bekommen Sie eines." Nun, was tut man mit einem ganzen, gefrorenen Rentier? Ich habe im Ministerium gefragt. Eine Gruppe grönländischer Mitarbeiter sagte: „Wir kümmern uns darum." Sie haben dem Tier das Fell abgezogen und es in Fleischstücke zerteilt. So konnte ich es mit nach Hause nehmen – oder besser gesagt – Teile davon, denn selbstverständlich haben die Mitarbeiter mitgenossen, die, wie ich später gehört habe, Freunde am Königlichen Theater in Kopenhagen hatten. Dort auf der Bühne hätte man dieses große Tier zerteilt und einen königlichen Schmaus abgehalten ...

Der Rentierversteher von Sababurg: Uwe Kunze

Es gibt Pferdeflüsterer, Hundeprofis und Rentierversteher. Einer, der dabei ganz oben steht, ist *Uwe Kunze,* seines Zeichens Künstler, ausgewiesener Kenner der Sami-Kultur und Rentier-Besitzer im **Tierpark Sababurg** bei Kassel. Den Insidern ist er besser bekannt unter dem Namen **Renrajd-Uwe**. So ungewöhnlich diese Bezeichnung ist, desto beziehungsreicher ist die Verbindung zur Natur und den Tieren; denn „Renrajd" bedeutet so viel wie „Zug der Rentierschlitten-Gespanne und Trag-Rentiere". Und genau in diesem Verbund der Nordlandtiere ist Uwe Kunze zu Hause.

Eher zufällig stieß ich auf die Homepage von **www.renrajd.com** und war begeistert von den Informationen über den Norden, die Menschen, Sitten und Bräuche und natürlich über die Paarhufer.

Im Zusammenhang mit der Lebensweise und Rentierhaltung tauchten bei mir so viele Fragen auf, die sich am besten in einem persönlichen Gespräch mit Rentier-Uwe klären ließen.

„Ich hole Sie am Bahnhof **Hofgeismar** ab“, bot Uwe Kunze an. „Wir werden uns schon erkennen.“

Am Zielpunkt angekommen, lief ich mit den wenigen ausgestiegenen Fahrgästen in Richtung Ausgang, als mir auf der Treppe ein schlanker, jugendlich eloquenter Mann mit einer Sami-Kappe entgegenkam: „Sie müssen Herr Wagner sein.“

„Dann sind Sie Renrajd-Uwe.“

Auf dem Weg zu seinem Transporter erkannte ich rasch, dass meine ursprünglichen Vorstellungen von einem Sami-Kenner schnell in eine andere Richtung gelenkt wurden: Statt Büro-Kleidung eher lässiges, zweckmäßiges Outfit, statt Bürstenhaarschnitt eine zu einem Zopf gebundene silbrige Haarpracht und anstelle eines aufgeräumten Transporters das Auto als alltäglicher Ge-

Tierpark Sababurg: 1571 gründete *Landgraf Wilhelm IV.* (1532–1592) unterhalb der Sababurg den „Thiergarten Sababurg“, einen den ersten Tierparks Europas. In dem 130 ha großen Park wurden Ure, Damwild, weiße Hirsche, Gämsen, Elche und Rentiere gehalten. Ende des 18. Jahrhunderts verloren die Landgrafen ihr Interesse an dem Tierpark. Erst zu Beginn der 1970er-Jahre begann der Landkreis Kassel den Tierpark zu reaktivieren, 1973 wurde er als Wildpark neu eröffnet. Der Park mit seinen weiten Weiden beheimatet heute viel heimisches Großwild, darunter Heckrinder, Urwildpferde wie die Przewalski-Pferde oder die Tarpane, Wölfe, aber auch exotische Tiere wie Kängurus, Affen, Pinguine und Lamas.

Sababurg 1, 34369 Hofgeismar
✆ +49 5671 766499-0
www.tierpark-sababurg.de

Renrajd-Uwe mit Jamppa und Biejjie im Tierpark Sababurg

brauchsgegenstand. Mit diesen Erkenntnissen nahm ich vorne neben ihm Platz, und schon wurde es auf den restlichen Kilometern Fahrt durch alleengesäumte Straßen so richtig gemütlich, weil Uwe es „joiken" ließ. Genauer waren diese Joiks Gesänge der Sami auf Kassette. „Wie finden Sie das?", fragte er.

„Ein bisschen wie die ‚Höhner' an Fasching", meinte ich.

„Das ist nicht ganz unrichtig. Diesen modernen **Joik** könnten die Rentierleute schon wegen des lustigen Textes auch bei der Arbeit joiken", meinte Renrajd-Uwe.

„Könnte hierzulande schon ein Party-Hit werden."

Mit samischer Musik wurde ich also eingestimmt, ehe wir den Tierpark Sababurg, mitten im **Märchenland Reinhardswald**, erreichten. Bekannt ist dieser auch durch die *Gebrüder Grimm.* Denn nach Erscheinen der „Kinder- und Hausmärchen" am Ende des 19. Jahrhunderts sah man in der wildromantisch verfallenen Burg mit ihren Anfängen um 1334 jenen Ort, an dem sich die Geschichte von *Dornröschen* zugetragen haben musste. Ähnlich wie im Märchen wurde das Schloss tatsächlich nach rund 100

Rentiere sind wohl nicht auf dem Weg zu Dornröschens Sababurg ...

Jahren im Jahre 1957 wieder „wachgeküsst" und ist seitdem öffentlich zugänglich. Die Anlage beherbergt außerdem ein überaus romantisches Hotel: **www.sababurg.de**. Alle seine gemütlichen Zimmer sind nach Tieren benannt. So können die Gäste dort u. a. „In der wilden Stute", „Im Elephant", „Im Hirsch" oder, wie kann es anders sein, „Im Renthier" nächtigen.

Der **Joik** ist ein mit dem Jodler verwandter, teilweise improvisierter Gesang der Samen. Die Wurzeln dieser lautmalerischen Musik reichen angeblich bis in die Steinzeit zurück. In einer Mischung aus Lied und Ballade behandeln die Texte meist das Leben in der kargen Landschaft der Polarregion, die meisten von Tieren, die besonders wichtig für die Samen sind – z. B. Rentiere. Man joikt übrigens nicht über etwas, sondern man joikt etwas – d. h. beim Joiken entsteht in Sänger und Zuhörer die Vorstellung von der Anwesenheit von Menschen, Tieren, Situationen oder Landschaften. Ein Joik ist endlos. Er benötigt keine Worte, der Interpret kann die Geschichte durch Worte, Gesten, Melodie, Rhythmus und andere Ausdrucksformen erzählen bzw. variieren. Jedes Jahr zu Ostern wird in Kautokeino (Provinz Finnmark) der „Sami-Grand-Prix" ausgetragen, ein Musikwettstreit, bei dem die Einheimischen ihre selbst komponierten Werke vortragen. (s. S. 195 ff)

Exponate über das Sami-Leben im Tierparkmuseum Sababurg

Der Tierpark hat Ausdehnungen, die einer artgerechten Haltung entgegenkommen. „Wo sind denn nun Ihre Rentiere?“, frage ich schon ganz ungeduldig, als wir am großen Holzgatter des Sami-Lagers **Björkträsk** ankommen und weit und breit kein Nordlandhuftier zu sehen ist.

„Gleich werden Jamppa und Biejjie zu uns kommen“, gibt mir der Sami-Kenner zu verstehen. Mit „Jamppa“ meint Uwe den Rentierhirsch, der immer gut gelaunt sei und sich wie ein Kasperle benehme. Der Name der Rentierkuh „Biejjie“ bedeute aus dem samischen Wortschatz übersetzt so viel wie „Sonne“ oder „Tag“. Und tatsächlich kommen die zwei aus dem sonnenbeschienenen, grünen Birkenwäldchen heraus und begrüßen ihren Meister.

Wir nehmen auf einer Holzbank Platz, um über das Leben und die Kultur der Sami zu plaudern, ihre Zukunft und über den Tierschutz. Jamppa und Biejjie nähern sich mir zutraulich, weil sie wissen, dass mir Uwe zuvor ein paar Leckerli für sie gegeben hat: **Flechten**.

Was für ein Gefühl, fernab der hektischen großstädtischen Welt in der Stille eines solchen Lagers die Paarhufer beobachten zu können. Während ich Biejjie das graue, weiche Fell streichle, macht

Eine Sami-Familie um 1900 vor ihrem Zelt, dem **Goahti** – im Hintergrund die kleinere Variante, das **Lávvu**

Jamppa seinem Namen als Kasperle alle Ehre: Der Rentierhirsch stolziert geradewegs in ein **Lávvu**, dreht eine Runde in der samischen Behausung und reißt beim Herausmarschieren das gesamte Zelt nieder. „Jamppa. Was hast du wieder angestellt?", fragt Uwe. – Einige der Fragen, die ich *ihm* stellen konnte, folgen auf dem Hufe.

Renrajd – der Zug der Rentierschlittengespanne

BERNHARD WAGNER: Welche Ziele setzt sich Renrajd?

UWE KUNZE: **Sápmi**, so nennen die Sami ihr Land, braucht den Tourismus, den „sanften", das ist ein wichtiger Aspekt. Es ist aber nicht so, dass wir uns auf alte Kultplätze hinstellen. Im Grunde ist es heute so: Da wird nach Lappland geflogen, kurz ein Lager besucht. Dann nimmt man noch bunte Bildchen und Fotomotive mit, auf denen Personen mit ihren Trachten und Rentierherden zu sehen sind. Aber das war es dann auch. Dabei wird zu wenig nach den Hintergründen gefragt. Deshalb informieren wir, meine Frau Brigitte, mein Sohn in Lappland und ich, mit Vorträgen und Ausstellungen über die heutige Situation des letzten Ursprungsvolkes im Norden Europas und bieten zudem auch Natur- und Rentiererlebnisse an. Schließlich wollen wir diese alte gewachsene Kultur unterstützen.

BERNHARD WAGNER: Andere haben Pferde, Kamele und Hunde in ihr Herz geschlossen; warum Rentiere?

UWE KUNZE: Zunächst führte mich meine familiäre Vorgeschichte schon als Kind zum Volk der Sami, von dessen Kultur ich von Anfang an fasziniert war. Dann folgte zwangsläufig auch der Moment des ersten bewussten Kontakts mit Rentieren, das ist ein großartiges Erlebnis. Denn ein Ren ist ein Wildtier und sehr kontaktscheu. Wenn man dann aber in der Tundra inmitten von Rentieren schläft und ein Zahmren seinen Kopf an die Schulter eines Menschen anlehnt, dann ist dies ein Privileg. Wenn man dann noch weiß, dass man sich dabei dem Rentier in seiner verletzlichsten Position – in der liegenden – nähern darf, dann ist man als Mensch akzeptiert und man begegnet sich fortan auf Augenhöhe.

Renrajd verpflichtet sich zur artgerechten Rentierhaltung.

BERNHARD WAGNER: Wo liegen die Probleme der Sami und ihrer Herden?

UWE KUNZE: Rentierhaltung ist heute eine schwierige Sache. Durch die zunehmende Dezimierung der Weidegründe und die deshalb vom Staat verordnete Verkleinerung der Herden

Der Autor im Rentierlager „Björkträsk“

muss sich mancher Rentierzüchter, entsprechend der „rentierfreien“ Jahreszeit, zusätzliches Geld durch einen Nebenjob, etwa in der Forstwirtschaft oder als Handwerker, verdienen. Sonstige Stellenangebote sind in den Einöden Lapplands Mangelware und Industrie gibt es (zum Glück) nur 1.000 Kilometer südlicher. Zudem wird sehr viel Unfug von skrupellosen Tierhändlern mit dem Rentier als Handelsware getrieben. Wenn Sie etwa den Begriff **Renies** lesen oder hören, können Sie fast sicher sein, dass es sich um recht zweifelhafte Rentiereinfuhren bzw. Fleischprodukte handelt.

BERNHARD WAGNER: Wie sind die Verhältnisse in Russland und im Samiland?

UWE KUNZE: Russland ist ein riesiges Rentierland. Schon jetzt zeichnet sich ab, dass dort bald die letzten kleinen Rentier-Nomadenvölker ausgerottet sein werden. Und wenn diese nicht mehr da sind, dann kann man nach Erzen und Materialien schöpfen. Das Ganze – ob Skandinavien, Nordamerika oder **Russland** – ist alles eine Frage der Weltwirtschaftsmacht, die dahinter steckt. Mein Vater hatte einmal gesagt: „Wir werden uns alles kaufen können, aber du weißt nicht, was du genießen kannst!"

Die Sami werden nur eine Zukunft haben, wenn man ihnen ihre ursprünglich zugesprochenen Rechte auf **Rentierweideland** nicht entzieht wegen wirtschaftlichen Interessen. Schon jetzt ist der Wandel, etwa bei der Rentierortung und dem Zusammenführen der Herdenteile, gravierend. Dies geschieht heute oft schon per Hubschrauber. Doch Rene kann man nur in gewissen Maßen lenken. Zudem werden die Hubschrauber nur in unwegsamem Gelände eingesetzt, um lange Fußmärsche zu ersparen. Es kann nicht sein, dass die Rentierherden beispielsweise über 10 Kilometer getrieben werden. Da würde man die sensiblen Tiere töten. Ein kurzes Verfolgen, das ist schon in Ordnung. Ein Sami würde nie seine Rentiere über Stock und Stein treiben.

„Renrajd", Uwe Kunze (geb. 1952) in Vellmar ist ein ausgewiesener Kenner des Sápmi-Landes (Lappland) und seiner Kultur, dessen Wissen auf der Gemeinschaft mit den Sami basiert. Im nordschwedischen Västra-Härjedalen, wo er einen Wohnsitz hat, wurzelt auch die eigene, familiäre Rentierhaltung. Von Hause aus ist Uwe Kunze eigentlich Bildhauer und Steinmetz-Meister und arbeitete u. a. in Deutschland, Italien und in der Schweiz. Er erhielt mehrfache Auszeichnungen für seine künstlerischen Arbeiten im In- und Ausland, darunter „Träger des Bundesgestaltungspreis". Sein bewegtes Arbeitsleben führte ihn als Bordfunker u. a. auf einem Forschungsschiff über die Weltmeere. Der Tausendsassa hat Publikationen über seine Aufenthalte, z. B. bei den Inuit Ostgrönlands und den Gwichin-Indianern im Yukon-Territorium sowie über den Norden und Osten Europas, Irland, Island, Kanada und Alaska in diversen Medien veröffentlicht. Seine Ehefrau Brigitte lernte der Weltreisende in der Schweiz kennen und heiratete die Berner Oberländerin im Jahre 1977. Beide haben drei Kinder namens Björn, Reto und Vreni. Die tiefe Verbundenheit mit dem nordischen Volk zeigt sich auf vielfältige Weise. Renrajd-Uwe hat beispielsweise zum Thema Sápmi (also Land der „Lappen") das Kinderbuch „Nejla vom Sarvejohke" und den Kurzgeschichten-Band „Flatruet oder die Träume der Rentiere" geschrieben. Er besitzt eine der größten samischen Kultursammlungen in Deutschland überhaupt. Zudem ist er im Verband der deutschen Wildgehege und unterliegt den klaren Regeln der artgerechten Haltung seiner Tiere im Naturpark Sababurg.

Heimweh nach Samiland

Landgraf Wilhelm IV. von Hessen-Kassel (1532 – 1592) war nicht nur ein begeisterter Jäger, sondern auch ein leidenschaftlicher Naturwissenschaftler und ließ in Kassel als angesehener Astronom die erste Sternwarte Mitteleuropas errichten. Als Wildbiologe errichtete der Graf am Fuße der Sababurg im Jahre 1571 ein Wildgehege, in welchem sich Hirsche, Gämsen und Elche tummelten. Was ihm noch fehlte, waren „fremde Thiere", ganz besonders Rehe aus Lappland – damals der letzte Schrei in solchen Gartenanlagen. Doch wie sollte sie der Landgraf nach Deutschland bekommen?

Sami-Mutter um 1917 in typischer Lappen-Tracht

Bronzedenkmal für die Lappenfrau im Tierpark Sababurg

Wilhelm wandte sich an seinen dänischen Astronomiekompagnon, den berühmten *Tycho Brahe* in Kopenhagen, und fragte diesen, ob er die gewünschten Tiere beschaffen könne. Nach langer Suche wurde man in Schweden fündig und konnte zwölf Tiere von *Herzog Karl von Schweden* erwerben. – Aber Rentiere ohne jede Begleitung losschicken, das ging einfach nicht. Also wurde beim Kauf vereinbart, dass eine junge **Sami-Frau** die kleine Herde zur Versorgung in Richtung Süden begleiten sollte. Nach einer beschwerlichen Reise kam die Karawane schließlich in Bremen an, wo die kostbare Fracht auf einen Flusskahn umgeladen und die Weser aufwärts bis nach Gieselwerder gebracht wurde. Dort war die Ankunft der „fremden Reyhe" eine Sensation.

Uwe Kunze schreibt in einem seiner Berichte, die Lappenfrau „war von der langen Reise sehr mitgenommen und ‚knurrte, auf einem Fellbündel inmitten ihrer Rentiere sitzend, die fremden Menschen an', wie Zeitzeugen berichten. Aber auch die Tiere hatten gelitten. Obwohl sie mit gesalzenem Brot gefüttert und mit Pferdewagen zur Sababurg gefahren wurden, verstarben schon am nächsten Morgen zwei von ihnen. Die Übrigen erholten sich zunächst und sorgten mit ihrer Herrin für eine erste ‚Sababurger Attraktion'. Doch schon bald fanden auch die restlichen ‚skandinavischen Ureinwohner' ein trauriges Ende und gingen ein. Die junge Sami-Frau litt sehr unter dem Verlust und obwohl sich die fremden Leute große Mühe gaben um sie aufzumuntern, hatte sie Heimweh und konnte nicht mehr glücklich sein … So geschah es, dass die traurige junge Frau eines Tages verschwand. Man erzählt sich, sie sei ihren Rentieren gefolgt." Ein **Denkmal** im Tierpark Sababurg erinnert an sie.

Rentier-Führerschein à la Uwe Kunze

Bei dem von **Renrajd vualka** angebotenen Rentier-Führerschein **www.renrajd.com** (unter „Veranstaltungs-Angebote") erlernt der Absolvent, wie der Begriff schon andeutet, das Führen von Rentieren. Dazu gehört u. a. die Kenntnis um die zoologische Ordnung dieser nordischen Hirschart, den Körperbau, das Wissen um das natürliche Habitat, die Ernährung, einschließlich ökologischer Besonderheiten, die zur Arterhaltung ausschlaggebend sind, sowie die Reaktionen (Fluchtverhalten usw.) der Individuen im natürlichen Lebensraum und in bestimmten Situationen (Kontakt mit Menschen usw.). Des Weiteren wird über die Halbdomestizierung des Rens durch zirkumpolare Völker – Sami, Tschuktchi, Komi, Nenzen usw. – und deren jahrtausendalte Erfahrung im Umgang mit den Tieren aufgeklärt. Bei der praktischen Einweisung ist u. a. wichtig, wie man sich dem Tier nähert, wie man seinem Geweih ausweicht oder wie man mit dem Rentier spricht – der Ton macht die Musik. Sogar wie man riechen sollte – Parfüm ist für die meisten Tiere äußerst unangenehm – und wie man sich korrekt bewegt. Das Anlegen der Halfter sowie der Trag- und Zuggeschirre, das Beladen der Tragsättel und das Vorspannen der Schlitten, all dies gehört ebenso zum Schulungsprogramm wie das erfolgreiche Fahren und Führen der Tiere sowie das abschließende Freilassen und Ausfüttern. Der Erfolg eines jeden Teilnehmers wird natürlich durch eine Urkunde dokumentiert.

Gelernt ist gelernt: Das Bild zeigt den Rentierbullen Jåmppa, eines der zahmen Trag- und Zug-Rentiere, sog. „Tamhärkar", bepackt mit dem „Klövjesadel", dem Tragesattel, auf dem das Gepäck befestigt wird.

Der Wigry-See in der Abenddämmerung

Der polnische Papst nächtigte ganz nah beim eiszeitlichen Rentierlager

Es begann damit, dass mein Bruder Michael nach Polen reisen wollte, um das einstige Gut unseres Großvaters *Victor Etmanski* ausfindig zu machen. Als wir die eine oder andere touristische Broschüre wälzten, stieß ich auf ein Foto, auf dem neben einem Museum, eingebettet in sattes Grün, ein Zelt mit einem Rentier davor abgebildet war. Rentiere in Polen? Um genau zu sein in **Podlachien**. Nie gehört? Es handelt sich um eine von 16 Woiwodschaften im Nordosten von Polen, eine Gegend mit ungewöhnlich reizvoller Seenlandschaft umgeben von Wäldern und Moränenhügeln, wo sich Wölfe und Biber noch gute Nacht sagen. Dass ich jemals in diese eher dünn besiedelte Region mit **Białystok** als Hauptstadt fahren würde, wer hätte das gedacht.

Die Fahrt nach Podlachien bescherte uns unvergessliche Reiseeindrücke: den einzigartigen Blick über Riga vom Turm der „Akademie der Wissenschaften" zu genießen, das Schwarzhäupterhaus und Herder-Denkmal zu sehen, die baltische Rentierfundstätte von Olaine, Juodkrante mit seinem einstigen Bernsteinhafen auf der Kurischen Nehrung in Augenschein zu nehmen, in Siauliai am „Berg der Kreuze" innezuhalten, um dann über Suwalki in die Masurische Seenplatte in den ostpolnischen „Urwald" hineinzufahren, den 1989 gegründeten **Wigry-Nationalpark** (Wigierski Park Narodowy), der von der letzten Eiszeit geprägt wurde. Mit 20 Seen in dieser Art ist dieser urwaldähnliche Park der einzige in Polen, wo solche Seendichte herrscht. Neben der unberührten Natur und malerischen Landschaft besticht die Region durch vielfältige Möglichkeiten, den Urlaub zu verbringen.

Dass der rund 15.000 Hektar große Wigry-Nationalpark nicht nur von den Einheimischen besucht wird, machten schnell die internationalen Autokennzeichen am Parkplatz beim Museum in **Stary Folwark** klar, das seinen Anfang mit der hydrobiologischen Station aus dem Jahre 1920 nahm. Eine große Steintafel vor dem Museum erinnert an *Dr. Alfred Litynski*, einen Pionier auf dem Gebiet für die Erhaltung dieses Ökosystems.

Der berühmte **Klosterkomplex der Kamaldulenser** auf der Wigry-Halbinsel ist der sakrale Höhepunkt des Suwałki-Landes. 1667 erbaute der Orden das Kloster dank einer Stiftung durch König *Jan II. Kazimierz*. Nach Fertigstellung wurde es zu den größten und reichsten Klöstern in Polen. Nach der Auflösung des Ordens Anfang des 19. Jahrhunderts verfiel der Komplex mehr und mehr. Nach den beiden Weltkriegen begann man mit dem Wiederaufbau. Ein Wendepunkt des Klosters war nicht zuletzt der Besuch von Papst *Johannes Paul II.* (heiliggesprochen 2014): „Dieses Land war für mich immer sehr gastfreundlich, wenn ich mich hier auch in der Suche nach Erholung insbesondere an schönen Seen aufhielt ..." **Übernachten in einer Einsiedelei:** In den Klosteranlagen befinden sich Mönchshäuser, in denen übernachtet werden kann.

Kloster Wigry
Wigry 11, 16-400 Suwalki, Polen
✆ +48 87 566 24 99
www.wigry.pro

Blick vom Wigry-See auf das gleichnamige Kloster

Zu dem Exponaten des Hauses gehört besagtes Zelt mit Rentier, das von der Geschichte der Rentierjäger erzählt, die einst hierher nach Wigry kamen. Reste von Rentiergeweihen und eine Reihe anderer Funde lassen erahnen, wie die Jäger hier damals lebten. Der wissenschaftliche Leiter des Museums, *Dr. Maciej Ambrosiewicz*, erklärt: „In der Region der Großen Masurischen Seen lassen sich die ältesten Spuren von Rentierjägern ausmachen, die zurückreichen bis vor 13.000 Jahren." Der Wissenschaftler erläutert, dass gerade rund um den Wigry-See die Verteilung der Rentier-

Der Wigry-Nationalpark mit seinem Museum in Stary Folwark ist ein beliebtes Reiseziel.

Blick ins Wigry-Museum

jäger-Lager am dichtesten gewesen sei. Die Werkzeuge, die die damaligen Jäger benutzten, können ebenfalls im Museum angesehen werden. Wo hat man die Funde gemacht, wollte ich noch wissen. Dr. Maciej Ambrosiewicz zeigt in Richtung See. „Hier auf der Halbinsel in unmittelbarer Nähe zum Kamaldulenserkloster. Dort hat übrigens unser *Papst Johannes Paul II.* während seines Besuches im Jahre 1999 übernachtet."

Die Mönchshäuser der Kamaldulenser am Wigry-See

„Die Höhle findet man nicht so schnell“ – Spurensuche à la Suisse

Auf der Suche nach Relikten der Eiszeit stießen bekannte und weniger bekannte Höhlenforscher, Wissenschaftler und Hobby-Archäologen gleichermaßen in die dunkle Welt von Karstgebieten vor. Beispiele sind in Frankreich die großen Höhlen in der Dordogne und an der Ardèche oder Altamira in Spanien. Doch es gibt auch kleinere Welten zu entdecken, etwa eine Höhle bei **Oensingen** in der Schweiz. In der sogenannten „Rentiereiszeit“ hausten die Jäger auch im Mittelland am Fuße des Jura im Kanton Solothurn. Hier wurde in der **Risliberghöhle** ein Rentierknochen mit eingraviertem Steinbock gefunden. Er zählt zu den ältesten menschlichen Spuren der Altsteinzeit in der Schweiz und ist heute im Archäologischen Museum in Olten zu besichtigen. Hier finden sich auch zahlreiche weitere altsteinzeitliche Funde aus verschiedenen Höhlen aus dem Kanton Solothurn. Originell

Die Risliberghöhle bei Oensingen

Das „Schmuckstück“ der **Risliberghöhle** – ein Steinbock eingraviert auf einem Rentierknochenplättchen – kann im Archäologischen Museum in Olten angesehen werden.

Archäologisches Museum Kanton Solothurn
Konradstraße 7, 4600 Olten, Schweiz
+41 62 212 89 89
archaeologischesmuseum-so.ch

zum Beispiel auch die Nähnadeln aus Rentiergeweih, oder Harpunen. Die Risliberghöhle ist übrigens nicht leicht zu finden, da bislang jede Ausschilderung fehlt, obwohl regelmäßig Schulklassen den Fundort besuchen. Uns half in Oensingen erfreulicherweise ein Einheimischer, der uns bis zu einem Parkplatz auf einem Industrieareal voranfuhr. Von dort sind es etwa 10 Minuten Fußweg. Fragen Sie also am besten im Ort!

Das „Schmuckstück“ der Risliberghöhle befindet sich im Archäologischen Museum in Olten.

Wie das badische „weidende Rentier“ als Ritzzeichnung weltberühmt wurde

17

„Es war im Sommer des Jahres 1873, als ich auf einer botanischen Exkursion zum ersten Male die Höhle zum **Kesslerloch** betrat. Damals war dieselbe noch dicht mit Bäumen und Gesträuchen verwachsen, sodass deren Inneres dem Vorübergehenden zur Sommerzeit geheimnisvoll verschlossen blieb. Da ich kaum ein Jahr in Thayngen als Reallehrer funktioniert hatte, so war mir dieselbe völlig unbekannt und wäre es wahrscheinlich auch geblieben, wenn nicht der eigentümliche Umstand, dass in ihrer Nähe die Alliaria officinalis (Knoblauchsrauke) in kolossaler Menge und Üppigkeit wucherte, mich zu ihr geführt hätte. Ich konnte nämlich nicht unterlassen, mir ein solches Exemplar zu pflücken, wobei ich durch die lichten Stellen der Gebüsche den klaffenden Hintergrund dieser Höhle bemerkte.“

Soweit die Anmerkungen des Realschullehrers *Konrad Merk*, mit dem der Originalbericht „Der Höhlenfund im Kesslerloch bei Thayngen“ im Jahre 1875 eingeleitet wird. Merks Entschluss, hier Grabungen vorzunehmen, stand von diesem Moment an fest. Zusammen mit seinem Schulamtskollegen *Wepf* machte er sich in Begleitung zweier älterer Schüler mit Schaufeln und Hacken zum Kesslerloch auf. In seinem authentischen Bericht bekennt Merk,

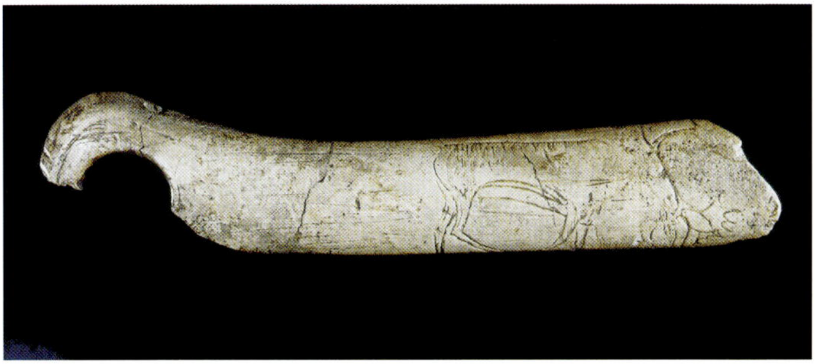

Das weltberühmte „weidende Rentier“ aus dem Kesslerloch, Schweiz, befindet sich heute im Rosgartenmuseum Konstanz.

Rosgartenmuseum
Rosgartenstraße 3-5
78462 Konstanz
+49 7531 90 02 46
www.konstanz.de/rosgartenmuseum/

dass die erhoffte Beute ziemlich lange ausgeblieben sei. Erst in einer Tiefe von einem Meter zeigten sich Spuren von Tierknochen. Dennoch war das Team um Merk nicht zufrieden. Deshalb wurden die systematischen Grabungen ab dem 19. Februar 1874 weitergeführt, die sich dann bis zum 11. April des gleichen Jahres hinzogen. So förderten die Ausgrabungsarbeiten immerhin 250 Rentierfunde zutage, die – so Merk – als Beute von den „Höhlenbewohnern des Kesslerlochs gefallen und verspeist worden sind".

Als Sensation galt sicher der Fund eines Rentiergeweihs, auf dem ein „Weidendes Rentier" eingeritzt war. Zunächst herrschte Euphorie selbst bei den Wissenschaftlern an der Züricher Universität und beim Stuttgarter Geologen *Oscar Fraas*. Erste Publikationen

Das Kesslerloch bei Thayngen

folgten. Doch bei der Bewertung der Funde der Ritzzeichnungen wurden dem Pädagogen und Entdecker der Kostbarkeiten u. a. die Zeichnungen von Bär und Fuchs zum Verhängnis. Denn diese Knochenreste wurden in der Veröffentlichung in der zeichnerischen Darstellung nur als dünne Umrisslinien dargestellt. Eine Fälschung? Davon gingen in der Folgezeit anerkannte Wissenschaftler aus. Beispielsweise *Ludwig Lindenschmitt,* ein bedeutender Prähistoriker aus Mainz, der als „radikaler Skeptiker die Existenz einer paläolithischen (Klein)Kunst rundweg leugnete und demzufolge jede zum Vorschein kommende Zeichnung auf Knochen oder Schnitzerei aus Knochen für Fälschungen halten musste". So Professor *Hans-Georg Bandi* von der Universität Bern auf dem Anthropologen-Kongress in Konstanz 1877.

Merk sah sich mehr und mehr der Polemik ausgesetzt. In all dem „Sich-Drehen und Sich-Winden" – wie es Bandi formuliert hatte – gab es in all den Jahren der Verleumdungen und Erniedrigungen einen Freund, der zu dem Entdecker der Kostbarkeit hielt: der Konstanzer *Ludwig Leiner.* „Der Gründer des Rosgartenmuseums hielt zu seinem Freund Merk und kaufte von ihm die Funde für 2.000 Schweizer Franken, um ihn zu unterstützen", berichtet der Archäologe *Peter Wollkopf* vom Rosgartenmuseum,

Kesslerloch-Höhle: Vom Bahnhof in Schaffhausen geht es mit der S-Bahn direkt nach Thayngen (etwa 7 km nördlich gelegen); die Fahrt führt entlang des „Fisterwaldes". Vom dortigen Bahnhof geht es (übrigens auch rollstuhlgerecht) der Kesslerlochstraße folgend in etwa einer halben Stunde topfeben

zur Kesslerloch-Höhle (ausgeschildert). Dort gibt es einen Grillplatz samt Holztisch für Picknick (allerdings nahe Bahndamm). Weitere Funde sowie ein Diorama des Kesslerloches sind im Museum zu Allerheiligen (Dauerausstellung „Archäologie der Region"; siehe nächste Seite) in Schaffhausen und im Museum in Zürich (u.a. Lochstab mit zwei eingeritzten Pferden; Rentiergeweih) zu sehen.

Das bedeutendste Museum der Region für Archäologie, Geschichte, Kunst und Naturkunde:

Museum zu Allerheiligen
Klosterstraße 16
8200 Schaffhausen, Schweiz
✆ +41 52 633 07 77
www.allerheiligen.ch
www.landesmuseen.ch

Landesmuseum Zürich
Museumstraße 2
✆ +41 44 218 65 11
www.nationalmuseum.ch

In der Ausstellung „Archäologie. Schätze aus dem Schweizerischen Nationalmuseum" (bis 21.12.2014) ist unter den 400 Objekten ein Lochstab (Rentierknochen) zu sehen, auf dem ein Pferd eingeritzt ist. Fundort ist die Kleinhöhle Schweizersbild, Schaffhausen. Dabei handelt es sich um die älteste bildliche und künstlerische Darstellung in der Schweiz.

dem Museum für Kunst, Kultur und Geschichte der Stadt Konstanz und der Bodenseeregion. Durch die Grabungen waren seine Mittel aufgebraucht. In einem Bericht an den Stadtrat von Konstanz vom 18. Oktober 1875 äußerte sich Leiner, dass er sich „kaum der Hoffnung hingab", in den Besitz des **Weidenden Rentieres** zu kommen. Doch in einem Brief habe ihm Merk mitgeteilt, dass er mit Berlin in Verhandlungen stehe und auch eine Londoner Sammlung an den Fundstücken interessiert sei. St. Gallen, Genf und Neuchâtel hätten abgewartet oder keine Zusage über die mögliche Höhe einer Kaufsumme gegeben. So kam es, dass Merk das Fundmaterial seinem Freund Leiner anbot. „Ich bot ihm unter herzerweichender Darstellung der Verhältnisse, die hier obwalten, 2.000 Francs in Barzahlung und erhielt diese Perle unserer städtischen Sammlung nach einigem Widerstreben. Ich hätte bei Gott diese Sachen um keinen Preis aus unserer Heimat fortschleppen lassen; diese ältesten Urkunden aus dem Leben unserer Voreltern!"

Durch diesen Kauf wurde der grenznahe Wechsel des schweizerischen Fundes ins badische **Konstanz** vollzogen. „Die weltweit einzigartige Gravierung ist von der Qualität her ein absolutes Highlight", sagt Archäologe Peter Wollkopf. Er erklärt auch die in der Literatur gebräuchliche Rentier-Darstellung: „Die Bezeichnungen ‚weidendes' oder ‚suchendes' sind heute nur wissenschaftshistorisch zu betrachten. Das Objekt ist unter diesen Begriffen bekannt geworden, deshalb haben sie einen Wiedererkennungswert. In der neueren Forschung geht man bei der Körperhaltung eher von einem brünftigen Rentier-Bullen aus."

Die schwimmenden Rentiere aus Frankreich sind heute im British Museum in London zu bewundern.

Als „Schwimmende Rentiere“ von Frankreich an die Themse kamen

16

Rentiere an der Themse? Gibt es! Und was für welche. Eine 13.000 Jahre alte Skulptur aus Mammut-Elfenbein, die zwei schwimmende Rentiere zeigt. Dass dieses so einzigartige Exemplar im **British Museum** in London Jahr für Jahr die Blicke von Tausenden von Besuchern auf sich zieht, verdanken die Engländer einem französischen Eisenbahningenieur, genau gesagt Monsieur *Peccadeau de l'Isle*, der 1866 am Flussufer **Aveyron**, einem Nebenfluss des Tarn im Departement Aveyron, das Artefakt fand.

Zu jener Zeit war de l'Isle mit der Planung der Streckenführung der Eisenbahnlinie von **Montauban** nach **Rodez** betraut. Weil dieser Fund in der Nähe eines kleinen Hügels von 30 Metern Höhe namens **Montastruc** zutage kam, erhielten die entdeckten Relikte als Bezeichnung eben ihren Ursprungsort – nämlich „Montastruc“. Im Übrigen wurden dort auch Funde wie etwa Schmuck-

Der Abri von Montastruc

anhänger aus Rentierknochen gemacht. Die größte Ausbeute im Tal von Aveyron stellten mit fast 70 Prozent die Rentiere dar.

Eine kleines Liebespräsent

Und so könnte es sich vor sagen wir 13.000 Jahren in etwa zugetragen haben: Unter einem Abri, einem Felsüberhang unterhalb des Montastruc am Flussufer des Aveyron gelegen, warteten die Frauen sehnsüchtig auf ihre Männer; schon tagelang waren sie unterwegs, um Mammuts zu erlegen. „Ich weiß, dass mein Mann bei der Jagd mit Speer, Pfeil und Bogen gut zurechtkommt. Aber bei solch riesigen Tiere, da spielt natürlich auch immer viel Glück mit. Hoffentlich hat alles geklappt“, gab eine Eiszeitfrau ihrer Nachbarin zu verstehen.

Das Département **Aveyron**, benannt nach dem gleichnamigen Fluss, der es durchzieht, wird nicht nur von Jakobspilgern durchstreift, sondern ist auch wegen seiner Berge und Hochflächen, Täler und Schluchten bei Urlaubern beliebt – und wegen seiner Küche. **Rodez** am Aveyron ist eine 2.000 Jahre alte Stadt, deren Kathedralenturm der schönste Frankreichs sein soll.

Ein **Abri** (frz. Unterstand, Schutz, Obdach) ist ein durch Erosion meist in Tälern und an Flüssen entstandener Felsüberhang. Der **Abri Montastruc** (Département Tarne-Garonne) ist einer der unterhalb des Schlosses von Bruniquel am Ufer des Aveyron befindlichen hoch aufragender Überhang. Er hat prähistorische Bedeutung, da hier neben dem schwimmenden Rentier noch ein springendes Pferd – aus Rentierknochen geschnitzt – und ein geschnitztes Mammut gefunden worden sind.

Bruniquel Office de tourisme
Promenade du Ravelin, 82800 Bruniquel
✆ +33 563 67 29 84
www.bruniquel.fr

Eiszeitliche Welten

„Wem sagen Sie das?“, meinte diese und seufzte zustimmend, wohl wissend, dass der Kampf mit den Mammuts stets ein Wagnis war.

Golden überstrich die tief stehende Sonne mit ihren Strahlen die Hügelkette, als sich ein jugendlicher Eiszeit-Beau schnellen Schrittes zu seiner Mutter begab und sagte: „Vom obersten Punkt unseres Plateaus habe ich in der Ferne Vater und die anderen Männer gesehen. Du kannst dich freuen, denn sie haben wohl reiche Beute gemacht und schleppen jede Menge tote Mammuts hierher. Bin mal auf die Stoßzähne gespannt ...“

„Lasst uns ein Freudenfeuer machen, damit wir die glückliche Rückkehr von der Jagd feiern können“, sagte die Mutter.

„Das musst du der schönen Nachbarstochter sagen, damit sie auch dabei ist“, lächelte noch im Nachhinein die Mutter.

Etwas verlegen meinte der Sohnemann: „Gerne.“

Längst hatte die Mutter bemerkt, dass aus den Kindern junge Erwachsene geworden waren. Auch war ihr nicht entgangen, dass ihr Junge sich nicht so sehr für die Jagd begeistern konnte. Wenn es irgendwie zu machen war, setzte er sich ab, begab sich auf ein

Felsplateau und hatte stets einige Reste an Rentierknochen und kleinen Stücken von Mammutstoßzähnen dabei. Daraus schnitzte er dann filigrane kleine Schmuckstücke wie Amulette und Armbändchen. Gerade war er wieder wochenlang über einem ganz besonderen Objekt gesessen und seine Mutter sinnierte, für wen es wohl gedacht sei. Es kostete die Frau Mama jedes Mal aufs Neue einiges an Überredungskunst, dass ihr Mann den kräftigen jungen Burschen nicht zur Jagd mitnahm. „Lass ihn hier am Abri. Er ist halt etwas Besonderes und macht lieber seine Schnitzereien."

Und sie ließen den jungen Künstler gewähren. – Bis lange in die Nacht hinein wurde die Jagdrückkehr am Aveyron im Schein des lodernden Feuers gefeiert, und, ja natürlich, es wurde auch mächtig geflirtet. Der schönen Nachbarstochter und dem Eiszeitkünstler wurde dieser Umtrieb alsbald zu viel und so zogen sie sich in die Stille auf „sein" Plateau zurück. Dort übergab er ein kleines, in Rentierfell verschnürtes Päckchen. Seine Herzensdame dürfte überwältigt gewesen sein, als das Kunstwerk vor ihr lag: ein Stück Mammut-Elfenbein, auf dem zwei schwimmende Rentiere eingraviert waren.

„Das habe ich für dich gemacht. Vor nicht allzu langer Zeit beobachtete ich von hier oben zwei Rentiere, die hintereinander den Fluss durchschwammen. Ein schönes Paar, so wie wir."

Zwei schwimmende Rentiere

Die für die kunstvolle Schaffensperiode der Menschen in der Eiszeit so außergewöhnliche Skulptur ist in die Liste der BBC-Serie **History of the World in 100 Objects**, einer Kooperation mit dem Britischen Museum im Jahre 2010, als Nummer vier aufgenommen. Chapeau!

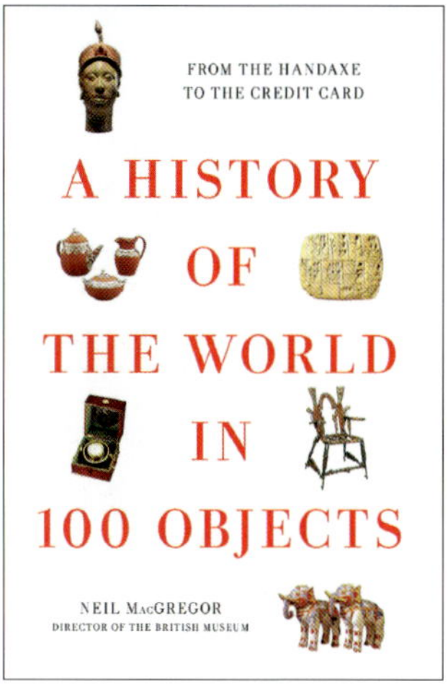

Das Buch zur gleichnamigen BBC-Serie

Der Schweizer, der mit mongolischen Rentier-Nomaden durch die Steppe zieht

Es sind eindrucksvolle Bilder, die der bekannte Schweizer Abenteurer und Fotograf *Andreas Hutter* auf seinen gefeierten Diavorträgen zeigt: **Mongolische Nomaden mit ihren weißen Rentieren** inmitten einer atemberaubenden Gegend. Mongolei, Nomadentum? Wie kann so eine Beziehung zustande kommen?

Das mongolische Land **Tuwa** ist etwa halb so groß wie Deutschland und klimatisch gesehen ein Chamäleon, wo weltweit einzigartige Polar- und gleichzeitig Wüstentiere zu Hause sind: Rentiere und Kamele, Schneehühner und afrikanische Trappen. Im Sommer ist es in diesem asiatischen Teil backofenheiß und im Winter gefrierschrankkalt. Die Temperaturspanne reicht von plus 50 bis minus 50 Grad Celsius.

Die Mongolen nennen die Menschen, die dort leben, eher abschätzig **Tsaaten**, Rentierleute. Gemeint sind die turkstämmigen „Tuwiner", die sich selbst als „Tyva-Kisch" oder als **Tuwa** bezeichnen. Etwa 40 Familien sind es nur noch, die heute mit ihren Rentierherden im Norden der Mongolei leben. Ihre Lebensweise hat sich seit der letzten Eiszeit kaum verändert. Hier, im geographischen Mittelpunkt Asiens, weit weg vom Lärm der Welt, lebt eines der

Mongolische Rentier-Nomaden mit ihren Paarhufern

letzten Rentiernomadenvölker, die in Tipis wohnen, was an die nordamerikanischen Ureinwohner erinnert. Fasziniert von der Kultur und der Ursprünglichkeit ihres Lebens, verbrachte Andreas Hutter in den vergangenen Jahren insgesamt über ein Jahr im Grenzgebiet zwischen Russland und der Mongolei.

Mit *Gomb*, dem Sippenältesten, der ihn wie einen Sohn behandelt, ist über die Jahre eine tiefe Freundschaft entstanden. Gemeinsam verbrachten die beiden viele Wochen auf Jagd in der Taiga. Andreas Hutter begleitete Gombs Familie beim Umzug, brachte seine Kinder in die 50 Kilometer entfernte Schule und war beim Sammeln von Beeren und Nüssen und beim Holzen dabei. Da Gomb 40 Jahre keine Stadt mehr gesehen hatte, reisten die beiden mit Hutters Motorrad nach **Ulan Bator**. Zwei Jahre danach machten sie sich auf die Suche nach Gombs Verwandten in Sibirien. Diese hatte Gomb seit über 50 Jahren nicht mehr gesehen.

Drei Fragen an den mongolischen Rentiernomaden-Kenner Andreas Hutter

BERNHARD WAGNER: Warum engagieren Sie sich für die mongolischen Rentiernomaden, was war der Auslöser?

ANDREAS HUTTER: Nach vielen Reisen mit dem Rentiernomaden Gomb hat sich eine Freundschaft entwickelt. Mit meinem Engagement versuche ich etwas zurückzugeben, was ich an Gastfreundschaft empfangen habe. Ich versuche, den Leuten einen kurzen, aber guten Sommerjob zu ermöglichen.

BERNHARD WAGNER: Im Gegensatz zu den skandinavischen Rentieren ist bei Ihren einzigartigen Fotodokumenten zu sehen, dass die Mongolen sogar auf den Rentieren reiten. Vertragen diese Rentiere größere Lasten als 50 Kilogramm oder liegt es daran, dass diese Menschen eher kleinwüchsig sind und so die Rentiere vom Gewicht her nicht mehr strapaziert werden?

ANDREAS HUTTER: Mehr als 50 Kilogramm ist sicher grenzwertig. Die meisten älteren Leute wiegen sicher nicht viel mehr als 50 Kilogramm. Bei den jüngeren ist es anders, da hat es sicher auch schwerere, doch bei einem Gewicht von über 65 Kilogramm denke ich, ist es nicht möglich, ein Rentier zu reiten. Natürlich ist die Distanz, die man dann reitet, auch noch entscheidend.

BERNHARD WAGNER: Sind die mongolischen Rentiere für die Nomaden so etwas Ähnliches wie das „Gold", was die Sami von ihren Rentieren sagen?

ANDREAS HUTTER: Der Stellenwert der Rentiere ist sicher hoch, doch die Zahl der Rentiere eines Besitzers ist auf etwa 400 abgesunken. Da macht man keine großen Sprünge mehr. Zudem wird das Problem der Inzucht immer größer. Die Tiere werden immer kleiner und es hat immer mehr weiße Tiere, was nach Angaben der Nomaden nicht gut ist.

Gorodki und der mongolische Rentier-Führer Ogi

Gorodki ist eine Mannschaftssportart, die aus Russland stammt. Ziel des Spieles ist es, fünf Holzklötzchen (Gorodki = Städtchen), die zu bestimmten Figuren aufgebaut werden, in möglichst wenig Versuchen mit einem Wurfstock aus einer bestimmten Entfernung von ihrem Platz aus dem abgegrenzten Spielfeld zu schlagen. Karlsruhe gilt als Geburtsstadt dieser Sportart in Deutschland, nachdem hier im April 2012 der erste Gorodki-Pokal in Deutschland stattfand. Als Spieler mit von der Partie war der Mongole *Dendev Oyundelger,* kurz *Ogi*. Während der Eröffnung des ungewöhnlichen Sport-Events, bei der Ogi dem gastgebenden, zuständigen Sport-Bürgermeister eine mongolische Reiterskulptur überreichte, hatte ich kurz Gelegenheit mit Dendev zu sprechen, der in Deutschland Chemische Verfahrenstechnik studiert hat. Und siehe da, der mehrsprachige Rentier-Führer weiß zu berichten: „Meine Verwandten im Norden der Mongolei leben von der Rentierzucht." Als ich ihm sagte, dass ich derzeit an diesem Buchprojekt arbeite, versprach er mir,

v.l.: Ogi und Bürgermeister Dr. Martin Lenz

Wer mit dem Dendev Oyundelger – er beherrscht neben Deutsch auch Englisch und Russisch – auf **Rentier-Trekking-Touren** gehen will:

URGA-Reisen GmbH, Dendev Oyundelger
Seoulstreet 3, 3/11 POB 46/174 Ulaan Baatar, Mongolia
+976 11 31 25 52, +976 99 87 62 08
urga_ogi@mongol.net
www.mountainlab.ch

Der Mongole Ogi inmitten eines Rentier-Trekkinglagers

Infos und Bilder über die mongolischen Rentiernomaden zu schicken. Alsbald flatterte mir per Luftpost ein Brief ins Haus mit dem äußeren Vermerk: „Grüße aus der fernen Mongolei!" Ein Yak und ein Rentier zierten übrigens die Briefmarke. Dazu legte Ogi mir einige Fotos, so etwa jenes, das den Ritt mit Freunden zeigt, welche ihn ins Rentierzüchtergebiet der **Darchad** bringen (s. S. 142), einer bis heute wenig erforschten kleinen Völkerschaft der Mongolei.

Inari und die „heilige Insel“

Inari – Zentrum der Samen

Inari ist das Zentrum der samischen Kultur Finnlands. Hier befindet sich das 1962 gegründete **Sami-Museum Siida** (s. S. 355), das die Kultur und Geschichte der Samen sowie die Natur Nordlapplands beleuchtet. Zum Komplex gehören eine Dauer- sowie wechselnde Ausstellungen des Sami-Museums, das Naturzentrum Nordlapplands sowie ein Freiluftmuseum mit verschiedenen historischen samischen Wohnbauten (**Koten**) und Bauernhäusern. Der samischsprachige Sender YLE Radio Sami der öffentlich-rechtlichen finnischen Rundfunkanstalt Yleisradio sendet aus Inari. Aus dem Dorf Angeli stammt das international erfolgreiche samische Folk-Duo Angelit. Ein weiterer samischer Musiker aus Inari ist der Rapper Amoc, der Hip-Hop auf Inarisamisch produziert.

Der **Lemmenjoki-** und der **Urho-Kekkonen-Nationalpark** ziehen mit ihren Wanderpfaden zahlreiche Naturtouristen an. Zu den wenigen Bauwerken von kulturgeschichtlichem Interesse gehört die Einödkirche von Pielpajärvi – 4,5 km von Inari entfernt (und auf einem Wanderweg erreichbar). Ein Goldgräbercamp aus den Zeiten des lappischen Goldrauschs im 19. Jahrhundert am Ivalojoki-Fluss lohnt einen Abstecher; ferner die Ensembles der samischen Dörfer Angeli, Lisma und Nellim sowie zwei historische Rentierscheideplätze in Petsikkotunturi und Sallivaara. Wer auf den Spuren des Eremiten *Raja-Jooseppi* wandeln möchte, auch bekannt als Josef Salli, kann sein Haus in Sallivaara besichtigen.

Lemmenjoki NP
Inari 99870 Finnland
✆ +358 20 5647793
www.luontoon.fi

Urho Kekkonen NP
Lutontie 99830 Saariselkä, Finnland
✆ +358 20 5647200
www.luontoon.fi

Blick ins Sami-Museum Siida

Ausflug zur „heiligen Insel"

Heute wird von Inari aus eine kleine Kreuzfahrt angeboten, die den sechstgrößten See in Europa mit über 3.000 Inseln durchstreift. Ein kurzer Stopp wird eingelegt auf der Insel **Ukonsaari** (kurz: Ukko), auf der die heilige Stätte der Samen besichtigt werden kann. Nähert man sich dieser Insel, gilt es, sich ruhig zu verhalten, alles andere würde als respektlos den Samen gegenüber gelten.

Siida
Inarintie 46, FI-99870 Inari
Sami Museum
✆ +358 400 898 212
Nature Centre, Metsähallitus
✆ +358 205 64 7740
www.siida.fi

Die Insel Ukko

Hinweistafel zum Alfred-Rust-Wanderweg im Naturschutzgebiet

Die Ahrensburger Kultur und Alfred Rust

Wir kehren der Hansestadt Hamburg den Rücken zu und machen eine kleine Fahrt aufs Land; in nordöstlicher Richtung geht es ins beschauliche **Ahrensburg** in Schleswig-Holstein. Sehenswert sind hier nicht nur das Wasserschloss und die Gottesbuden – Wohnungen für alte und mittellose Menschen direkt neben der Schlosskirche. Wer beim **Gut Stellmoor** einen Halt macht, trifft bald auf eine von vielen Hinweistafeln, auf denen auf hier Bedeutendes hingewiesen wird: auf den Prähistoriker Alfred Rust, auf Rentiere und auf eine Kultur, welche nach dieser Gegend benannt wurde, die so genannte **Ahrensburger Kultur**.

Alfred Rust (1900–1983) hat ab 1931 durch seine Grabungen im dortigen Tunneltal bewiesen, dass sich **Rentierjäger** am Ende der Eiszeit vor etwa 15.000 Jahren in dieser Gegend aufgehalten und das begehrte Nordlandwild gejagt haben – was unter dem Begriff **Hamburger Kultur** Eingang in die wissenschaftliche Literatur fand. Zudem konnte er nachweisen, dass sich Rentierjäger auch vor etwa 12.000 Jahren im Ahrensburger Tunneltal aufgehalten haben müssen und eben damit die „Ahrensburger Kultur" begründeten.

Das Ahrensburger Schloss

Von Jabrud ins Abseits

Ohne Alfred Rust wären die alten Rentier-Jäger-Kulturen Norddeutschlands vielleicht nie entdeckt worden. Der gelernte Elektrotechniker besuchte ab 1923 ur- und frühgeschichtliche Vorlesungen an der 1918 gegründeten Volkshochschule Hamburg.

Um ein besseres Verständnis der Ursprünge mitteleuropäischer paläolithischer Steinwerkzeuge zu erlangen, reiste er auf Anregung seines Lehrers zusammen mit einem Freund 1930 auf abenteuerliche Weise mit dem Fahrrad von Hamburg über den Balkan und die Türkei in den Vorderen Orient. Dort entdeckte er in Syrien unweit von Damaskus mit den Höhlen von **Jabrud** einen der wich-

Der **Alfred-Rust-Wanderweg** (6 km) führt durch das schöne Naturschutzgebiet Stellmoor-Ahrensburger Tunneltal. Er führt zu Grabungsstätten und Infotafeln. Auf dem Wanderweg können Familien picknicken, auf den Spuren der Rentierjäger zu Fuß und per Rad wandeln oder einfach den Wald genießen.

www.stormerland.de/lehrpfade/lehrpfade.htm

Diese Klingen und Spitzen aus dem Jungpaläolithikum fand Rust an der Grenze zum Libanon in Jabrud.

tigen paläolithischen Fundplätze des Vorderen Orients.

1940 erhält der weithin bekannte, umstrittene Forscher die Ehrendoktorwürde der Universität Kiel. Doch diese Ehrung fällt ins dunkelste Kapitel auch der Archäologie in Deutschland: Die Nationalsozialisten haben das Fach für sich entdeckt. Eines der ersten Glückwunschschreiben kommt von *Wolfram Sievers*, Geschäftsführer des „Ahnenerbes", eine NS-Einrichtung, die die angebliche Überlegenheit der arischen Rasse belegen sollte. Für seine Mitgliedschaft in dieser Organisation geriet Rust stark in die Kritik.

Nach dem Krieg setzt er seine Forschungen fort. 1965 wird er Ehrenmitglied der Universität Köln und Ehrenbürger seiner Heimatstadt Ahrensburg, wo er 1983 im Alter von 83 Jahren stirbt. Bei den geplanten Feierlichkeiten zu seinem 100. Geburtstag im Jahre 2000 geht Ahrensburg aufgrund Rusts Mitgliedschaft im Ahnenerbe auf Distanz zu ihm; die posthume Auszeichnung wird abgesagt. Dennoch bleibt der Eiszeitforscher, dessen Aussagen von der modernen Forschung teilweise abgelehnt werden, Ehrenbürger seiner Stadt.

Im Ahrensburger Rathaus erinnert heute eine Büste des Bildhauers *Jürgen Block* an Alfred Rust. Außerdem erinnert nicht zuletzt das Stadtwappen, welches von einem stilisierten Rentiergeweih geschmückt wird, an die Funde des einstigen Prähistorikers.

Mit dem Rentier auf hoher See

Bleiben wir noch etwas in der Gegend. Bekannt ist **Husum** durch den Tourismus und würde hier nicht Aufnahme finden, wäre 1885 an einer Schleuse im hiesigen Hafen nicht gebaggert und etwas Einzigartiges zutage gefördert worden: ein Rentiergeweih, das von Menschenhand bearbeitet wurde. 1980 gelang es, das Geweih als halben Bootsspant zu identifizieren. Das Alter des Fundstückes konnte auf etwa 10.000 Jahre datiert werden. Damit handelt es sich um den ältesten Geweih-Bootsfund der Erde. Das Rentier-Geweih-Spant-Stück befindet sich als Original im Schifffahrtsmuseum Nordfriesland. Der Archäologe *Dietrich Evers* machte sich die Mühe und rekonstruierte das steinzeitliche Boot aus Rentiergeweih, Birkenstämmchen und Leder, das im Deutschen Schifffahrtsmuseum in Bremerhaven bewundert werden kann. Evers bewies 1954, dass so ein Fell- oder Hautboot fahrtüchtig gewesen sein muss. Boote dieser Art sind auf zahlreichen skandinavischen Felszeichnungen aus dieser Zeit zu sehen.

Das „Husum-Kajak" wurde aus dem Fund eines bearbeiteten Stücks Rentiergeweih rekonstruiert, das der Ahrensburger Kultur zugeordnet wird.

Schifffahrtsmuseum Nordfriesland
Zingel 15, 25813 Husum
✆ +49 4841 52 57
www.schiffahrtsmuseum-nf.de

Friedens-Karibus als Mahnmale in der Normandie

Zu den symbolträchtigsten Mahnmalen gegen den Krieg weltweit gehören die fünf „Karibus" in der Normandie, die allesamt an den Ersten Weltkrieg und die Schlacht an der Somme in Frankreich erinnern.

Die Schlacht an der Somme

Die „Höllenschlacht" an der französischen Westfront im Juli 1916 hat die Region durch die 1,2 Millionen Opfer sowie die der an den Kämpfen beteiligten 30 Nationen tief geprägt. Heute noch sind Spuren dieses Kapitels der Geschichte deutlich in der Landschaft zu sehen. Die fast harmlos klingende Gedächtnistour **Circuit du Souvenir** führt durch ehemalige Schlachtfelder und Soldatenfriedhöfe und vorbei an eindrucksvollen Kriegsdenkmälern.

Dem Frieden zum Gruß – das große Karibu-Denkmal von Beaumont-Hamel

Grün bewachsene Schützengräben in Beaumont-Hamel

Aus der Vogelperspektive sieht das Gelände von **Beaumont-Hamel**, etwa neun Kilometer nördlich der Stadt Albert gelegen, friedlich aus: sattes Grün und Umrisse von kleinen welligen Hügeln mit verstreuten Baumgruppen. Nichts deutet zunächst darauf hin, dass hier eine der mörderischsten Schlachten des Ersten Weltkrieges stattfand. Deutlicher wird das Ausmaß des damaligen Schlachtfeldes, wenn man sich direkt hinein in dieses Gebiet begibt. Da werden die aus der Luft ausgemachten welligen Hügel plötzlich zu engen, grün bewachsenen Schützengräben, in die sich einst die Soldaten verschanzten, um dem Beschuss zu entgehen.

Neufundland war zur Zeit des Ersten Weltkriegs eine britische Kolonie und hatte aus diesem Grund – wie alle anderen Länder des Empire – eine Armee aus Freiwilligen aufgestellt. Am 1. Juli 1916 um 9 Uhr morgens wurden die neufundländischen Soldaten von deutschen Maschinengewehren unter Beschuss genommen.

Beaumont-Hamel Newfoundland Memorial
Führungen von April bis November
durch zweisprachige kanadische Studenten

80300 Beaumont-Hamel
✆ +33 3 22 76 70 86
www.vac-acc.gc.ca

Nur wenige Stunden später war das Regiment bereits nahezu vernichtet worden. Zur Erinnerung an die Leistungen und Opfer der Soldaten aus Neufundland wurde das „Beaumont-Hamel Newfoundland Memorial“ errichtet. Es ist das größte von fünf neufundländischen Kriegsdenkmalen in Frankreich und Belgien; die andern befinden sich in **Monchy-le-Preux** in der Nähe von Arras, in **Masnières** im Département Nord in der Nähe von Cambrai, in **Guedecourt** im Département Somme bei Bapaume und als einziges in Belgien in **Kortrijk**.

Der Karibu-Hügel

Nach Plänen des niederländischen Landschaftsarchitekten *R.H.K. Cochius* wurde der ausgedehnte **Newfoundland Memorial Park** angelegt. Neben mehreren Schützengräben und kleineren Denkmälern umfasst die Anlage auch drei Soldatenfriedhöfe. Überragt wird sie von einem in Bronze ausgeführten Karibu, welches auf einem künstlich angelegten Felshügel stolz in Richtung des Feindes blickt. Doch warum ausgerechnet ein Karibu? Das Tier ist Teil des Wappens des **Royal Newfoundland Regiments**. Verewigt wurde es hier von dem britischen Bildhauer *Basil Gotto*. 1997 wurde der Park zur **National Historic Site of Canada** erklärt. Zudem gibt es u. a. eine 4-Cent-Briefmarke, die an das tapfere königliche Regiment erinnert.

Statt schwarz-weiß gescheckte Vogesenkühe – Rentiere aus Skandinavien

Nicht nur in Deutschland sind die friedfertigen Flechten- und Grasfresser heimisch geworden, sondern auch im Elsass, in den Vogesen. Auf dem kleinen Rentierhof **Auberge du Schantzwasen** haben die Huftiere mittlerweile ein ziemlich artgerechtes Zuhause. Beliebt ist hier besonders Vixen, der Star unter den inzwischen fast 20 Rentieren.

„Es war immer mein Traum, das zu machen, was andere nicht tun", berichtet *Corine Hiniger* und zeigt voller Stolz auf ihre kleine Herde, die sich hier mächtig wohl fühlt. Wesentlich war für sie, dass die Tiere „das ganze Jahr über hoch oben im Bergmassiv bleiben können". So sind hier auf einer Höhe von 1.100 Metern eben nicht die bekannten schwarz-weiß gescheckten Münster-Kühe zu sehen, sondern Rentiere. Mit Leib und Seele bewirtschaften sie und ihr Mann *Thierry Hiniger* aus Munster seit über 20 Jahren die beliebte **Ferme Auberge** im Massiv von Tanet. Von Frühjahr bis Spätherbst versorgen sie nicht nur Bergvagabunden und im Winter Schnee-Fans, die hier mit Schneeschuhen unterwegs sind oder vom Bergkamm ihre Abfahrten wagen, mit deftigem Vesper.

Idyllisch gelegen: Auberge du Schantzwasen

Auberge du Schantzwasen
Massif du Tanet
68140 Stosswihr
+33 3 89 77 30 11
www.auberge-schantzwasen.com

Paarhufer im Münstertal

„Im Jahre 2002 wollten wir mit der Aufzucht anfangen, doch zunächst hatten wir keine Chance, geeignete Tiere zu finden", erläutert die Münstertälerin die schwierigen Anfänge. Zwei Jahre später, im September 2004, rief Tierarzt *Bernhard Neurohr* vom Tiergarten Nürnberg an und teilte mit, dass drei männliche Tiere zum Kauf anstünden. Damit nahm die Idee langsam Gestalt an,

Herrlicher Blick von der Rentierfarm Schantzwasen auf das Massiv des Hohneck

die erste elsässische Rentierherde aufziehen zu können. Ein Jahr später wurden dann Vixen, Blixen und Comet – so die Namen der neuen Bergbewohner – hoch ins Münstertal gebracht. Bald wurden vier weibliche Tiere aus Finnland hinzugekauft. Abenteuerlich war dieser Transport: „Mit großem Anhänger sind wir nach Berlin gefahren, um die Tiere abzuholen", erzählt Corine. Die Freude war groß, als dann die „ersten drei Elsässer" auf die Welt kamen.

Die private Haltung der empfindlichen Spezies außerhalb der nordischen Heimat wird von Tierschützern eher kritisch gesehen. Trotzdem gibt es auch in Deutschland mittlerweile einige Züchter und im Elsass sind die Flechten- und Grasfresser im Massiv von Tanet inzwischen heimisch geworden. Und man hat durchaus das Gefühl, dass sich die Immigranten hier wohlfühlen, was nicht zuletzt an der artgerechten Haltung entlang weitläufiger Berghänge liegen dürfte. Süß sehen die kleinen Kälbchen aus, wenn sie im Frühjahr erste Gehversuche unternehmen. Ferme-Chef Thierry: „Gehen Sie nicht zu nahe ran. Die Mutter beobachtet alles genau und lässt ihren Nachwuchs nicht aus den Augen."

Formidable! Flechten à l'Alsacienne

Der Tisch hier oben im Bergmassiv von Tanet ist reichlich mit Gras gedeckt. Doch der Nordlandtiere liebstes Futter sind Flechten. Corine und Thierry Hiniger lassen diese Leckereien extra aus Skandinavien einfliegen. „Eine Kiste Flechten reicht für etwa fünf Tage", erklärt Thierry. Das tägliche Ritual der **Fütterung** verläuft wie bei den Samen: Corine zieht ihr farbenprächtiges Kleid aus Finnland an und um 16 Uhr hat sich die Bergbauersfrau in eine samische Rentierfrau verwandelt. Auf der Terrasse versammeln sich nicht nur französische Wanderfreunde, um dem Mal beizuwohnen. Corine bringt die Flechten zum Aufquellen ins Wasser und schüttet sie in einen Bottich. Nach und nach treffen Nokia, Lusi und die anderen ein, um die Leckereien zu goutieren. Für die Ferme-Chefin ist es kein Problem, sich inmitten der Herde aufzuhalten. Ihr Liebling ist Vixen, der sich gerne von ihr streicheln lässt. Angriffslustig ist er hingegen bei Thierry. „Es war in der Brunftzeit. Ich passte nicht auf, da nahm mich Vixen mit den Hörnern und beförderte mich über den Zaun. In der **Brunftzeit** sind die männlichen Tiere unberechenbar und sehen uns Männer als Gegner an."

Corine Hiniger, die „elsässische Sami-Frau", mit einem ihrer Schützlinge; Flechten (Bild unten) futtern die am liebsten.

Vom Winzer zum Fossilienjäger

Klaus Reis erinnert sich gut daran, wie er als vierjähriger Knirps mit dem Großvater in den Weinberg gefahren ist. „Draußen bei **Deidesheim** im Kalkriff auf dem Hahnenböhl“, sagt der Besitzer der weithin bekannten „Sektkellerei Deidesheim“. Für den Kleinen war es nämlich eine Fahrt, auf der er zum ersten Mal einen Ausflug in die Paläontologie machte. Damals habe er im Kalkfelsen Fossilien in Form „versteinerter Muscheln und Schnecken gesucht“, erzählt er. Dieser kindliche Forschungsdrang ließ ihn nicht mehr los. Doch zunächst stand für den gebürtigen Deidesheimer Jahrgang 1935 der Wein im Vordergrund.

Als der Hobby-Forscher in den 1950er-Jahren die Kiesgruben am Rheinufer durchforstete, stieß er auf bemerkenswerte Funde. „Als der Rhein einmal Niedrigwasser hatte, bin ich zum ersten Mal über den Schädel eines Riesenhirsches gestolpert“, erklärt der Privatsammler. In der Folgezeit kamen prähistorische Ritzzeichnungen zu Tage, Unterkiefer eines Flusspferdes, einzigartige Exemplare von Rentierschädelfragmenten mit Geweihen, dazu eiszeitliche Vertreter wie Mammut, Wollnashorn, Höhlenbär und Höhlenhyäne. Reis' Sammelleidenschaft brachte in den Jahren von 1955 bis 1986 an die 5.000 Teile wie Knochenstücke und Skelette zusammen. Über seine Funde, für die er sich bisweilen sogar im Taucheranzug in die Fluten stürzte, hielt er 1975 Diavorträge und machte auf die eiszeitlichen **Tierweltfunde am Oberrhein** aufmerksam. Immerhin haben Wissenschaftler diese Ritzzeichnungen und eine Venusfigur auf eine Zeit zwischen 22.500 bis 25.000 Jahre v. Chr. datiert.

Doch was macht man mit diesen ein ganzes Dachgeschoss einnehmenden Funden? „Ich stand sogar in Verhandlungen mit dem Land Baden-Württemberg und der Universität Tübingen, die die Sammlung ankaufen wollten. Doch dazu kam es leider nicht, weil zu diesem Zeitpunkt andere Prioritäten herrschten.“ Andere Institutionen – etwa in Mainz – bekundeten ebenfalls ihr Interesse an der „in ihrer Vollständigkeit und Qualität für Europa einmaligen

Klaus Reis, pfälzischer Fossilienjäger am Oberrhein, präsentiert stolz eines seiner Rentier-Geweihstücke.

Sammlung". Doch dabei blieb es. Bis 1986. „In diesem Jahr kam das neue archäologische Gesetz heraus, wonach sämtliche Bodenfunde unentgeltlich ablieferungspflichtig sind", so Reis. Kurzerhand wurden die Stücke des Deidesheimer Sammlers unter Denkmalschutz gestellt. Damit nicht genug. Es folgte ein Prozess und mehrere Gutachten über die Qualität der Sammlung, obwohl die Reis'schen Objekte vor dem besagten Gesetz – also vor 1986 – in den Kiesgruben zutage gefördert wurden. Traurig über diese bürokratischen Winkelzüge meint der leidenschaftliche Hobby-Forscher zurückblickend: „Ich wurde für mein privates Sammeln bestraft und wir mussten viel löhnen, um wieder einigermaßen frei über die Sammlung verfügen zu können. Unsinnig."

Geblieben sind die Erinnerungen, aber auch die Methoden der speziellen Konservierung bzw. **Präparation à la Reis**, die bis heute ihresgleichen suchen. „Nehmen Sie beispielsweise die Rentiergeweihe, welche die Tiere vor rund 25.000 Jahren zwischen Ludwigshafen und Worms abgeworfen haben. Wenn diese Artefakte an die Luft kommen – Ähnliches gilt bei Mammutstoßzähnen –

fangen sie an, sich zu zersetzen", erklärt Reis. Bei seinen Exponaten sei das nicht der Fall. Alle Teile fühlen sich so frisch an, als seien sie erst gestern aus dem Rhein geborgen worden.

„Stets betonen internationale Wissenschaftler, dass meine Konservierung eine der besten in der Welt ist". Insofern sei er den Arbeiten des Plastinators Gunther von Hagens schon weit voraus gewesen, schmunzelt der waschechte Pfälzer. Auf eines ist der Deidesheimer Sammler allemal stolz: Bei keinem seiner Fundstücke sei ein Tier zu Tode gekommen. Zwar befindet sich in seiner riesigen Sammlung auch ein Rentier- und Elchkopf, die ihm aber von finnischen Freunden geschenkt wurden.

Das Landesamt für Geologie und Bergbau Rheinland-Pfalz präsentierte 2013 in Mainz die Sonderausstellung **Eiszeitliche Tierwelt am Oberrhein** mit Objekten aus der Sammlung Reis.

Damit es keine Verwechslungen gibt: links ein Rentier- und rechts ein Elchkopf.

Winterliche Begegnung am Polarkreis

Es war Mitte der 50er-Jahre, als das Wirtschaftswunder boomte. Die ersten Fernseher kamen in die Wohnstuben, Telefon und Auto eroberten sich ihre Plätze in der Gesellschaft. Und jedes Jahr zur Weihnachtszeit warteten wir Knirpsinnen und Knirpse mit Adventskalendern auf den ersehnten Heiligabend. Dass das Christkind die Gaben bringt, das wussten wir natürlich, nicht zuletzt, weil mir meine Oma ein Büchlein überreichte mit dem

Ein weißes, junges Rentier zieht den Schlitten des Christkindes – Buch-Titelbild-Rarität aus den 20er-Jahren.

Titel „Für Christkinds Lieblinge“. Allein das Titelbild ist eine Rarität: Santa Claus stapft neben einem weißen jungen Rentier (okay, es könnte auch ein Lama sein), während der mit Glöckchen bespannte Schlitten samt dem Christkind hinterhergezogen wurde.

In den 1960ern begann **Coca-Cola** seine alljährlichen weihnachtlichen Werbefeldzüge, bei denen der Weihnachtsmann mit

Santas heutiger Cola-Truck hat einfach mehr PS als seine vierbeinigen Freunde Anfang der 1960er-Jahre.

„Fliegende“ Rentiere als Skulptur am Flughafen von Rovaniemi

Rentieren durch die Lüfte saust. Auf eine hautnahe Begegnung mit einem solchen musste ich jedoch noch etwa 40 Jahre warten.

1999 erhielt ich auf einer Pressereise der finnischen Tourismuszentrale in Rovaniemi die Gelegenheit, in die Hauptstadt des Weihnachtsmannes zu fliegen. Alles an Bord war weihnachtlich geschmückt: die Servietten, die Kopfstützen, alles zierte das rote Konterfei des Weihnachtsmannes. Kein Wunder, ist doch die finnische Fluggesellschaft **Finnair** seit 1983 die „Offizielle Airline

Aufgenommen mit Sondergenehmigung von Finnair auf dem Rollfeld

Coca-Cola ist das bekannteste Markenzeichen der Welt. Wir wollen hier nicht pro und contra des umsatzstärksten Erfrischungsgetränkes unter die Lupe nehmen, wohl wissentlich, dass eine Coke einen nicht umbringt, zu viel davon einen aber gewiss nicht gesünder macht! Wir wollen unseren Blick vielmehr auf Cola und Rentiere (auch deren Fleisch löst sich übrigens nicht auf, wenn man es in das koffeinhaltige Getränk legt, allen Unkenrufen zum Trotz) und den Weihnachtsmann richten. Dieser erschien 1931 erstmals in der Coca-Cola-Werbung als freundlicher, dicker, rot bekleideter Mann mit weißem Bart. Coca-Cola hat den roten Santa Claus zwar nicht erfunden, wie behauptet wird, aber es trug durch seine populären Werbespots sicher zur weltweiten Verbreitung dieser Farbgebung bei, so dass heute praktisch alle Weihnachtsmänner Coca-Cola-rot sind.

von Santa Claus", weil sie jeden Tag nach Lappland in sein Dorf bei Rovaniemi direkt am Polarkreis fliegt. Mit weihnachtlicher Bemalung fliegen seither übrigens auch alle Langstreckenmaschinen der Finnair bis zum Dreikönigstag ab Helsinki zu ihren Zielen in aller Welt. Das über sieben Meter breite Konterfei des fröhlich winkenden Weihnachtsmanns mit seinen Rentieren bringt die nordische Weihnachtsbotschaft so in alle Welt. – Womit bewiesen wäre: Rentiere können fliegen.

Touristenmagnet in Rovaniemi: per Rentier im Schlitten Runden drehen

Die Arbeiten „1.000 Rentiere“
der Künstlerin May-Britt Nyberg Chromy
zeigen neue Mobilitätsbewegungen,
hier mit einem Auto.

RENTIERE IN GESELLSCHAFT UND KULTUR

Etwas Rentier-Heraldik

DEUTSCHLAND

Ahrensburg bei Hamburg · Dieses Wappen mit Rentiergeweih änderte die Stadt Ahrensburg im Jahre 1976 zu Ehren des Pioniers der „Ahrensburger Archäologie" – *Alfred Rust* (s. S. 148).

Engelnstedt · Das Wappen zeigt im blauen Schild eine goldene Rose über einem aus dem Schildfuß herauswachsenden silbernen Rentier. Dieses erinnert daran, dass bereits in der Altsteinzeit Jäger das heutige Salzgittergebiet durchstreiften. 1952 grub man in der Nähe von Engelnstedt Reste von Rentierknochen und Feuerstein aus, die auf diese Zeit hindeuten. Das Rentier weist auch auf den berühmtesten Sohn Engelnstedts hin – den Künstler und Lapplandforscher *Gustav Hagemann* (1891 – 1982). Auf seinem Grabstein in Engelnstedt – hier wurde ihm ebenfalls ein Denkmal errichtet – ist ein stilisiertes Rentiergeweih angebracht (s. S. 174).

NORWEGEN

Eidfjord · Das Wappen der Kommune Eidfjord zeigt ein weißes Rentiergeweih auf blauem Grund. Eidfjord ist sowohl der Name des östlichsten Arms des Hardangerfjords und der sein Ende umschließenden norwegischen Kommune in der Fylke Hordaland.

Tromsø · Im Wappen ist ein Ren, das wichtigste Haustier der Sami und Nord-Norweger, dargestellt. Die Hafenstadt Tromsø wird auch als „Rentierhauptstadt“ Norwegens bezeichnet.

Weitere norwegische Städte:

Vadso

Porsanger

Vågå

SCHWEDEN

Norrbottens län · Das Wappen in Blau und Silber ist geviertteilt. In den Feldern eins und vier befindet sich ein laufender rotbewehrter silberner Hirsch (Rentier) mit bestreuten goldenen Sternen umgeben. In den Feldern zwei und drei ist ein roter barfüßiger Mann dargestellt, der mit einem grünen Lendenschurz bekleidet ist, grüne Haare hat und in der rechten Hand eine goldene Keule über die rechte Schulter hält. Symbolhaft steht der Län für die Regionen Lapplands sowie Västerbottens.

Gällivare · Gällivare, nördlich des Polarkreises, ist ein riesiges Rentierweideland. Deshalb wurde das Nordlandtier im geviertteilten Wappen dargestellt.

www.gellivarelapland.se

Västerbottens län · Dieses Wappen zeigt im oberen Teil ein in Blau laufendes rotbewehrtes silbernes Rentier mit goldenen Sternen; unten links in Silber ein roter barfüßiger Mann mit grünem Lendenschurz und grünen Haaren samt einer goldenen Keule in der rechten Hand über die rechte Schulter haltend. Rechts daneben in Blau drei rot beflosste silberne Lachse. Symbolhaft stehen die dargestellten Figuren für Västerbotten (Rentier), Sápmiland (wilder Mann) und Ångermanland (Lachs).

FINNLAND

Kuusamo · Das 1959 entworfene Wappen zeigt ein silbernes, im Lauf befindliches Rentier unter einem goldenen Polarlicht. Kuusamo zählt mit seinem Skisportzentrum zu einem der wichtigsten Touristikzentren in Finnland.

Inari · Das Wappen zeigt einen Fisch mit einem Rentiergeweih.

KANADA

Nunavut · Das Wappen des kanadischen Nunavut-Territoriums ist insofern hervorhebenswert, weil es die Symbole der Inuit in ein herkömmliches Wappen einbindet. Das von einem Karibu und Narwal gehaltene runde Schild ist zweigeteilt und zeigt den Nordstern (obere Hälfte) und die goldene untere Hälfte, welche für den Reichtum des Landes an Mineralien und für die Mitternachtssonne steht; zwei weitere Abbildungen zeigen eine Steinlampe („qulliq“), welche für die Wärme der Häuser und der Gemeinschaft steht, und eine Steinsäule („inukshuk“), die u. a. eine Person darstellt. Die Wappenkrone zeigt ein Iglu. Es steht für die traditionelle hiesige Lebensweise. Auf dem Iglu befindet sich die britische Krone als Ausdruck für die königliche Macht. Alle Tiere und Wappen-Accessoires stehen auf einem Fundament, das mit arktischem Mohn, Zwergfeuerkraut und arktischer Heide bewachsen ist und zudem einen Eisberg im Wasser zeigt. Auf dem Fundament ist das Motto der Urbevölkerung in der Inuktitut-Sprache geschrieben, was übersetzt soviel bedeutet wie „Nunavut, unsere Kraft“.

GROSSBRITANNIEN

South Georgia · Das Wappen dieser Inselgruppe im Südatlantik ist eine Allegorie, an deren oberen Spitze ein Rentier steht. Es zeigt ein Wappenschild mit weiß-blauem, schrägen Schachbrettmuster, darauf ein golden umrandetes grünes Dreieck mit einem goldenen Löwen mit einer Fackel und zwei goldenen Sternen. Das Schild ruht auf einem Untergrund aus Brettern, Gras und Eis. Schildhalter sind ein See-Elefant und ein Pinguin. Oberhalb des Wappenschildes befinden sich ein grauer Helm und ein Rentier, das auf Felsklippen steht. Das umgrenzte Spruchband „Leo Terram Propriam Protegat“ bedeutet soviel wie „Lasst den Löwen sein eigenes Land bewachen“.

RUSSISCHE FÖRDERATION

Autonomer Kreis der Jamal-Nenzen · Das Wappen zeigt als Schildhalter zwei Eisbären. Das blaue Schild mit einem weißen Rentier steht für die bisher geltenden traditionellen Wirtschaftszweige (Rentierhaltung, Jagd und Fischfang) der indigenen Bevölkerung. Darüber eine goldene Krone. Auf der Halbinsel Jamal befinden sich einige der größten Erdgasvorkommen der Erde, die vom Staatskonzern Gazprom ausgebeutet werden.

Autonomer Bezirk der Korjaken · Das bis 2010 gültige Wappen hatte ein weißes Rentier als Besonderheit dieser Region zum Inhalt. Im neuen Wappen für die Region Kamtschatka (ab 2010) werden drei Vulkane mit schneebedeckten Spitzen dargestellt, hinter denen eine rote Sonne mit ornamentaler Verzierung aufgeht. Der Wellenbalken und der blaue Schildfuß symbolisieren die Meere und den Pazifischen Ozean, der die Küsten Kamtschatkas umspült.

Weißes Rentier in Finnisch-Lappland

Rentiere in der Kunst

Die folgenden Seiten geben einen kleinen Überblick zur Darstellung des Rentieres in der bildenden Kunst. Das kulturelle Schaffen in den verschiedenen Ländern ist natürlich viel zu umfangreich und komplex, um es hier umfassend behandeln zu können. Einige ausgewählte Beispiele sollen gleichwohl die Fülle an Varianten beleuchten, die den Leser anregen sollen, diesen Themenbereich bei Interesse weiter zu vertiefen. Es gibt überdies jede Menge Fachliteratur, die sich mit dem Phänomen des symbolträchtigen Nordlandtieres in der Kunst auseinandersetzt.

Das Rentier als Motiv findet sich nicht allein in der Malerei und Plastik, sondern auch im Bereich der Architektur sowie der handwerklichen Design- und Alltagskunst. Rentiere spielen eine große Rolle in den verschiedensten Kunstrichtungen – nicht nur in der der Sami und Inuit.

Reidar Säreståniemi: Rentier in der Landschaft

Holzschnitt von Gustav Hagemann

DEUTSCHLAND

Gustav Hagemann (1891 – 1982) besuchte das Gymnasium in Wolfenbüttel und ging dann auf die Kunstschule in Kassel. Er kannte nicht nur die Gebiete von Ostpreußen und Pommern, sondern unternahm von 1926 an jährlich viermonatige Studienreisen in die nordischen Länder. In seinem Buch **Das Leben der Lappen** (1976) schreibt er über seine Begegnung mit dem scheuen Volk des Nordens. Mit seinen archaischen Ritzzeichnungen schuf er kulturhistorisch bedeutsame Werke.

www.gustav-hagemann.de

Priska von Martin (1912 – 1982) gelang mit ihrer eindrücklichen Plastik „Schwimmendes Rentier“ ein zutiefst berührendes und mit großer Intensität verbundenes Werk, das in einer schweren Eisen-

Priska von Martins „Schwimmendes Rentier“

platte eingefassten Bronzeskulptur das verwundete Tier darstellt.

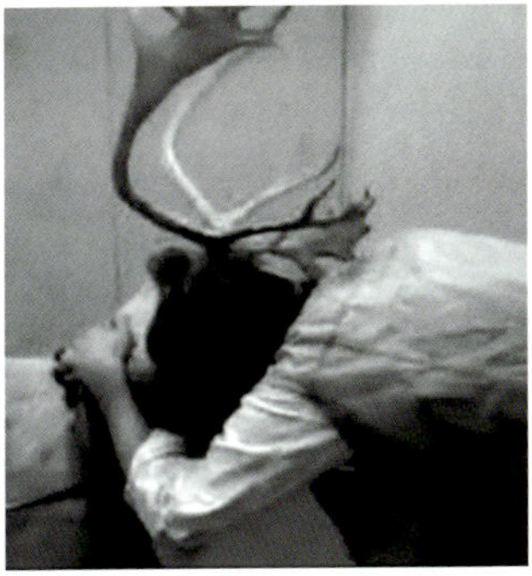

Beuys oder nicht Beuys? Zu erkennen ist er im angeblichen Film über das „Rentierhaus“ jedenfalls nie.

Joseph Beuys (1921 – 1986). In den Jahren 1954 bis 1957, Beuys befand sich in einer depressiven Krise, entstanden Arbeiten wie „Elch und Rentier mit Frauen“. Auch hatte sich der Künstler als Zeichen des Rückzugs 1972 in ein **Rentierhaus** im nordschwedischen Umea begeben. Über die Aktion berichtete die Presse. Immer wieder wird jedoch kolportiert, dass tatsächlich Beuys auf bis heute kursierenden Filmen im Web zu sehen ist. „Eine Ente“, so eine wissenschaftliche Mitarbeiterin der Stiftung Museum Schloss Moyland, Joseph Beuys Archiv. Neben dem Hasen maß Beuys dem Elch und wohl auch dem Rentier besondere Bedeutung in seinem Werk bei.

Carsten Höller (geb. 1961): Ende 2010 bis Februar 2011 zeigte die Nationalgalerie im Hamburger Bahnhof in Berlin ein einzigartiges Projekt: Auf der Suche nach **Soma** (einem heilsbringenden Trank nomadisierender Stämme Nordindiens im 2. Jahrtausend vor Christus, der Erkenntnis und Zugang zur göttlichen Sphäre versprach und rituellen Einsatz fand) schuf der in Brüssel geborene Künstler ein dreidimensionales, lebendes Bild. Seine Protagonisten waren seltene Museumsgäste: 12 Rentiere inmitten eines „Holzspänen-Meeres". Die Reaktionen auf diese Ausstellung waren kontrovers. Dem Künstler ging es in seinem riesigen offenen

„Laborfeld" darum herauszufinden, ob der Urin von Rentieren nach dem Verspeisen von **Fliegenpilzen** (stehen auf dem Speiseplan der Tiere) die Grundsubstanz für Soma gewesen sein könnte. In dem Werk „Rentier im Zöllnerstreifenwald" entwickelte der Künstler für die Schering Stiftung die Arbeit **„Rentier rot-grün"**, mit der er seine 2001 begonnenen künstlerischen Studien zum Phi-Phänomen weiterführt. (Das Phi-Phänomen bezeichnet die Wahrnehmung einer nicht existierenden Bewegung, die im Auge durch das in kurzen Frequenzen ein- und wieder ausgeschaltete Licht zweier stationärer Lichtquellen entsteht. Die Betrachter sehen zwischen den festen Lichtpunkten einen dritten Punkt, der zwischen den beiden Polen zu springen scheint.)

Rentiere als Plastination

Von sich reden gemacht hat der weltweit gefragte und zugleich polarisierende Plastinator *Gunther von Hagens* durch seine **Körperwelten**, in denen der Mensch mit seinem Innenleben auf eine nie zuvor gezeigte Art und Weise transparent geworden ist. Schon im

Rentier-Plastinationen von Gunther von Hagens

Jahre 2009 zeigte von Hagens in seinen Ausstellungen in zahlreichen deutschen Städten u. a. in einer Szene „Winterreise" einen Kutscher (Santa Claus), der vier Rentiere antreibt. 2010 hat von Hagens nachgelegt und die „Körperwelten der Tiere" im Neunkircher Zoo präsentiert. Mit dabei auch zwei anatomische Plastinate von zwei springenden Rentieren, die aus Norwegen stammen. Über den Beweggrund, eine solche Ausstellung zu präsentieren, sagte Gunther von Hagens: „Je mehr der Einzelne über die Zerbrechlichkeit seines eigenen Körpers nachdenkt, desto achtsamer geht er auch mit Mensch und Tier um. Die ‚Körperwelten der Tiere' leisten einen wertvollen Beitrag zum Artenschutz und zur höheren Wertschätzung gegenüber bedrohter Arten."

NORWEGEN

Johan Christian Dahl: Einer der Großen, welcher die Malerei Anfang des 19. Jahrhunderts wiederbelebt hat, ist Johan Christian Dahl (1788–1857). Er wurde zum ersten großen Maler norwegischer Landschaftskunst. Einige seiner herausragenden Werke

Johan Christian Dahl: Norwegische Berglandschaft mit Rentierherden (Lyshornet in der Nähe von Bergen 1836)

sind „Lyshornet in der Nähe von Bergen“ (1836) und „Stugunoeset und Filefjell“ (1856), welches sich in der **Sammlung Baroniet Rosendal** (s. u.), Norwegen, befindet.

Franz Wilhelm Schiertz: Als ob man direkt im „Land der Mitternachtssonne“ stünde. Ein roter Sonnenball und eine wildromantische Berg- und Fjordlandschaft. Eine fantastische Bildkomposition, die da Franz Wilhelm Schiertz (1813 – 1887) mit seinem Gemälde „Norwegische Fjordlandschaft bei untergehender Sonne“ (1849) geschaffen hat: Spitze Bergkegel im Hintergrund, der ver-

Wer sich für die umfänglichen, einzigartigen Werke von Dahl interessiert, sollte das **Landgut Baroniet Rosendal** auf der Halbinsel Folgefonn (Hardangerfjord) besuchen.

www.visitsunnhordland.no
www.baroniet.no

Franz Wilhelm Schiertz: Norwegische Fjordlandschaft bei untergehender Sonne

wunschen wirkende Vordergrund mit seinen moos- und flechtenüberwachsenen Steinformationen, die im Licht der glutrot untergehenden Sonne starke Schlagschatten werfen. Zwischen ihnen lagern Hirten mit ihren Rentieren (rechte untere Bildhälfte), weitere Leute kommen an Land, Segelboote bevölkern den Fjord. Schnee, hohe Berge, Wasser, urtümliche Landschaft.

Hans Fredrik Gude (1825–1903) mit seinem Bild vom Høyfjell und Rentieren

Edward Theodore Compton: Dyrhongstinder in Norwegen mit wilden Rentieren, 1896

Der in England geborene **Edward Theodore Compton** (1849 – 1921) war der bedeutendste Illustrator in der alpinen Literatur an der Schwelle des 20. Jahrhunderts. Compton schuf u. a. im Jahre 1896 das großartige Berggemälde „Dyrhongstinder in Norwegen mit wilden Rentieren“.

SCHWEDEN

Nils Nilsson Skum (1872 – 1951) war einer der bekanntesten samischen Künstler des 20. Jahrhunderts. Als Autodidakt verwendete er hauptsächlich Bleistift sowie Pastellkreide, wobei seine Hauptmotive die Rentierzucht und die Fjällnatur waren. Typisch für Skum war die äußerst detaillierte Wiedergabe der winzigen Motive in seinen Bildern. Die gesamte Rentierherde „fließt“ förmlich gleich wie Ameisen über die Landschaft. Erst im Vergrößerungsglas erkennt man deutlich jedes einzelne Rentier (z. B. in dem Bild „Rentierlauf“, 1949, und in „Samilager“, 1941) und die Samen bei ihrer *Kåta* (Zelt).

Bror Hjorths (1894 – 1968) gilt als einer der wichtigsten schwedischen Künstler des 19. Jahrhunderts. Er hat nicht nur die große Fontänenskulptur „Näckens Polska" am Hauptbahnhof von Uppsala geschaffen, sondern auch das berühmte Altar-Triptichon der Kirche von Jukkasjärvi. **www.brorhjorthshus.se**

Lars Pirak (1932 – 2008) war samischer Kunsthandwerker und Joiker aus Jokkmokk und zählte zu den bedeutendsten Künstlern der **Sami**. Er wurde unter anderem durch seine Aquarelle und Ölgemälde vom Leben der Rentierleute bekannt. Auch seine Arbeiten in Rentierhorn fanden weltweit ihre Liebhaber.

Lars Pirak, 2005

RUSSLAND

Anatoli W. Borodin: Der russische Grafiker, eigentlich Anatolii Vladimirovich Borodin (geb. 1935 in Russland), hat in seinen Werken – vor allem Linolschnitte – die Landschaften und Kultur der Tundra dargestellt.

Lars Pirak: The port of reindeer, Gemälde, 1991

Gemälde von Andreas Alariesto, im kleinen Bild mit seiner Frau Riikka

FINNLAND

Andreas Alariesto (1900 – 1989) stellte in seiner naiven Malerei das alltägliche und traditionelle Leben sowie die Mythologie der Samen dar, wie er es aus seiner Kindheit kannte.

www.sodankyla.fi/muut/alariestogalleria

Das Särestöniemi-Museum

Reidar Särestöniemi: Rentiere

Reidar Särestöniemi (1925–1981) war einer der bekanntesten finnischen Künstler und zugleich ein außergewöhnlicher Maler der samischen Kultur seiner Zeit. Er stammte aus dem Dorf Kaukonen, wo sich die Familie ihren Lebensunterhalt durch Landwirtschaft und Rentierhaltung verdiente. Reidar studierte in Helsinki und Leningrad. Die samische Landschaft lieferte ihm nicht nur Motive, sondern kennzeichnete sein Wirken im Ausdrucksstil von kräftigen Farben.

www.sarestoniemenmuseo.fi

Selbstbildnis von Reidar Särestöniemi

Die Installationen „1.000 Rentiere" der Künstlerin May-Britt Nyberg Chromy zeigen neue Mobilitätsbewegungen, hier mit der Bahn.

ÖSTERREICH

May-Britt Nyberg Chromy: Mit der Installation **1.000 Rentiere** (s. auch S. 166) begibt sich die 1965 im dänischen Herning geborene und heute im österreichischen Feldkirch lebende Künstlerin auf ein Terrain, das dem Betrachter nicht nur den nordischen Kulturkreis näher bringen möchte. Die erfolgreichen Ausstellungen in Österreich, der Schweiz (2012) und erstmals 2014 in Deutschland (Karlsruhe) belegen, dass ihre Botschaften verstanden werden. Das Rentier, das unter den Klimaänderungen besonders leide, sei „ein Symbol für alles Leben, das sich auf teils völlig neue Umweltbedingungen einstellen muss und gefährlichen Bedrohungen ausgesetzt ist." Pressemann *Karlheinz Pichler* verweist darauf, dass die Künstlerin zwar nicht 1.000 Rentiere aufbiete, wie im Ausstellungstitel angekündigt, aber immerhin 200 bis 300, die sich in einem Zug durch den Ausstellungsraum bewegen und nach neuen Lebensräumen Ausschau halten. Gefertigt hat die Künstlerin die Rentiere aus Drahtgestellen, die mit Zeitungspapier umklebt sind. Das Besondere an diesen Papiermaschee-Tieren ist, dass die Zeitungen, die die Drahtgestelle umflechten, aus aller Welt stammen. Insgesamt wurden Gazetten aus über 30 Ländern für die Installation verarbeitet. **www.maybritt-chromy.com**

INUITKUNST IN KANADA

Wandbehang (1995),
Julia Pingushat (geb. 1948, Arviat)

Dieser Begriff umschreibt die künstlerischen Aktivitäten kanadischer Inuit, die um die Mitte des 20. Jahrhunderts begannen und inzwischen auch auf dem internationalen Kunstmarkt ihren festen Platz erobert haben. **Zeitgenössische kanadische Inuit-Kunst** umfasst von den Inuit geschaffene künstlerische Objekte überwiegend aus den Bereichen Skulptur, Zeichnung und Kunsthandwerk, wozu durchaus auch Kleidung gehört.

Solange die Inuit als Nomaden lebten, schufen sie praktisch keine Kunstgegenstände nur um der Kunst willen, verfügten übrigens auch über kein Inuktitut-Wort für Kunst. Was sie machten, galt zumeist dem Verzieren von Dingen des täglichen Lebens. Für solche durchaus kunstvolle, aber funktionsbezogene Arbeiten kamen bei den isoliert lebenden Inuit nur in der Arktis vorhandene Materialien in Betracht, in erster Linie einheimisches Gestein sowie z. B. Walknochen oder Karibugeweihteile.

Heute hat sich die Inuitkunst in Kanada zu einem soliden Gewerbe entwickelt, das zahlreichen Inuit-Künstlern eine Lebensgrundlage bietet. Die Figuren sind vielfältig gestaltet, die Materialien reichen von vielfarbigem Stein bis zu Moschusochsenhorn.

Inuit-Skulptur „Faces" (1997)
von Kellypalik Qimirpiq (geb. 1948, Cape Dorset)

Inuit-Kunst in Deutschland

Die Firma „CreARTion“ von *Jürgen* und *Freia Saße* entstand aus lang erfüllten Jugendträumen und alten Freundschaften zu ehemaligen kanadischen Kollegen. Bereits zwischen 1950 und 1960, als Jürgen Saße in Kanada für die Jahrhunderte alte „Hudson's Bay Company“ tätig, die sich vom Außenposten für Pelzhandel und Trapper-Ausrüstung zur „Supermarktkette“ in kanadischen Städten und einsamen Bergarbeiterdörfern gewandelt hatte, kam er erstmals in Berührung mit der Inuitkunst. Damals begann der

CreARTion
Freia Saße
65817 Eppstein/Taunus
+49 61 98 97 46
www.inuitkunst.de

Steinzeichnungen der Inuit-Künstlerin Annie Ainirlik Parr (*1961, Cape Dorset)

Steadfast Herd von Kananginak Pootoogook - Cape Dorset

Transport erster Skulpturen in die großen Städte im Süden des Landes, wie Toronto und Montréal. CreARTion bezieht Skulpturen direkt von den kanadischen Kooperativen, immer wieder auch persönlich ausgewählt. Ein Sortiment an Büchern und Bildbänden zum Thema Inuitkunst und Leben im hohen Norden ergänzen das Angebot. Ähnliches bietet **www.inuitartofcanada.com**

Inuit-Kunst in der Schweiz

Vier Museen zeigen hier Inuit-Kunst: das **Nordamerika-Native-Museum** und das **Völkermuseum der Universität Zürich**, welches Inuit-Drucke aus einer kleinen, aber exklusiven Arktis-Sammlung besitzt (**www.musethno.uzh.ch**). *Martha und Peter Cerny* aus Bern machen mit ihrer privaten Sammlung **Cerny Inuit Collection** die Kunst aus dem hohen Norden bekannt (**www.cernyinuitcollection.com**). Seit 1999 gibt es im Herzen von Basel die **Canadian Arctic Gallery** mit einer breiten Inuit-Palette. **www.canadian-arctic.ch**

NONAM · Nordamerika Native Museum
Seefeldstraße 317, 8008 Zürich, Schweiz
+44 413 49 90
www.stadt-zuerich.ch (in Suche „nonam" eingeben)

Rentier-Kinoplakate aus verschiedenen Jahrzehnten (unten: Filmfoto aus „Das weiße Rentier“)

Rentiere im Film

Das weiße Rentier: Eine finnische Lappenlegende wurde von Regisseur *Erik Blomberg* umgesetzt. Der Film trägt den Originaltitel „Valkoinen peura". In schönen plastischen Bildern wird von einer jungen Frau berichtet, die sich in ein Rentier verwandelt, um die Jäger zu verführen und diese dann in eisiger Einsamkeit an Erschöpfung zugrunde gehen zu lassen. Der vampireske Inhalt wurde 1953 mit einem Preis in Cannes bedacht und später mit weiteren internationalen Ehren ausgezeichnet.

Laila – Liebe unter der Mitternachtssonne: Der Film entstand im Jahre 1958 als schwedisch-deutsche Koproduktion und ist eine wildromantische Bilderbuch-Liebesgeschichte, angelehnt an den Roman „Laila" von *J. A. Fris.* Im Mittelpunkt der Handlung steht das Liebespaar Laila und Anders zwischen den Kulturen, Leitmotiv ist das Rentier „Schneeflocke".

Pathfinder – Die Rache des Fährtensuchers: Der norwegische Abenteuerfilm (1987) von *Nils Gaup* wurde für den Oscar nominiert. Er basiert auf der 1.000 Jahre alten Legende, nach der die friedliebenden Sami sich ständig in ihrem Überlebenskampf mit den räuberischen Tschuden auseinander setzen mussten.

Atanarjuat – die Legende vom schnellen Läufer: In dem von Preisen nur so überhäuften Film erweckt Inuit-Regisseur *Zacharias Kunuk* mit dem ersten in Inuktikut gedrehten Spielfilm eine Legende seiner Ahnen zum Leben.

The Reindeer Queen (2. Veröffentlichung): Der im Jahre 2007 erschienene US-Dokumentarfilm schildert den Werdegang von *„Sinrock Mary" Antisarlook* – auch bekannt bei den Inuit unter dem Namen „Queen Mary". Sie ging als reichste Frau während des Alaska-Goldrausches in die Geschichte ein, weil sie in diesen Jahren die größte Rentierherde im Norden erwarb (s. S. 474).

RUDOLPH
THE RED-NOSED REINDEER
by
ROBERT L. MAY

OTTO WAALKES spricht
Donner
das Rentier
DVD
OTTO WAALKES spricht DONNER

Etwas Wunderbares wird geschehen...
JESSICA UND DAS RENTIER
Ein bezaubernder Weihnachtsfilm für die ganze Familie.

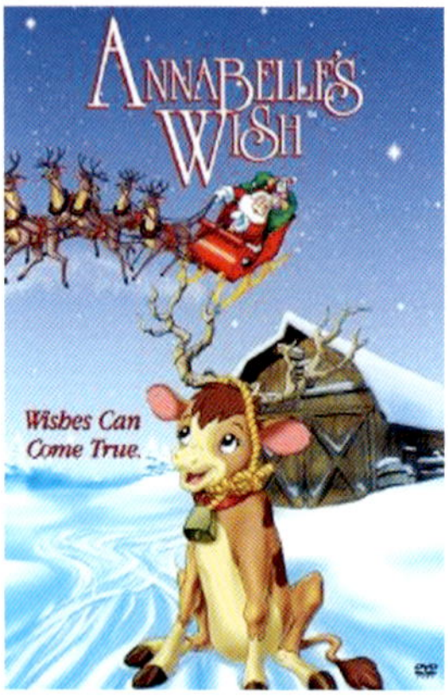
ANNABELLE'S WISH
Wishes Can Come True.

From the New York Times Bestselling Author of
The Christmas Shoes and The Christmas Hope
The Christmas Secret
A Novel
Donna VanLiere

BLIZZARD
DAS MAGISCHE RENTIER
DVD

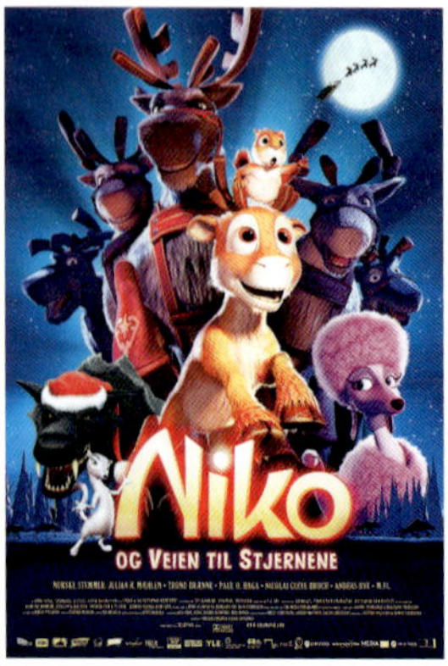
Niko
OG VEIEN TIL STJERNENE

RUDOLPH and FROSTY'S
CHRISTMAS IN JULY

An All-New Animated Musical!
RUDOLPH
The red-nosed reindeer
THE MOVIE

Kautokeino Upproret: Der 2008 auf den Filmfestspielen in Cannes als bemerkens- und sehenswertes Historien-Drama gezeigte Film handelt vom Aufstand der Sami im Jahre 1852 in Nordnorwegen. Er basiert auf einer wahren Begebenheit.

Mit Rentiernomaden über den Ural: Das Filmabenteuer mit 5.000 Rentieren wurde beim TAC-Filmfestival 2008 in Oregon ausgezeichnet: bester Film, beste Kameraführung, beste Musik.

So weit die Füße tragen: Der Roman von *Joseph Martin Bauer* (1955) und der gleichnamige Fernsehserien-Bestseller (1959) beschreiben die Flucht des deutschen Leutnants *Clemens Forell* (*Heinz Weiss*) nach dem Zweiten Weltkrieg aus sibirischer Gefangenschaft. Auf seinen 14.000 Kilometern wird deutlich, dass der Weg in die Freiheit ohne die Hilfe von sibirischen Rentierhirten nicht möglich gewesen wäre. Die Außenaufnahmen mit Hundeschlitten und Rentieren wurden in Finnland gedreht. In der Neuverfilmung (2001) mit *Bernhard Bettermann* (bekannt aus der TV-Serie „In aller Freundschaft") wurde an den Originalschauplätzen in der sibirischen Tundra mit ihren Tausenden von Rentieren gedreht.

WEIHNACHTLICHE RENTIER-STREIFEN

Christmas ohne Rentiere in der Filmbranche – undenkbar. Die arktischen Bewohner werden in Komödien, Familiengeschichten und Liebesfilmen in die Handlungen mal klassisch, mal modern, eingewoben. Auch Dank modernster Animationstechnik sind Filme wie „Polarexpress" und „Santa Claus – eine schöne Bescherung" echte Kassenschlager. Aus der Fülle an Filmen sind nachfolgend all jene aufgeführt, die ich selbst gesehen habe:

Rudolph the Red-Nosed Reindeer: 1948, USA, Produzent: Max Fleischer; Animationsfilm.

Donner, das Rentier: 1970, Deutschland, Stimme: Otto Waalkes.

TIM ALLEN
Walt Disney PICTURES Presents
THE SANTA CLAUSE

ARTHUR WEIHNACHTSMANN
FSK ab 0 freigegeben
Der Film enthält „Santa Claus Is Comin' To Town" von Justin Bieber
Operation Weihnachtsmann kommt zu Dir in die Stadt!
ARTHUR CHRISTMAS
DVD VIDEO

OLIVE
the
REINDEER.

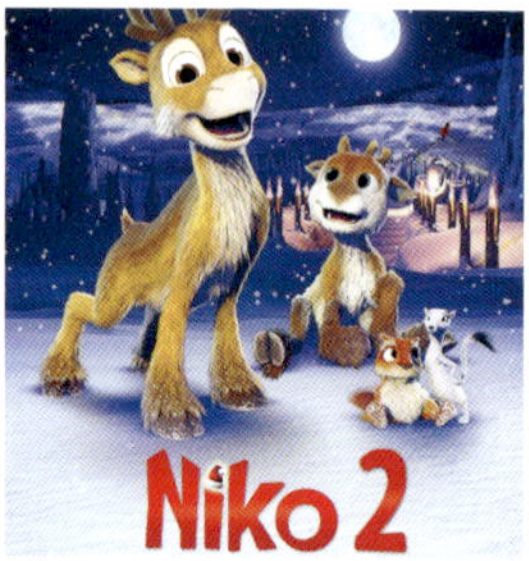
Niko 2

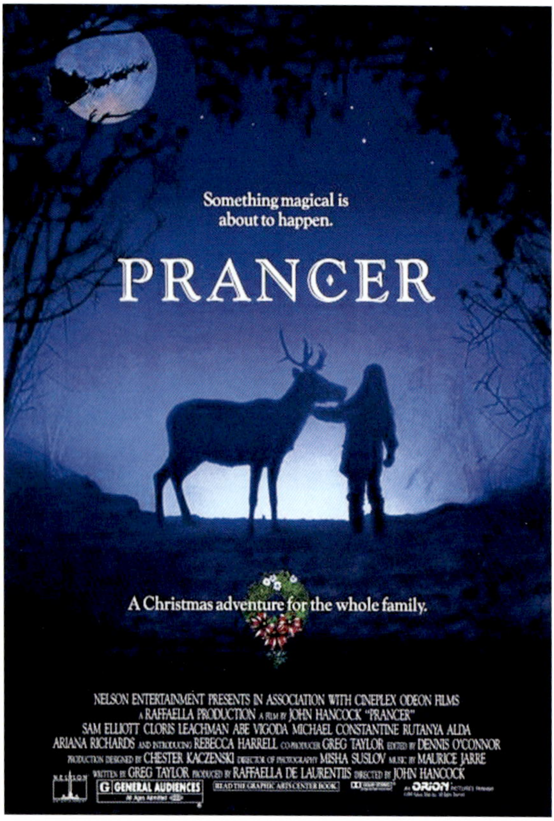
Something magical is about to happen.
PRANCER
A Christmas adventure for the whole family.
NELSON ENTERTAINMENT PRESENTS IN ASSOCIATION WITH CINEPLEX ODEON FILMS
A RAFFAELLA PRODUCTION A FILM BY JOHN HANCOCK "PRANCER"
SAM ELLIOTT CLORIS LEACHMAN ABE VIGODA MICHAEL CONSTANTINE RUTANYA ALDA
ARIANA RICHARDS AND INTRODUCING REBECCA HARRELL CO-PRODUCER GREG TAYLOR EDITED BY DENNIS O'CONNOR
PRODUCTION DESIGNED BY CHESTER KACZENSKI DIRECTOR OF PHOTOGRAPHY MISHA SUSLOV MUSIC BY MAURICE JARRE
WRITTEN BY GREG TAYLOR PRODUCED BY RAFFAELLA DE LAURENTIIS DIRECTED BY JOHN HANCOCK
G GENERAL AUDIENCES
READ THE GRAPHIC ARTS CENTER BOOK
ORION PICTURES

LEGENDS UNITE
DREAMWORKS
RISE OF THE GUARDIANS
COMING SOON IN 3D

ALEXANDER SCHEER NOAH KRAUS MERCEDES JADEA DIAZ JESSICA SCHWARZ FRITZ KARL VOLKER LECHTENBRINK
CORNELIA FUNKE
Als der Weihnachtsmann vom Himmel fiel
OLIVER DIECKMANN

Jessica und das Rentier (Prancer): 1989, USA. Produzent: *John D. Hancock*, Fantasiedrama.

Annabelle und die fliegenden Rentiere (Annabelles Wish) 1997, USA. Produzent: *Roy Wilson*; Animationsfilm Literaturadaption (Kurzgeschichte von *Dan Henderson*).

Der Flug der Rentiere (The Christmas Secret) 2000, USA. Produzent: *Ian Barry*; Fantasiedrama.

Blizzard – Das magische Rentier: 2003, USA, CAN. Produzent: *LeVar Burton.*

Niko – Ein Rentier hebt ab (Niko – Lentäjän poika): 2008, FI, D, DK, IRL. Produzenten: *Michael Hegner, Kari Juusonen*; Animationsfilm.

Santa Baby 2: 2009, USA/CA. Einfach nett anzusehen, wie Santa Claus' Tochter mitten in New York den Schlitten samt Rentieren neben den Pkw parkt.

Als der Weihnachtsmann vom Himmel fiel: 2011, Deutschland. Produzent: *Oliver Dieckmann.* Genre: Kinderfilm nach dem Buch von *Cornelia Funke.*

Arthur Weihnachtsmann (Arthur Christmas): 2011, USA. Produzenten: *Sarah Smith, Barry Cook.* Animationsfilm.

Die Hüter des Lichts (Rise of the Guardians): 2012, USA. 3 D-Fantasy-Animationsfilm.

Robbie, das Rentier: Die BBC setzt die Erfolgsgeschichte von „Rudolph" fort. Als Knetfigur aus den BBC-Studios ist das Rentier ein Star unter den bisherigen Animationshelden. Ein Hörgenuss ist auch die Musik, die *Mark Knopfler* (Dire Straits) zum Großteil für den Film beigesteuert hat.

Tierärztin Dr. Mertens – Auch im deutschen TV hat Rudolf seinen Auftritt, so etwa in dieser ARD-Fernsehserie, wo er neben anderen tierischen Statisten des Leipziger Zoos in der 50. Sendung 2013 eine Rolle spielte: Er musste Schauspielerin *Elisabeth Lanz* in rasanter Fahrt durch einen Wald steuern. Für diese Szene hatte sich Lanz für den richtigen Umgang mit Rudi auf der Elch- und Rentierfarm von *Thomas Golz* in Kleptow angemeldet (s. S. 332). „Ich habe auch schon mit Bären, Löwen und Krokodilen drehen dürfen", berichtet die Akteurin (**www.elisabeth-lanz.com**).

Thomas Golz, hier mit seinen Rentieren, weiß zu berichten: „Man merkt, dass Frau Lanz Erfahrung mit Tieren hat."

Musik aus dem Land der Rentiere

Musik vermittelt Botschaften – ob mit Tönen, die in der Stein- und Eiszeit einer **Rentierknochenflöte** (s. S. 44) entlockt wurden, oder jenen, die von modernsten elektroakustischen Instrumenten stammen. Dass im gesamten Repertoire auch die nordischen Tiere Eingang in die musikalischen Werke – ja selbst in der modernen Rock- und Pop-Geschichte – gefunden haben, ist sicher nicht allgemein bekannt. Was zu beweisen wäre. Im Folgenden dazu also eine kleine Auswahl.

MUSIK UND TANZ BEI DEN GRÖNLÄNDERN

Schon die Ureinwohner Grönlands haben dem Rentier per **Joik** (s. S. 196) ein Denkmal gesetzt. Ein Auszug aus einem solchen Gesang: „Schön ist es zu sehen, wie im frühen Sommer Rentiere mit kurzen Haaren ihre Wanderung beginnen. Schön ist es zu sehen,

Korjakische Tanz- und Gesangsgruppe in Lesnaja, Tigil'ski, 2002

wie sie traben kreuz und quer, über Vorgebirge ziehen und im Fluss die Furte suchen ..." (nach: *Netsit.* Mann des Moschusochsen-Volkes. Bathurst-Fjord).

JUGENDENSEMBLE OR'JAKAN

Unterstützt durch das Kulturministerium des Kamtschatka Kraj und dem Auswärtigen Amt der Bundesrepublik besuchte das Jugendensemble *„Or'jakan"* (= kleines Rentier) im Sommer 2009 Deutschland und die Schweiz. Mit Aufführungen dieser Art bringt das Ensemble in Tänzen und Gesängen seine enge Verbundenheit mit der Natur zum Ausdruck und führt auch auf diese Weise die Traditionen seiner Vorfahren weiter. Da die wichtigste Lebensgrundlage der **Evenen** (Volk in Ostsibirien) die Rentierhaltung ist, werden bei den Auftritten u. a. die besonderen Bewegungen und Laute dieser Tiere zum Ausdruck gebracht.

JOIKEN

Für die Sami ist der Joik von größter Wichtigkeit für ihre Identität. In einer Art Ballade behandeln die Texte das Leben in der kargen Polarregion. Ein bedeutender Interpret war der *Same Nils-*

Historisches Bild von Sami und ihren Rentier-Hütehunden.

Mari-Boine-Konzert in Polen (Warschau, 2007)

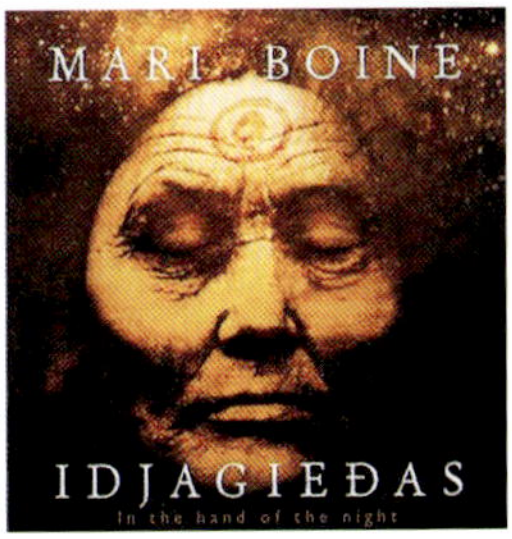

Aslak Valkeapää (Áilluhas), weithin bekannt geworden durch seinen Auftritt bei der Eröffnungsfeier der Olympischen Winterspiele 1994 in Lillehammer sowie die Filmmusik zu „Pathfinder" (s. S. 189). International bekannt ist die norwegische **Weltmusik**-Interpretin *Mari Boine* (**www.mari-boine.no**), die heute als wichtigste Vertreterin des Joik gilt. Tatsächlich hat ihr sphärisch-mystischer Gesangsstil mit dem eher kehlig-bodenständigen Joik nicht so viel gemeinsam. Ähnliches gilt für die finnischen Bands *Korpiklaani* und *Finntroll*. Der finnische Sänger *Wimme Saari* hingegen gibt echte Joiks auf der Bühne zum Besten, oftmals von den **Techno**-Beats seiner Band *RinneRadio* begleitet. Die Finnin *Ulla Pirttijärvi*, die in den letzten Jahren verschiedentlich in Deutschland auftrat, sowie die norwegische **Jazz**-Formation *Transjoik*, gehören zu den ebenso bekannten wie hörenswerten Vertretern des ungewöhnlichen Genres.

Bei einer Tagung der **American Folklore Society** 1993 sagte *Harald Gaski*, Schriftsteller und Universitätsdozent aus Tromsø, Norwegen: „Der Joik steht für den Menschen, der besungen wird. Der Mensch lebt so lange wie der Joik. Der Joik ist die stärkste Waffe in unserem Überlebenskampf gewesen. Solange wir joiken, sind wir Saamen".

Von den übereifrigen Geistlichen der letzten Jahrhunderte wurde der Joik als heidnisches Teufelswerk unterdrückt, obwohl der Gesang der Sami den innigsten Ausdruck ihres ursprünglich religiösen Natur- und Lebensgefühls darstellte. Der Gesang konnte aber überleben und gilt heute als eine der ältesten noch existierenden Volksmusiken.

Interessant sind die Ausführungen in der Diplomarbeit (2009) von *Anna Gabriele Salchner*, die das Thema „Joik als Performance" zu ihrer Arbeit machte. Darin beschreibt sie u. a. den Rentierjoik, wo es heißt: „Die Windnasen traben, die Schellen klingen, wenn die Windnasen ihre Schnauzen Richtung Wind drehen ..."

FLAMENCO UND RENTIERFEST IN OULU

Alljährlich trifft Ende Januar in **Oulu** finnische Samikultur auf spanischen Flamenco. Beispielsweise können die Besucher innerhalb des zweitätigen Programms Flamenco tanzen lernen oder einen Rentierführerschein ablegen. Weitere Infos: **www.ouluon.fi**

Rentierfest (Poro Feria) in Oulu

Schillernd in Farben und Bewegung – der Sami-Grand-Prix

SAMI-GRAND-PRIX

Als kultureller Höhepunkt gilt der alljährlich veranstaltete „Sami-Grand-Prix" am Ortsrand von **Kautokeino** – und das seit mittlerweile 22 Jahren. Sicher ist der Contest nicht etwa mit unserem Mammutspektakel „Eurovision" zu vergleichen, löst deswegen aber nicht minder Begeisterungsstürme beim dortigen Publikum aus, wenn die Protagonisten des Festivals farbenfroh die mit nordischer Symbolik geschmückte Bühne zum Beben bringen. Es ist keine klassische Musikveranstaltung, sondern **der musikalische Wettstreit der Samen**, sozusagen der Schlager-Grand-Prix Lapplands. Mehr über den nordischen Grand Prix unter: **www.youtube.com**.

Wer Musik aus Skandinavien und den Nordpolarregionen mag, findet hier sicher das Passende: **www.nordische-musik.de**

RICHARD EILENBERG

Der deutsche Komponist (1848–1925), der mit 18 Jahren sein erstes Werk schrieb, trat durch seine Märsche und Militär- sowie Salonmusik in Erscheinung. Weltbekannte Melodien wie „Petersburger Schlittenfahrt“ und „Die Mühle im Schwarzwald“ rückten ihn in die triviale Ecke. Als weihnachtliche Klaviermusik wird bis heute u. a. die **Norwegische Rentierpost** gespielt.

www.eilenberg.eu

EDVARD HAGERUP GRIEG (1843–1907)

Der große norwegische Komponist hat u. a. mit seinen Peer-Gynt-Suiten weltweit Wertschätzung erfahren. Die „Morgenstimmung“ zählt zu den bekanntesten Orchesterwerken der romantischen Musik. Als Vorlage diente dem Komponisten das Drama „Peer Gynt“ von Henrik Ibsen. Das Besondere an Peer Gynt ist, dass der Held – eben Peer Gynt – auf einem Rentier-Bock über die Höhen Norwegens geritten sein soll. So heißt es in Ibsens Gedicht „Auf den Höhen“ u. a.: „... Vom Rentier auf dem wilden Fjäll erbeut’ ich dir ein wacker Fell, und zwei, drei meiner Braut ... “.

oben: Edvard Grieg, um 1900
unten: Henrik Ibsen,
Porträt von Ole H. B. Olrik, 1879

Edvard Griegs Villa und seine Komponisten-Hütte in Troldhaugen bei Bergen

BOB DYLAN

Dylan hat 2009 den Titel „Must be Santa“ als bizarre Weihnachtsversion veröffentlicht. Am Ende des langen Songs bringt er gar die Rentiere und die amerikanischen Präsidenten in einen Bezug: „Dasher, Dancer, Prancer, Vixen, Eisenhower, Kennedy, Johnson. Nixon, Dasher, Dancer, Prancer, Vixen, Carter, Reagan, Bush and Clinton.“

Hörbuch für Kinder: „Der kleine Eisbär rettet die Rentiere“ von Hans de Beer. Rentier Oliver hat im Schneetreiben seine Herde verloren. Zum Glück ist Eisbär Lars zur Stelle, um Oliver bei der Suche nach seiner Familie zu helfen. Die beiden Tierkinder haben einige Aufgaben zu bewältigen, bis das Rentier endlich wieder bei seiner Herde ist.

ANNIKKI SETÄLÄ
Irja tauscht Rentiere

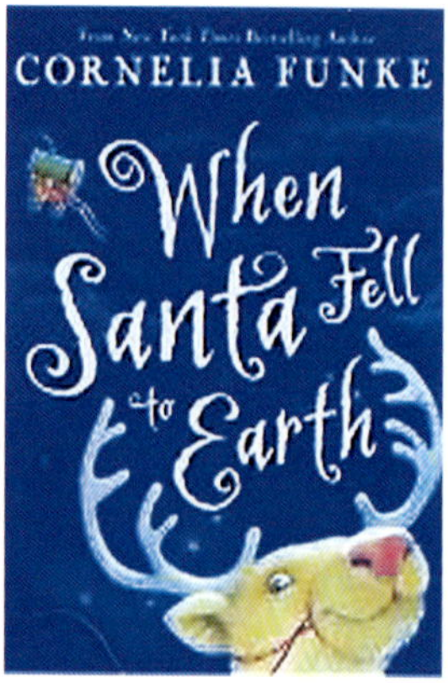
CORNELIA FUNKE
When Santa Fell to Earth

DZIENNIK PÓŁNOCNY
Mariusz Wilk
Tropami rena

Die Schneekönigin
Von Hans Christian Andersen
Mit Bildern
von A. Archipowa

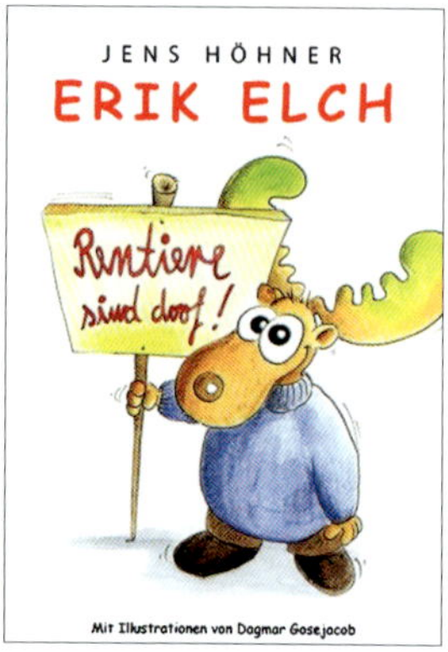
JENS HÖHNER
ERIK ELCH
Rentiere sind doof!
Mit Illustrationen von Dagmar Gosejacob

DIE NEUE BREHM-BÜCHEREI
Prof. Dr. Wolf Herre
RENTIERE

MAGNE HOVDEN
Scheiß-
Rentiere
ROMAN
PIPER

NORDLICHT-SERIE BAND 3
Holger Klaewer
Børre
UND DIE RENTIERMAFIA

Elizabeth M.Thomas
Im Mond der Rentiere
Roman

Die Stimmen der Hirsche
The Voices of Deer
Les Voix des Cervidés
Karl-Heinz Dingler
Karl-Heinz Frommolt

RUDOLPH 2

FREDRIK VAHLE
In meinem
Weihnachtswinterwald

Rentiere in Märchen und Literatur

Es gibt unzählige Bücher, die „Rentier“ im Titel führen oder mindestens zwischen ihren Buchdeckeln zum Thema haben. Bücher für kleine und große Leser, Weltliteratur darunter ebenso wie die triviale. Wunderbare Kinderwerke neben Sach- und Fachbüchern, die so ziemlich jede Ecke des Themas beleuchten. Vieles davon steht in meiner Bibliothek, einiges darüber hinaus habe ich in den letzten Jahren gelesen, manches verschlungen. Wie kann es anders sein, bereits in frühen Überlieferungen, in Märchen, Sagen und Legenden spielt das Nordtier eine wichtige Rolle. Einzig, ob sich im Garten Eden und auf der Arche *Noah* Rentiere befanden, das können wir zwar vermuten, aber nicht belegen.

DIE ERSCHAFFUNG DER WELT

Die Sami erzählen gerne folgende Geschichte: „Gott hatte die Welt erschaffen und alles war ihm wohlgeraten. In den Händen hielt er noch einige Häuflein überflüssige Schöpfungsmasse, nur so ein tausend Geviertkilometer Ödland, einige Fjorde und Wildflüsse, viel Rentiermoos und wohl eine Million Felsbrocken, die meisten mehr als mannshoch. Er warf all dies Unnütze ganz hoch im Norden an den Rand des Eismeeres, dort, wo niemand wohnte und wo es niemanden störte. Das ist dann die Tundra geworden, der nördlichste Teil Lapplands. Als der Herr aber entdeckte, dass die Menschen auch in diese entlegenen Landstriche wanderten, bescherte er ihnen zum Trost und zur Freude das Geschenk seiner Mitternachtssonne und das magische Leuchten des Nordlichtes.“

AM ANFANG WAR EIN WEISSES RENTIER

Eine ganz andere samische Schöpfungsgeschichte – in vielen Büchern über lappische Märchen enthalten – berichtet von einem

Polarlicht (Aurora borealis) nahe Vadsø, Nord-Norwegen

weißen Rentier, das die Welt erschaffen hatte. „Seine Knochen wurden das Fundament, sein Fleisch das Land. Seine Adern und Sehnen wurden zu Flüssen, sein weißes Fell wurde zu Bergen, Wiesen und unendlichen Wäldern. Sein Kopf wurde das Firmament, und seine leuchtenden Augen wurden zu den Sternen am Himmel. Sein Herz jedoch wurde tief in die Erde versenkt. Seitdem schlägt es dort, gibt so der Erde Leben und spinnt Millionen unsichtbarer Fäden, die an die Erdoberfläche dringen und dort alles Leben erfassen und zusammenhalten. Wer genau hinhört, kann den Herzschlag des weißen Rentiers noch heute hören."

VOM WOLF UND DEN RENTIEREN

In „Märchen aus Lappland" ist zu lesen: Es war in der Zeit des Vorsommers, in dem die Lappen einst nach Finnland zogen und dort den ganzen Winter über blieben. Es traf sich damals, dass eines Tages ein Lappenmädchen auf der Renwache war. Es hatte einen Kaffeekessel bei sich und zündete ein Feuer an. Als es an selbigem saß, hörte es jemanden kommen; aber wenn man so nahe im Feuerschein sitzt und es dunkle Nacht um einen ist, dann kann man auf weiten Abstand in der Dunkelheit nichts erkennen, weil das Auge durch den Feuerschein geblendet wird. Während das

Mädchen zu essen begann, lagen alle Rene ruhig auf dem Schnee. Da sah die Wächterin, dass ein Wolf gesprungen kam. Er lief gegen die eine Seite des Zeltes und blieb dort sitzen. Als sie aß, sperrte der Wolf nur seinen Rachen auf, tat aber weiter nichts. „Was für ein Wolf, der meine Rene in Frieden lässt; dafür soll er ein Stück Fleisch haben." Es warf dem Wolfe einen Brocken zu. Der verschlang ihn gierig und sprang dann seines Weges. Er hielt sich weiterhin vom Feuer fern und das Mädchen dachte: „Gut, dass ich ihn gefüttert habe, vielleicht hätte er sonst doch meine Rene gejagt." Als der Tag erwachte, kam ein Jüngling in feinem schneeweißen Pesk (Fellmantel) des Weges und sprach: „Du bist noch immer hier? Ich bin gekommen, um dir zu danken, dass du mir einen Brocken Fleisch zugeworfen hast. Ich war sechs Jahre lang ein Wolf – durch dich bin ich wieder zum Mensch geworden."

Der fast schon legendäre russische Kinderfilm „Die Schneekönigin" (1967) nach dem Märchen von Hans Christian Andersen

DIE SCHNEEKÖNIGIN

„Die Schneekönigin" ist ein Märchen des weltberühmten dänischen Dichters *Hans Christian Andersen* (1782–1816). Es ist eines seiner längsten und wohl auch vielschichtigsten Werke, welches schon in zahlreichen

Diese Briefmarken aus der DDR (1972) „erzählen" die Geschichte von Kay und Gerda und dem Rentier „Ba".

Auflagen als Buch aufgelegt und bereits mehrfach verfilmt und als Theaterstück aufgeführt wurde.

Es erzählt vom kleinen Kay, den ein Zaubersplitter des Teufels mitten ins Herz trifft, das sich daraufhin in einen harten Eisklumpen verwandelt. Ein anderer Splitter trifft ihn ins Auge, und er sieht fortan in allem nur noch das Böse und Hässliche, wendet sich schließlich gar von seiner Spielgefährtin Gerda ab. Als Kay, der so gerne auf den Kufen der Schlitten mitfährt, bei einer solchen Fahrt im Winter von einer Schneekönigin entführt wird und bis zum Frühling nicht zurückkehrt, macht sich Gerda u. a. auch mit Hilfe eines Rentieres auf die Suche nach ihm.

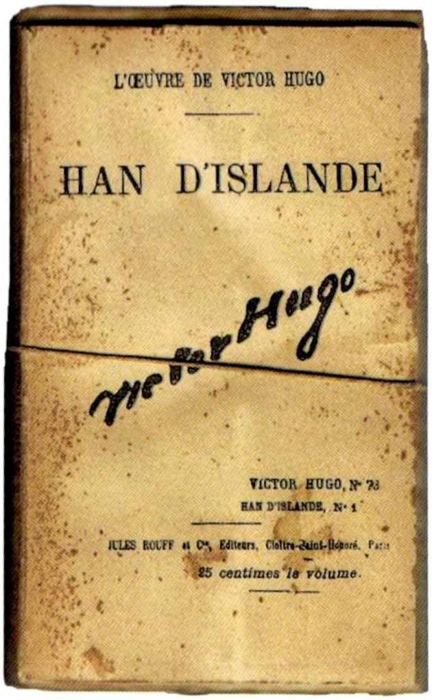

oben: Victor Hugo um 1875 und, *unten,* sein „Han d'Islande"

HUGO'S RENTIERE

Victor-Marie Hugo (1802 – 1885) zählt zu den bedeutendsten Autoren der europäischen Literatur. Er gilt als Mitbegründer der französischen Romantik und schuf mit „Der Glöckner von Notre Dame" (1831) und „Les Misérables" (1862) zwei der berühmtesten Historienromane. Bereits als 18-Jähriger schrieb er „Han der Isländer". Ort der Handlung ist die raue norwegische Bergwelt samt ihrer Rentiere um Trondheim Ende des 17. Jahrhunderts. Hugo erzählt die Liebesgeschichte von Ethel und Ordener. Sein Erstlingswerk löste Begeisterung und Ablehnung aus. Parallelen zum englischen Schauerroman ließen immer wieder den Vorwurf der Imitation laut werden. Für das Debüt des jungen Autors ist die literarische Qualität der Erzählung auch aus heutiger Sicht beachtlich.

Majestätisches, aber von Nordlandfüchsen durchaus begehrtes Beuteobjekt

VON STEINERNEN RENTIEREN

In den Märchen der **Tschuktschen** spielt der kluge Rabe *Kurkyl* (auch als deutsches Buch erhältlich, aber zumeist antiquarisch) eine große Rolle, der mitten in Schnee und Eis zusammen mit Laguschka, dem Fröschlein, Abenteuer aller Art besteht. In „Wie sich der Rabe Kurkyl eine Frau nahm" sind seine schnellen Partner steinerne Rentiere. Sie bringen ihn zu einer schönen Frau, die er heiraten möchte. „Hier hast du steinerne Rentiere. Du musst sie nicht füttern, sie erfrieren auch nicht und bleiben von sich aus nirgends stehen. Aber du kannst sie anhalten, wo du willst. Man muss sich nicht um sie kümmern, niemand wird sie dir stehlen, dann werden sie nämlich zu Stein ..."

Zacharias Topelius, Zeichnung von V. Andrén 1879, Literarische Gesellschaft von Schweden in Finnland (SLS)

DAS SCHNELLSTE TIER

Als der Mensch erschaffen war, war er schneller als alle anderen. Er konnte das Rentier, den Wolf und jedes der wilden Tiere einholen, die Gott geschaffen hatte. Doch dann sagte der Rotfuchs: „Das kann nicht angehen, dass der Mensch so schnell ist, denn nun wird er uns alle töten!“ Gott beherzigte den Einwand des Fuchses, und der Mensch wurde der Langsamste von allen. Der Rotfuchs dachte, dass er nun das schnellste aller Tiere sei, er prahlte und sagte: „Ich bin der Schnellste.“ Der Polarfuchs erwiderte: „Nein, ich bin der Schnellste.“ Nun, sie wollten dann hinter einem flüchtenden Wildrentier her um die Wette laufen. Der Polarfuchs kam zuerst zu diesem; er schaffte es sogar, das Rentier zweimal zu umrunden, bevor der Rotfuchs es einholen konnte. Bei dieser Gelegenheit zog der Rotfuchs also ganz eindeutig den Kürzeren. Und wenn sie nicht gestorben sind ...

SAMPO UND MÄRCHENONKEL TOPELIUS

Schon vor über 100 Jahren haben Kinder und Erwachsene sich die Geschichte des kleinen Lappen *Sampo* angehört, der von zu Hause ausrückt und es mit dem furchterregenden Berggeist *Hiisi* zu tun bekommt. Auch Trollen und einem Rentier begegnet er auf seiner abenteuerlichen Reise durchs Land der Trolle.

Das Märchen „Sampo Lappelill“ stammt aus der Feder des finnlandschwedischen Schriftstellers, Journalisten, Historikers und Rektors der Universität Helsinki *Zacharias Topelius* (1818– 1898). Es gehört bis heute, wie auch „Tampa und das Rentier“, zu den Geheimtipps unter den teilweise wunderbar illustrierten Kinderbuchklassikern.

Sampo und der Bergkönig –
illustriert von *Frank Papé (1911,* aus: „The Diamond Fairy Book“)

Sampo und das Rentier – illustriert von *Zacharias Topelius* (Auschnitt, 1986)

MÄRCHENSTRASSE

Abenteuerlich und beeindruckend, kontrastvolle Landschaft und urwüchsige Erlebnisse: Wer zum Bereich Märchen, Sagen und Legenden mal einen anderen Weg beschreiten möchte, der findet auf der „Märchenstraße" eine erlebnisreiche Strecke. Die Initiative reicht zurück in die 1960er-Jahre, als sich die Idee einer festen Straßenverbindung zwischen Norwegen und Schweden konkretisierte. 1967 wurde diese einzigartige, auf regionale Initiative hin entstandene Hauptstraße feierlich eingeweiht. Die 670 km lange Reise bietet eine Vielfalt an Erlebnissen in einer Natur, wie geschaffen für Freiluftaktivitäten und Abenteuer, von den hohen Bergen im Landesinneren bis zu den großen Meeren im Osten und im Westen. Immer wieder finden sich Rastplätze am Weg mit Skulpturen, die an Geschichten aus der Mythologie bis in die Neuzeit anknüpfen; etwa an den **Stalo-Riesen**, der ein widerwärtiger Räuber, Rentierdieb und Kannibale gewesen sein soll. Den Samikindern war es streng verboten zu pfeifen, das würde den Riesen heranlocken ... Infos mit Hinweisen zu Plätzen, Wegführungen samt einer Karte gibt es unter **www.sagavegen.com**.

Rastplatz auf der „Norwegischen Märchenstraße“ bei Hembygdsgard
kleines Foto Mitte: Der Stalo-Riese

Duohtavuohta, finnische Mode, bei der handgegerbtes Rentiermaterial verwendet wird.

Rentier-Mode & Co.

Zeitlos liegt er im Trend, der nordische Look: Rentier-Pullis, die aus dicker, grober Wolle gestrickt sind und Muster mit Rentieren, Schneehütten, Sternen oder Schneeflocken aufweisen. Exklusive Rentier-Leder-Blousons lassen schon beim ersten Griff spüren, warum dieses **Naturleder** als eines der schönsten und besten Leder der Welt bezeichnet wird: Es ist weich, und dennoch extrem widerstandsfähig, zudem wasser- und schmutzabweisend.

Und auch für die Kopfbedeckung beim Skilauf oder bei der Rentierschlittenfahrt gehören die plüschigen Rentier-Mützen, Ohrschützer oder die Trapper- bzw. Fliegermützen zum originellen Outfit. Für die Beine gibt's entsprechende Stulpen, klar doch, mit Rentier- und Schneeflockenmustern oder Rentier-Langsocken. Wer es lieber ganzheitlich mag, der kann auch Strickstrumpfhosen mit Mustern von Rentieren bekommen. Nicht zu vergessen das entsprechende Schuhwerk: Hier bevorzugen modische Nordlanddamen nach wie vor Schnürschuhe. Die sind ideal für alle, die es gerne etwas sportlicher mögen. Der Keilabsatz zaubert lange

Schwedischer Modestil-Entwurf im „Svenska Instituet Jumperfabriken i Göteborg"

Beine, die Schnürung sorgt für Halt und Motive wie Rentier-Applikationen lassen den nordischen Tierliebhaber sofort erkennen.

Für mutige Manager bietet sich als Kontrast zum grauen Business-Look vielleicht ein Rentierleder-Kurzmantel an, der zu fast jeder Jahreszeit passt. Stehen die Mittsommernächte an, dann ist die Jacke aus Rentierkalbnappa – so leicht wie ein Hemd – genau das Richtige. Mit einem entsprechenden Trenchcoat kann ein sanfter Regen der Damenwelt nichts anhaben. Und was trägt Frau/Mann darunter? Unterwäsche mit lustigen Rentierchen für ihn und für sie erotische Rentier-Strumpfbänder. Versprochen: Gibt's alles! Und nicht nur für die Erwachsenen. Schon für die Jüngsten gibt es Strampelanzüge & Co. mit Rentier-Mustern.

Weiße Jacke aus Rentier-Nappa-Leder

Hip und kultig sind seit einiger Zeit Sami-Armbänder in unterschiedlichster Machart. Waren die Unikate aus echtem Rentierleder, Rentierhorn und versilbertem Zinndraht lange ein Geheimtipp der Skandinavier, haben jetzt auch Stars und Sternchen die handgemachten Schätze entdeckt. **www.saamiarts.de**

Sami-Armband und Lederdose

Sie wollen mehr? Wie wärs mit Rentier-Charmeanhängern aus Silber, einem Swarowski-Rentier, Rentier-Steckenpferd für Kinder, Biber-Bettwäsche mit Rentiermustern, Rentier-Teelichtern, -Wärmeflaschen oder Rentier-Kissen, nicht zu vergessen natürlich der echte samische Halsschmuck.

Wer noch nicht genug von skandinavischer Mode hat, sollte die Ausstellung „Macht der Mode“ im **Nordiska Museet** in Stockholm ansehen, in der schwedische Mode der letzten 300 Jahre gezeigt wird.

www.visitsweden.com

Traditionelles Sami-Messer, handgemacht aus Rentierhorn und dekoriert mit samischen Ritzzeichnungen

Last but not least: **Duohtavuohta** ist eine exklusive Modemarke aus Finnland (s. S. 354) – ein gutes Beispiel dafür, dass Mode und nachhaltige, ökologische Herstellung sich nicht ausschließen müssen. Der Name des Labels, das überwiegend handgemachte Trends setzt, bedeutet in der Sprache der Sami soviel wie „Wahrheit“.
www.duohtavuohta.com

Da schläft sich's gut: Modehaus Heine und seine Bettwäsche im Rentier-Look.

Rentier-Pads in Paderborn

Mauspads sind seit etwa 1998 zum Sammelobjekt geworden. Ihre Gestaltung reicht von der einfarbigen Textilunterlage bis zum aufwändig bedruckten Kleinkunstwerk. Auch Rentiere und ihre Entourage sind darauf in tausenden von Varianten auszumachen. Auf der Jagd nach originellen Pads hat der Autor in über 20 Jahren die europäisch größte Sammlung mit über 360 Mauspads zusammengetragen. Die Sammlung wurde im Mai 2013 vom **Heinz Nixdorf Forum** – dem größten Computermuseum der Welt – erworben. Anlässlich der „langen Museumsnacht“ am 24. August 2013 wurde dort erstmals in einer Sonderausstellung die Kollektion präsentiert, darunter einige Rentier-Exponate.

HNF
Heinz Nixdorf
MuseumsForum
Fürstenallee 7
33102 Paderborn
✆ +49 52 51 30 66 60
www.hnf.de

Los geht's – Rentier-Rennen in Finnland

Rentiere im Sport

Spitzensportler auf Hufen

Bei den olympischen Winterspielen in Vancouver im Jahre 2010 waren 5.000 Athleten und Offizielle sowie noch einmal rund 10.000 Medienvertreter vor Ort. In solch lächerlichen Dimensionen lassen sich Rentiere nicht erfassen; zwischen 50.000 und 500.000 Individuen kann eine regionale Herde umfassen. Auf ihren Wanderungen durch die Taigawälder und Tundren legen die Tiere rund 5.000 Kilometer im Jahr zurück – in einem Leben etwa 100.000 Kilometer. Als gute Schwimmer sind sie bekannt und schnell im Spurt. Im normalen Schnee erreichen die Sprinter kurzzeitig Spitzengeschwindigkeiten von bis zu 80 Kilometern in der Stunde – da kann weder ein afrikanischer Löwe, ein Kamel noch ein Pferd im gestreckten Galopp mithalten.

Rentierschlittenrennen auf dem Talvatis-See beim Jokkmokksmarkt

NORWEGEN: Der 6. Februar ist der Tag der Samen und erinnert an das erste Treffen zwischen den Samen aus dem Norden und dem Süden, aus Norwegen und Schweden. Es fand 1917 in Trondheim statt. Dieser offizielle Ehrentag wird in Tromsø mit einem jährlichen Traditionsfest samischer Kultur, das sich über eine ganze Woche erstreckt, festlich begangen, der „Sami Week".

Lassowerfen während der Samischen Woche in Tromsø

Klar, dass in der **Rentier-Hauptstadt** die Paarhufer mitten drin agieren. So etwa bei der Meisterschaft im Lassowerfen und den Rentierwettfahrten.

Lassowerfen ist eine Notwendigkeit in der Rentierhaltung und gehört im Sportverbund der Samen (SVL) zu einer festen Disziplin. Mitten im Zentrum wird während des Samstageinkaufs die Lassowurf-Arena aufgestellt. Es wird in Damen-, Herren- und Juniorklassen angetreten. Dann geht es darum, ein Geweih zu treffen, während halb Tromsø gespannt zuschaut. Am Sonntag wird die Hauptstraße abgesperrt und zur Bahn für das Rentierwettfahren umfunktioniert. Wenn der Startschuss ertönt, werfen sich die Tiere in voller Geschwindigkeit die Straße entlang in Richtung Süden. Die Veranstaltung ist eine nordische Meisterschaft, bei der die zwölf besten Rentiere aus Norwegen und Finnland an den Start gehen. Es wird kein Unterschied zwischen weiblichen und männlichen Kutschern gemacht, es zählt nur das schnellste Tier.

nordnorge.com/de/festival-kultur

oben: So sah die sportliche Disziplin früher aus – heute geht's mit aerodynamischen Skianzügen mit Rentier-Speed über die Piste.

Homepage zum Sami-Osterfestival

SCHWEDISCH-LAPPLAND: Jährlich findet in Kautokeino das Sami-Osterfestival statt. Dort messen sich nicht nur stimmlich die Samen im „Sami-Grand-Prix", sondern auch die modernen Jockeys mit ihren Rentieren. **www.samieasterfestival.com**

FINNLAND: Auch hier wird dem Rentier-Rennen gefrönt. Beispielsweise in Rovaniemi, Oulu und Hetta. Das Dorf Enontekiö – samisch „Hetta" – liegt in der Mitte des größten Fjällgebietes Finnlands, wo alljährlich das große Sami-Festival (Sami Culture Weekend) zu Ehren der heiligen Maria stattfindet. Einer der Höhepunkte ist das Rentier-Rennen. **www.marianpaivat.fi**

Mittsommer-Lunch
in Schweden

Rentier-Cuisine

Im Grunde genommen haben die Sami bei ihrer Ernährung bezüglich des Fleischkonsums immer alles richtig gemacht. Sie haben zu allen Zeiten – auch ohne Bibel und religiöse Ideologie – die Natur und damit auch deren Mitgeschöpfe so behandelt, wie dies erst im 20. Jahrhundert etwa in der Tierethik der christlichen Religionen allmählich als Thema aufgegriffen wurde (u. a. von Albert Schweitzer). Gleichwohl kann man sich, wie beim Fleischkonsum im allgemeinen immer, darüber streiten, ob man Rentier nun verspeisen soll oder nicht. Ein abendefüllendes Thema, das wir hier nicht vertiefen wollen. Und wie sich zeigen wird, geht's auch nicht nur um Fleisch.

Die Menüs hoch oben am Polarkreis sind alles andere als einseitig, es sind kleine kulinarische Erlebnisse. In der **Esskultur** der Sami spielt das Rentier als Haupternährungsgrundlage eine große Rolle auf dem Speiseplan. Wer mit den Fährschiffen in der Ostsee unterwegs ist, der bekommt etwa köstlichen mageren **Rentierschinken** auf einem zumeist opulenten Vorspeisenteller serviert. In Rovaniemi, Jokkmokk, Kiruna oder auf Nordlandkreuzfahrtschiffen sind neben Elch- und **Rentiersteak** auch **Rentiergulasch** mit Moosbeeren und Kroketten an der Tagesordnung.

Der besondere Restaurant-Tipp: Inmitten des Rentierlandes im schwedischen Gebirgs- und Samimuseum (**Svenskt Fjäll- och Samemuseum**) liegt das samische **Restaurang Ájtte** in Jokkmokk (Kyrkogatan 3), das von *Gunda Åstot* betrieben wird. Es bietet traditionelle und bodenständige Küche mit frischen regionalen Produkten. **www.ger.restaurangajtte.se**

Wildgerichte gibt's natürlich auch in Finnlands Hauptstadt Helsinki, so etwa im **Restaurant Pääkonttori** des Radisson Plaza Hotels. Der Chefkoch weiß die finnische Küche mit der italienischen zu verbinden: Rentierbraten mit Roggen-Gnocchi an Waldbeeren-Soße! **www.paakonttori.fi**

Geräuchertes Rentierfleisch
auf Fladenbrot

Für Bürogestresste gibt es seit geraumer Zeit kalorische Rentierchips aus dem Samiland als Ersatz für ein opulentes Fast-Food-Mittagsmenü; sie bestehen aus getrocknetem Rentierfleisch (fettarm, aber nahrhaft) und bieten sich in kleine Tüten verpackt auch als Wegzehrung für unterwegs an (z. B. *Tornedalens Renprodukter*).

Rentier-Bier

Alljährlich zur Winterzeit herrscht in den Bierhochburgen reger Betrieb vor lauter Fest-, Jubel-, Weihnachts-, Winter- und sogar Rentierbier. Auf den Bierdosen von Tuborg-Weihnachtsbier von 1994 etwa prangt ein Santa Claus mit Schlitten und Rentieren. Und wer youtube bemüht, der erfährt dort, warum Santa sein Rentier mit dem voll bepackten Schlitten plötzlich umdirigiert und lieber dem Bierwagen von *Tuborg* hinterherfährt ... Selbst in Weihnachtssongs wird das Rentierbier beschrieben. In Guildo Horns „Weihnachtsmann komm!“ heißt es: „ ... In meinen Gummistiefeln, die vor unsrer Türe steh'n, find ich keine Schokolade. War ich nicht brav genug? Ich werfe mich gleich vor einen Zug. Das ist doch wirklich richtig schade. Weihnachtsmann komm' schnell zu mir, dann trinken wir ein Rentierbier ...“ Eine nette Idee dazu liefert auch die irische *Guinness*-Brauerei: Rentierbier im Sechserpack mit kleinen Rentiergeweihen auf den Flaschen.

Die vielfältige skandinavische Küche wartet mit kleinen Appetitanregern genauso auf wie mit deftigem Rentier-Geschnetzeltem in der Pfanne oder im rustikalen Holzgeschirr.

In vielen britischen Kneipen und Pubs kommen auch Rentierfreunde stilgerecht auf ihre Kosten.

Rentier-Inns – eine britische Auswahl

Ob sich eine Reise ins Königreich alleine deswegen lohnt, das mag jeder für sich entscheiden. Sicher ist: Bier- und Rentierfreunde kommen in England auf ihre Kosten, wie diese Auswahl bestätigt.

Reindeer Inn, Hoveringham, 20 km nordöstlich von Nottingham.

Reindeer Inn in Overton. Hier geht's british zu beim **Reindeer Beer Festival**. 2010 konnten die Gäste aus 159 ausgewählten amerikanischen und englischen Biersorten wählen.

The Old Reindeer (Restaurant und Bar) in Edingley Nottinghamshire, in der Nähe von Southwell, NG22 8BE.

The Reindeer Inn in Banbury ist eines der ausgezeichneten Pubs in der Stadt.

The Reindeer Pub & Kitchen in Norwich schenkt Biere aus aller Welt aus.

The Reindeer Inn Sandtoft bei Doncaster mit Bar und Garten.

ALASKA UND SEIN RENTIER-BIER

Die *Anchorage Brewing Company* gab bekannt, dass sie das offizielle Bier der Saison 2012 *„Rondy Brew 2012 – Running of the Reindeer Saison"* gebraut hat. Das alaskische Bier ist nach der traditionellen Art der belgischen Biere gebraut.

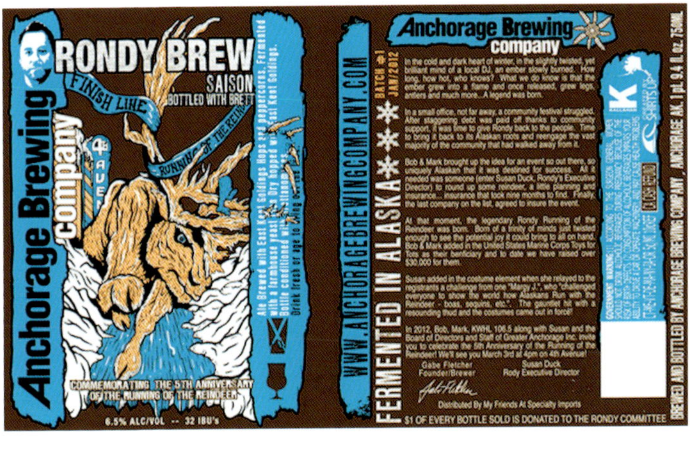

Rentierfleisch und EU-Verordnung (Auszug aus: Nr. 510/2006): „Der Name ‚Lapin Poron liha' (‚Rentierfleisch aus Lappland') wird zur Bezeichnung von Fleischprodukten in Lebensmittelgeschäften und -märkten verwendet. Dazu gehören die Körper von Jungtieren, die weniger als ein Jahr alt sind, die Körper von alten ausgewachsenen Rentieren (Kühe, Bullen und Stiere), die älter als ein Jahr sind, sowie die aus ihnen gewonnenen Teile (Stücke). ‚Lapin Poron liha' wird als im ganzen Stück, in Hälften und geviertelt oder in Körper- und Fleischteile zerlegt für den direkten Verbrauch und die Lagerung verkauft ... Die Rentierzucht, der Transport lebender Rentiere, die Schlachtung von Rentieren, die Überwachung von Schlachtungen und die Fleischkontrolle sowie das Kühlen, der Transport, die Lagerung und die Abfallbeseitigung der geschlachteten Körper erfolgen nach EU-Vorschriften, nationalen Bestimmungen sowie Empfehlungen des Erwerbszweigs ..."

Heilpflanzen der Rentierjäger

Das Wissen der Menschheit über die Heilkraft bestimmter Pflanzen reicht weit in die Geschichte zurück. So benutzten die Neandertaler schon vor 30.000 Jahren aller Wahrscheinlichkeit nach Mohnkapseln, wie archäologische Ausgrabungen belegen. Die älteste schriftliche Überlieferung des Mohngebrauchs befindet sich auf einer etwa 3.000 Jahre alten sumerischen Schreibtafel, die bei Nippur gefunden wurde.

In etwa 17.000 Jahre alten Ablagerungen der Rentierjäger von Lascaux in den Pyrenäen fand man bereits Beifuß. Dabei handelt es sich um eine der ältesten Heilpflanzen, die heute noch als Gewürz- und Heilkraut im Einsatz ist – nicht wie im Mittelalter als Mittel für und gegen Hexerei – und auch von den nordamerikanischen Indianern verwendet wird.

Heilkräuter der Rentierjäger, hier am Petersfels in Engen, Hegau, Baden

Ha, ha, ha – über solche Witze lacht das weiße finnische Rentier.

Rentier-Jokes

Vorab: Keine bekannte Spezies der Gattung Rentier kann fliegen. Aber es gibt 300.000 Spezies von lebenden Organismen, die noch klassifiziert werden müssen und obwohl es sich dabei hauptsächlich um Insekten und Bakterien handelt, schließt dies nicht mit letzter Sicherheit fliegende Rentiere aus, die dann bisher aber nur der Weihnachtsmann gesehen hat.

Die Finnen und die Esten: Die Esten haben eine Menge Witze über die Finnen. Finnen werden dort im allgemeinen Sprachgebrauch als Rentiere = **Poro** bezeichnet. Wenn in estländischen Karikaturen Rentiere abgebildet werden, sind damit Finnen gemeint. Man spricht auch über „unsere vierbeinigen Freunde“ und meint damit die Finnen, die beim Tallinn-Ausflug dem steuerfreien estnischen Alkohol nicht widerstehen können ...

☺

Die Russen und die Tschuktschen
Die Tschuktschen sind wie die Ostfriesen in Deutschland: Liebenswürdig, aber man lacht halt gerne über sie.

☺

Ein Tschuktscha sagt zu einem Russen: „Wenn du errätst, wie viele Renntiere ich habe, kannst du beide haben.“ Der Russe: „Zwei.“ Der Tschuktscha: „Oh, du Schamane!“

☺

Wie schreibt man die Tiere, die im Winter in der Tundra sind und Rentiermoos fressen?“ Antwort: „Wenn es sich um eine Rentierkuh handelt, mit einem N, wenn es sich um zwei Renntierkühe handelt mit zwei N.“

Das Rentier taugt auch immer wieder als witziges Anzeigenmotiv und – originell, aber nicht ganz jugendfrei – als ausgefallene Kostümierung ...

oben: Cartoon von Carl d'Agostino
unten: Cartoon von Daniel Haw

Die Sami und die Temperatur

Nachfolgendes ist nach wie vor ein Hit unter den Witzen bezüglich der Sami und ihrer rauen Umgebung. Nichts kann sie so leicht umhauen – wie ihre Rentiere. Sie sind temperaturresistent, da macht ihnen fast keiner was vor (Auszug):

+20° C: Die Deutschen jammern über kaltes Wetter. Die Sami machen einen Sommerausflug zum Nordpol.

+10° C: In Helsinki drehen die Leute die Heizung ab. Die Sami pflanzen Blumen.

+5° C: Die Sami nehmen ein Sonnenbad, falls die Sonne noch über den Horizont steigt.

0° C: Wasser gefriert. Zahlreiche Unfälle ereignen sich auch auf Deutschlands Straßen.

-3° C: Der Atem wird sichtbar. Es wird Zeit, einen Mittelmeerurlaub zu planen. Die Sami essen Eis und trinken kaltes Bier.

-6° C: Die Katze will mit ins Bett. Die Sami gehen schwimmen.

-27° C: Aus dem Atem können die Sami und Inuit Baumaterial für Iglus schneiden.

-39° C: Quecksilber gefriert. Es ist zu kalt zum Denken. Die Sami schließen den obersten Hemdknopf.

-50° C: Zu kalt zum Küssen, die Lippen frieren zusammen. Die samische Fußballmannschaften beginnen mit dem Frühjahrstraining.

-60° C: Die Sami ziehen einen Pullover an.

-70° C: Die Sami schließen das Klofenster.

-80° C: Die Seelöwen verlassen Grönland. Die Sami tauschen die Fingerhandschuhe gegen Fäustlinge.

-100° C: Die Eisbären verlassen den Nordpol. An der Universität Rovaniemi wird ein Langlaufausflug organisiert.

-130° C: Der Weihnachtsmann verlässt den Polarkreis. Die Sami klappen die Ohrenklappen der Mütze herunter.

-160° C: Der Sami stellt jegliche Aktivität außer Trinken ein, würde aber niemals zugeben, dass es kalt ist.

-200° C: Der Sami ist Tag und Nacht besoffen, friert aber nicht.

-250° C: Alkohol gefriert. Der Sami wird sauer.

-268° C: Helium wird flüssig.

-270° C: Die Hölle friert.

-273° C: Der absolute Nullpunkt; keine Bewegung der Elementarteilchen mehr. Endlich: Die Sami geben zu, es wird kühl ...

☺

In Lappland wohnen zwei Sorten Menschen: Die Reichen fahren im Rentiergespann, die armen Lappen gehen zu Fuß. Daher der Name „Fußlappen". Auch wohnen dort die Menschen sehr dicht zusammen. Daher das Sprichwort: „Es läppert sich zusammen".

Comic aus dem Jahre 1958:
Santa Claus mit Rentier Rudi auf einer Himmelsrakete.

PERSÖNLICHE BEGEGNUNGEN MIT RENTIEREN UND KARIBUS

Spitzbergen-Rentier in Baden

„(Der Presse) habe ich entnommen, dass Sie ein Buchprojekt zu den Rentieren planen. Wir haben im **Naturkundemuseum Karlsruhe** zwar kein badisches Rentier, aber wir haben ein Rentier in Baden. In unserem Magazin steht ein sehr schön präpariertes Rentier aus Spitzbergen, eine Dauerleihgabe des Zoologischen Museums in Kopenhagen. Als Skandinavien-Fan, Liebhaber der Fjällregionen, insbesondere in Schweden, und Säugetierkundlerin interessieren mich Rentiere auch persönlich. So waren mein Mann Harald und Sohn Nils in einem Rentierlager und durften auch mal testen, wie man Rentiere einfängt. Das war schon aufregend und nicht leicht. Anlässlich der Sonderausstellung „Tiere des Nordens“ konnten wir ein Rentier zeigen, das ich als Leihgabe aus Dänemark initiiert habe. Das Tier stammte ursprünglich aus Spitzbergen und ist in seiner Gattung kleinwüchsiger als seine Verwandten. In der interaktiven Ausstellung konnten die Kinder u. a. »Ronny Rentier« basteln, das als »Hampelmann« gut ankam.“

Monika Braun
Staatliches Museum für Naturkunde Karlsruhe,
Leiterin Kommunikation

Wenn Rentiere mal keine Äpfel zum Frühstück bekommen, dann tun es auch frische Birkenblättchen.

Nordkap-Rentiere mögen Äpfel

„Im August 1988 ging es per Auto nach Dänemark, Schweden, Finnland und Norwegen. Die Fahrt führte über Kopenhagen nach Stockholm und Uppsala. Weiter ging es über Rovaniemi nach Lappland zum Inarisee. Schon auf der Fahrt begegneten uns erste Elche und Rentiere. Vom Inarisee aus begaben wir uns nach Hammerfest und zum Nordkap. Hier übernachteten wir in einer komfortablen Holzhütte. Als ich am Morgen das Küchenfenster öffnete, erschrak ich heftig, denn sofort streckte ein Rentier seinen Kopf herein. Was tun? Ich gab ihm einen Apfel und etwas Brot zum Frühstück. Danach trottete es weiter. Sicher waren die Rentiere an die Touristen gewöhnt, aber für mich war es ein unvergessliches Nordlanderlebnis."

Ursula Seyferth, Karlsruhe

Da laufen die Rentiere von Bernhard

„Meine Schwester Maria, Schwägerin Petra, Freundin Ulrike und ich hatten 2010 beschlossen, einmal die Mittsommernächte im Norden zu verbringen. Wir wussten schon einiges über Norwegen: von Bergen, Tromsø und natürlich vom Nordkap; nicht zuletzt deswegen, weil Bernhard (der Autor) mir so einiges mit auf den Weg gegeben hatte. »Wenn ihr beim Nordkap seid, seht ihr bestimmt Rentiere. Könnt ihr für mich einige Aufnahmen machen?« Neben all den Ausflügen, etwa zu den Lofoten, hatte ich meinen Mitreisenden derart die Rentiere ans Herz gelegt, dass jede darauf getrimmt war, Ausschau nach den Paarhufern zu halten. So war es nicht verwunderlich, als plötzlich Maria rief: »Da vorne, da laufen die Rentiere von Bernhard.« Auch Petra und Ulrike waren im Rentier-Fieber. »Dort haben wir ein Rudel gesehen.« Diese Rentier-Postkarte schickten wir dem Autor aus dem Land der Mitternachtssonne nach Karlsruhe."

Conny Prantl, Karlsruhe

Ausschau

Ach, ich spähe, und ich suche
ungeduldig, voller Spannung
nach dem Renntier zwischen Hügeln.
Bin ich stumpf und alt geworden,
daß ich so vergebens jage?
Ich, der einstmals schießen konnte
mit dem Bogen und dem Pfeile,
aufrecht stehend, ohne Stütze,
bis ein Bock mit breiten Schaufeln
tot vom Hang herunterstürzte
und sein Haupt ins Erdreich wühlte.

Avané
Mann der Renntier-Eskimo
Barren Grounds

Das Wildrenntier

Lautlos kam ich über den Sumpf gekrochen,
zwischen den Zähnen trug ich Bogen und Pfeil.
Das Moor war breit und das Wasser eisig kalt,
und keine Deckung war zu sehen.
Langsam wand ich mich voran.
Triefend naß, doch ungesehen,
kroch ich vor in Schussesweite.
Die Renntiere ästen, sorglos rupfend das saftige Moos,
bis mein Pfeil dann zitternd stand
in des Tieres Brust.
Schrecken schlug die ahnungslosen Bewohner der Tundra.
Das Rudel zerstreute sich hastig,
und im schärfsten Trab verschwanden sie
hinter den schützenden Bergen.

Aua
Mann der Iglulik-Eskimo
Lyon-Fjord

Zwei Gedichte aus den „Schneehüttenliedern“ von 1947

Interpretation über die „Schneefeld-Kamele“

„In Grönland ist man in der Heimat des Rentieres. 140.000 wilde Rentiere (**Rangifer tarandus**) sind integriert in das Leben jedes Inuit. Sowohl ganz praktisch als auch in der Geschichte, Mythologie und Poesie. Die Wildrentiere leben nicht wie die zahmen Rentiere in Herden, aber in Rentierfamilien und sind so wichtige Jagdtiere. Jedes Jahr werden ungefähr 30.000 erlegt. Sie spielen eine wichtige Rolle für die Familien und teilweise auch für den Export. Auch werden viele auf den so genannten **Brettern** (Tresen) angeboten – also direkt vom Jäger an den Verbraucher verkauft.

Die grönländischen Karibus werden auch als **Schneefeld-Kamele** bezeichnet. Auch wenn sie gesunden Nachwuchs haben, kann die Klimaänderung eine Gefahr werden. Mildere Winter bedeuten, dass der Schnee zuerst schmilzt und dann wieder zu Eis gefriert. Dann ist es oft unmöglich für den Rentierhuf durch dieses Eis zu dringen, um Futter zu finden.

In der arktischen Mythologie und Poesie spielt das Rentier eine zentrale Rolle. Hier könnte man alle die Freuden und Enttäuschungen, die die Jagd und das Leben begleiten, beschreiben. Grön-

Knud Rasmussen
(1879–1933)

Tom Høyem

land hat in älterer Zeit keine Schriftsprache, deshalb war ein Gedicht der Erfolg einer beschwerlichen, lang dauernden Gedächtnisarbeit. Oft war der Poet nicht nur selbst Jäger, sondern hatte das Gedicht mit eigener Melodie, Tanz und Trommeln den Freunden im Schneehüttendorf vorgestellt. Der dänische Polarforscher *Knud Rasmussen*, den ich so sehr bewundere, dass ich im Büro Portraits von ihm an der Wand hängen habe, hat viele arktische Gedichte in „Schneehüttenlieder" (1947) gesammelt. In einem von diesem steht eine unglaublich optimistische Lebensweisheit:

Mücke und Kälte,
diese Plagen,
kommen nie zugleich.

In der Arktis muss man sagen: Es ist bitterlich kalt. Aber auch hinzufügen: Ja, aber hier sind keine Mücken. Oder: Hier sind furchtbar viele Mücken. Aber: Kalt ist es nicht.

In dieser oft brutalen und dramatischen Welt lebt der Jäger eng mit dem Rentier zusammen. Ja, mit einer detaillierten Beobachtungsfähigkeit kann der Jäger sich mit der Beute identifizieren."

Tom Høyem, Minister a. D.
Direktor der Europäischen Schule Karlsruhe

Heilige Insel und Wildniskirche

„Auf der Fahrt zum Inarisee landeten wir – von Kirgenes kommend – auf dem Campingplatz von **Inari**, am Südzipfel des Sees. Wir hatten einen wunderbaren Blick auf die Felsen-Insel Ukko, die weithin sichtbar mitten im See liegt. Der Inarisee ist etwa 80

Die Wildniskirche von Pielpajärvi liegt etwa 10 Kilometer entfernt von Inari.

km lang und 30 km breit, mit einer durchschnittlichen Tiefe von 15 Metern. Von Oktober bis Mai ist der See normalerweise zugefroren. **Ukko** ist der Hauptgott der Sami aus vorchristlicher Zeit. Die Sage erzählt, dass man sich der Insel nur ganz leise nähern darf, da Ukko sonst aufwacht und so wütend wird, dass der ganze See in Aufruhr gerät und man Glück haben muss, wenn man wieder heil nach Hause kommen will. Unser Bootsführer schaltete kurz vor Erreichen der Insel den Motor ab. – Das Gegenstück zur Insel Ukko ist eine **Wildniskirche** aus christlicher Zeit. Wir haben noch nie eine solch armselige Kirche gesehen, die durch ihre Schlichtheit so beeindruckend ist, dass wir sie bis heute vor Augen haben. Sowohl das Inventar als auch die Kirche besteht nur aus Brettern. Vom Parkplatz waren wir hin und zurück vier Stunden unterwegs, durch eine wirklich skandinavische Wildnis.

Die Einheimischen machen sich über die Touristen lustig, wenn sie extra anhalten, um die Rentiere zu fotografieren. Für mich haben sie einfach etwas Edles an sich. Für die Sami sind sie Lebensgrundlage. Rentierzüchter genießen dort oben traditionell ein hohes Ansehen."

Christa und Heinz Pfeiffer, Neuenbürg

Wie ein Gemälde: Rentiere im Inari-Gebiet
Kleines Bild: Kari Kivinen

Lappland für immer

„Es war um die Osterzeit. Ich war allein Skifahren, entlang dem Inari-Fluss, 450 km nördlich des Polarkreises. Die frühlingshafte Sonne war warm und auf der Eisoberfläche waren schon dunkle, geschmolzene Flecken, durch die ich das Flusswasser rasch unter dem Schnee Richtung Nordpolarmeer dahinfließen sah. Plötzlich hatte ich das Gefühl, dass ich nicht mehr allein bin. An beiden Flussufern standen hunderte von Rentieren. Lautlos schauten sie zu dem Fremden, bis sie genug gesehen hatten, und machten dann weiter mit dem Graben nach Flechten unter dem Schnee.

In dieser Nacht traf ich Jouni, den Besitzer einer Rentierherde. Er war ziemlich jung für einen Hirten, ein passionierter Jäger und auf jede Art und Weise ein guter Gesellschafter.

Im finnischen Lappland gibt es mehr als 200.000 Rentiere in Herdenhaltung auf einem Gebiet von ungefähr 114.000 Quadratkilometern. Jedes einzelne Rentier gehört einem der 5.000 Hirten (Männer und Frauen) von Lappland, die in der Regel Samen sind. Wenn man einen Herdenbesitzer nach der Anzahl der Rentiere in seiner Herde fragt, kann man nicht erwarten, dass man die richtige Zahl erhält. Es ist in etwa so, als ob man Südstaatler fragt, wie viel Geld sie auf der Bank haben. Einzig und allein sicher ist, dass jedes Rentier, das man in den kahlen Bergen herumwandern sieht, ein Brandzeichen hat und jemandem gehört.

Die Rentiere sind die **Schafe der Menschen**, die in Lappland leben. Sie werden Sommer wie Winter frei in der unermesslichen Wildnis gehütet. Und alle Hirten kümmern sich gut um ihre Tiere. Das Wichtigste ist, die Herde gut zusammenzuhalten, sie von Zeit zu Zeit zu besseren Weiden zu führen, und die Wölfe, Bären und die Vielfraße fern zu halten.

Der Kalender eines Hirten hat acht Saisonzeiten. Der Frühling ist entscheidend für das Wachstum der Herde. Für das Abkalben suchen sich die Herden ihren Weg zu den Südhängen der geschützten Berge. Sie ziehen den vollen Nutzen aus dem kurzen, aber Licht durchfluteten Frühsommer von Lappland. Sie legen an Gewicht zu, die Kälber wachsen und werden stärker. Nach dem Mittsommer werden die Kälber gezeichnet, indem man mit einem Messer spezielle Schnitte in ihre Ohren macht. Die Merkmale nennt man **Mamas Worte**. Nach der Kälber-Kennzeichnung werden die Herden entweder an die Küste oder auf höher gelegene Weiden getrieben, um sie vor Insekten zu schützen.

Bald bekomm' ich „Mamas Worte" in die Ohren – Rentiermutter mit Kind

Im Spätsommer sammeln die Rentiere Fettreserven für den Winter an, indem sie hauptsächlich grünes Gras und Pilze essen. Wenn sich die Farben des Herbstes verabschieden und es nichts Grünes mehr zu Fressen gibt, beginnen die Rentiere Flechten zu essen. Der Herbst ist auch die Paarungszeit für die Rentiere.

Im frühen Winter sammeln die Hirten die Herden in Einzäunungen und entscheiden, welche Tiere geschlachtet werden, und welche in die Zucht übernommen werden. Die Rentiere werden erneut in Herden sortiert und zu den Winterweiden getrieben. Sie werden in kleine Einheiten aufgeteilt, und die Hirten schützen sie nach Kräften etwa vor Wölfen und Bären. Die Anzahl der Raubtiere, die jedes Jahr hunderte von Rentieren töten, wächst jedoch.

Von März bis April kehren die Herden zurück, um den Winterausgang auf ihren Sommerweiden, die noch schneebedeckt sind, zu verbringen. Auf den Südhängen jedoch können die Rentiere nach Flechten unter Schnee und Eis graben.

Beim Wandern durch Lappland kann ein Südstaatler Samen-Hirten in einer Berghütte oder am Lagerfeuer treffen. Sie sind, wie Jouni, soziale Geschichtenerzähler, besonders wenn man zufällig etwas zu trinken dabei hat ...

Versteckt in den kahlen Bergen entdecken sogar Touristen oft Rentiere. Die haben zwar keine Angst vor Menschen, lassen sie aber nicht zu nahe kommen. Manchmal folgen ein oder mehrere Rentiere den Wanderern, bleiben ein kleines Stück hinten dran, so als würden sie sie in die Berge begleiten.

Für einen Südstaatler ist die Begegnung mit einem Rentier, seinen Hirten, der natürlichen Klarheit der Wildnis eine unvergessliche Erfahrung. Im schlimmsten Fall wird man vom Lappland-Fieber ergriffen, für das es keine Heilung gibt. Man bekommt den unwiderstehlichen Drang zurückzukehren, Jahr für Jahr, an denselben Ort, so nördlich wie möglich, man schlägt das Zelt auf, unter dem kahlen Berg, macht ein Feuer, genießt einen Kessel schwarzen Kaffees, möchte im Gestrüpp sitzen und der Stille lauschen.“

Kari Kivinen
Finnischer Generalsekretär für Europäische Schulen
(Übersetzung: Gerlinde Høyem)

Peter Springer-Ferazin von reindeer-geocaching, Pocking

Rentier-Schlittenfahrt

„Obwohl ich schon zwei Mal in Island war, hatte ich dort keine Begegnungen mit Rentieren. Aber ich habe schon öfter welche gesehen; das markanteste Erlebnis war unsere Fahrt auf einem Rentier-Schlitten durch Finnland. Der Schlitten, der so zierlich war, dass meine Frau und ich darin kaum Platz fanden, wurde von einem einzelnen halbwilden Rentier gezogen. Diese Tiere leben normalerweise in der Wildnis, lassen sich aber zu Beginn des Winters gerne einfangen, da sie wissen, dass sie dann Futter bekommen. Ich bekam zwar ein paar Zügel in die Hand gedrückt, dies hatte aber wohl nur einen psychologischen Hintergrund, denn lenken oder das Tempo beeinflussen konnte man damit nicht. Das Rentier startete mit erstaunlich hoher Geschwindigkeit und bei jeder Kurve hatten wir Angst zu kippen. Bei der Orientierung waren wir unserem Zugtier hilflos ausgesetzt, aber anscheinend kannte es den einige Kilometer entfernten Futterplatz ganz gut."

Peter Springer-Ferazin
reindeer-geocaching, Pocking

Was für ein Anblick – Rentier-Postkarte von 1981

Postkarte aus Kindertagen

„Im Sommer 1981 reiste ich mit meinen Eltern und meinem Bruder Michael an die Westküste Norwegens. Stationen waren der Vöringfoss, Bergen (die Heimatstadt meines Großvaters) und der Sognefjord. Unterwegs fand ich an einem Kiosk die beigefügte Postkarte. Das Motiv hat mich als damals 10-Jährige tief beeindruckt: Tausende Rentiere laufen in einer bizarren Un-/Ordnung auf einen kristallklaren Bergsee zu. Weit und breit keine Zivilisation zu erkennen. Die natürliche Harmonie dieses Treibens, die Dynamik und die Verschmelzung mit der steinigen Hochgebirgslandschaft, die nahezu unendlich ihre Fortsetzung findet – es ist außer im Wasserspiegel kein Himmel zu sehen –, hat mich fasziniert. Damit ist für mich persönlich das Rentier der Inbegriff von an die Natur angepasster Lebensweise, von Freiheit, aber auch von mystisch-verklärter Lappland-Romantik mit warm-weihnachtlich anmutenden Klängen. Dass diese Postkarte – deren Erwerb mein Vater damals im Übrigen kritisch betrachtete, da wir das Motiv gar nicht leibhaftig haben sehen können – doch noch einmal ihren Wert haben würde, freut mich heute ganz besonders. Herzlichen Glückwunsch zu dieser schönen Buchidee."

Britta Wirtz
Geschäftsführerin Karlsruher Messe- und Kongress-GmbH (KMK)

Der Sognefjord und der Vöringfoss-Wasserfall sind Paradiese für Rentiere.

Rentiere in der persönlichen Champions League

Meinem ersten wildlebenden Rentier bin ich 1991 in Schwedisch-Lappland begegnet. Es schaute etwas indigniert zu einem Fenster der Jugendherberge von Storuman herein und beobachtete mich interessiert beim Verzehr eines opulenten Frühstücks. Als ich es fotografieren wollte, streckte es mir zuerst noch seinen Hintern entgegen und verschwand dann mit lässig-lockerem Schritt im nahe gelegenen Wald. Diese erste Begegnung war für mich Grund genug, mich etwas näher mit Rentieren und auch ihrer Beziehung zu uns Menschen zu beschäftigen. Und ich stieß auf eine Fülle höchst interessanter Eigenschaften, die dafür sorgten, dass von da an Rentiere in der Champions League meiner persönlichen Lieblingstiere spielten.

Der Biologe Dr. Mario Ludwig

Um nur ein Beispiel zu nennen: Rentiere gehören zu den wenigen Tierarten, die gerne einem gelegentlichen **Drogenkonsum** frönen. Viele Rentiere sind nämlich gerade im Winter offensichtlich so scharf auf einen dezenten Rausch, dass sie ganz gezielt nach Fliegenpilzen, die ja bekanntermaßen psychoaktive Substanzen enthalten, suchen und diese sogar unter der Schneedecke ausgraben. Die Wirkung des Pilzkonsums ist ähnlich, wie man das bei einem Menschen erwarten könnte, der Magic mushrooms geraucht oder gegessen hat: Die Tiere schwanken hin und her, haben einen unsicheren Tritt und geben seltsame Geräusche von sich. Nach einer vielleicht nicht ganz so ernst gemeinten Theorie fressen die Rentiere die Pilze, um der depressiv machenden Monotonie der nordischen Winter zu entgehen. Und dann wäre da ja noch Rudolph, das rotnasige Rentier, das ja bekanntermaßen den Schlitten des Weihnachtsmanns zieht.

Übrigens ist erst vor kurzem ein norwegisch-niederländisches Forscherteam dem Geheimnis von Rudolphs weithin leuchtend roter Nase auf die Spur gekommen: **Rudolphs rote Nase** kommt demnach nicht etwa, wie böse Zungen behaupten, vom exzessiven

Und ab geht's – Rentiere bei Storuman

Glühweingenuss auf diversen Weihnachtsmärkten, sondern ist der Tatsache geschuldet, dass Rudolphs Riechkolben, dank vieler Blutäderchen, die natürlich auch reichlich rote Blutkörperchen enthalten, ausgesprochen gut durchblutet ist. Die Wissenschaftler sind der Meinung, dass dieses dichte Netz an Blutäderchen in seiner Nase Rudolph dabei hilft, seinen Aufgaben als Begleiter des Weihnachtsmanns nachzukommen. Wer sich nämlich so stark

Bei der sibirischen Kälte kriegt doch jeder 'ne rote Nase ...

körperlich betätig wie Rudolph, der bei der Auslieferung der Weihnachtsgeschenke viele tausend Kilometer zurücklegen muss, bei dem steigt mit der Zeit auch die Körpertemperatur signifikant an. Da jedoch der Körper von Säugetieren immer eine konstante Temperatur halten will, werden die Blutgefäße erweitert, was zu einer stärkeren Durchblutung und damit zum Erröten der Haut führt. Durch diesen Mechanismus wird Wärme nach außen abgegeben und dadurch gleichzeitig die Körpertemperatur gesenkt. Und bei einem derartigen Vorgang ist natürlich eine gut durchblutete Nase äußerst hilfreich.

Dr. Mario Ludwig, Diplombiologe

Rentier-Taxi für Biathletin

Es kommt nicht alle Tage vor, dass eine Biathletin so erfolgreich ist: Die bayerische Ausnahmesportlerin *Magdalena Neuner* gewann in nur sechs Jahren seit ihrem Debüt 2006 bis zum freiwilligen Karriereende im Jahre 2011 insgesamt 34 Einzelrennen im

Biathlon-Weltmeisterin Magdalena Neuner fährt mit dem Rentier-Taxi zur Siegerehrung.

Es gibt auf der Welt bei Weitem schlechtere Taxis ...

Biathlon-**Weltcup**, dreimal den Gesamtweltcup und sieben Disziplinen-Weltcups. Mit insgesamt 63 Podiumsplatzierungen gehört sie zu den erfolgreichsten Sportlerinnen in der Geschichte des Weltcups. Bei den Biathlon-Weltmeisterschaften 2011 im russischen Khanty-Mansiysk errang Neuner dreimal die Goldmedaille und zweimal die Silbermedaille in fünf der sechs ausgetragenen Wettbewerben. Sie erhielt die große Kristallkugel für ihren dritten Gewinn der Weltcup-Gesamtwertung.

Und als sie bei ihrer Abschiedstour im März 2011 gefeiert wurde, da gingen Bilder um die Welt, die es in sich hatten: die Spitzensportlerin gemeinsam mit den Spitzensportlern auf Hufen – den Rentieren. Rentiernomaden lenkten die flotten Tiere entsprechend an der jubelnden Menschenmenge und Fans vorbei. Die meisten Bildunterschriften der Sportzeitungen betitelten das Bild dann so: „Magdalena Neuner wird per **Rentier-Taxi** zur Siegerehrung gefahren."

Korjakische Rentierhalter behandeln die Hufkrankheit eines Rentieres.

BEDROHTE RENTIERWELT

Plädoyer für den Erhalt der Herden-Nomaden

Dieses Kapitel beleuchtet in einigen kurz gerafften Betrachtungen die Situation einiger indigener Völker in Skandinavien, USA, Kanada, Russland und der Mongolei im Wandel der Geschichte, führt das Engagement von Organisationen an und stellt exemplarisch einige prekäre Lagen vor.

Jagd, Ausrottung und Klimaänderung

Schon in den 50er- und 60er-Jahren weisen die Wissenschaftler immer wieder auf den Sachverhalt von Jagd und Ausrottung hin. So schreibt Professor *Lutz Heck* vom Zoologischen Garten in Berlin im Jahre 1968 in **Grzimeks Tierleben** dazu: „Auf ihren Wanderzügen überqueren diese ausgezeichneten Schwimmer oft nicht nur große Ströme, sondern sogar breite Meeresarme. Da sie an das Leben in kältesten Gegenden angepasst sind, in denen andere Wiederkäuer keine Nahrung finden, haben sie sich vielerorts zu einer starken Kopfzahl vermehren können – zumindest so lange, bis der Mensch sie noch nicht mit modernen Feuerwaffen bedrohte und in manchen Gebieten ihres ursprünglichen Vorkommens ausrottete."

Die klimabedingte Schneeschmelze hat in den kanadischen Mackenzie Mountains vor einigen Jahren bewirkt, dass auch alte Fanggeräte freigelegt wurden. So berichteten *Tom Andrews* vom „Prince of Wales Northern Heritage Centre" in Yellowknife und seine Kollegen in „National Geographic", dass sie neben einer 2.400 Jahre alten Speerschleuder auch tausendjährige Fangschlingen sowie Bögen und Pfeile gefunden hätten, die für die Jagd eingesetzt wurden. Auch hatten sie **Karibu-Dung** gefunden, der gewissermaßen im Schnee und Eis konserviert wurde und belegt, dass hier Generationen dieser Huftiere in die Sommerfrische kamen, um der Mückenplage und der Hitze zu entfliehen. Diese Funde machen erneut auf eine besondere Weise deutlich, dass die klimatische Veränderung nicht nur den Menschen zusetzt, sondern auch den Karibus. „Was geschieht mit den Karibus, wenn die Schneeflecken verschwinden und diese Huftiere im Sommer keine Rückzugsmöglichkeiten mehr finden?“, fragen die Forscher nicht nur in diesem Bericht.

Die Gesellschaft **Survival für indigene Völker** („Survival“ ist Träger des Alternativen Nobelpreises) stellt in einer Veröffentlichung vom Dezember 2011 u. a. fest, dass sich die weltweit größte Karibuherde – die „George-River-Herde“ – im Osten Kanadas dramatisch verkleinert habe. Dem Bericht zufolge glauben lokale indigene Gemeinden, dass große Industrieprojekte in der Region daran Schuld tragen würden. **www.survivalinternational.de**

Mit einem eindringlichen Appell unterstreicht *Stephen Corry*, der Direktor von Survival International, die derzeitige Situation: „Wenn wir uns wirkliche Sorgen machen über die Auswirkungen, die wir auf die Natur haben und sie auf uns, statt diese nur im Fernsehen zu beobachten, sollten wir anfangen, auf indigene Völker zu hören. Sie wissen, wovon sie reden. Für die Inuit sind Rentiere nicht nur für Weihnachten.“

Karibus in Nordamerika

Die Rentiere sammeln sich auf Schneeplatten, um sich im Sommer vor Stechmücken zu schützen.

„Robin Wood" und die letzten Bergkaribus

Wer sich mit den naturbedingten Räumen, Regionen und ihren Bewohnern beschäftigt, dem wird rasch klar, dass die grünen Oberflächen, kristallklaren Seen, schneebedeckten Berge und immergrünen Wälder mit ihrer Flora und Fauna heute zunehmend in arge Bedrängnis geraten. Daran ist nicht allein die Klimaänderung schuld, sondern auch lukrative Geschäfte mit Bodenschätzen und Land. Aktivisten wie „Greenpeace", „Robin Wood" und die „Gesellschaft für bedrohte Völker" protestieren kontinuierlich gegen die Missstände, planen Aktionen und machen damit auch auf nebengleisige Probleme in Natur und Tierwelt aufmerksam. Immer wieder weist etwa die Umwelt- und Naturschutzorganisation Robin Wood auf die Zerstörung des Regenwaldes in der kanadischen Provinz British Columbia hin, so etwa im Januar 2008

„Mountain-Caribous" in der Nähe von Revelstoke (British Columbia, Canada)

mit einer Protestaktion vor der kanadischen Botschaft in Berlin. Die Aktivisten brachten zwei lebensgroße Stoff-Karibus mit und spannten ein Transparent mit der Aufschrift „Save the Inland Rainforest of Canada" („Rettet die Inland-Regenwälder Kanadas"). Der im Oktober 2007 von der Provinzregierung angekündigte

Robin Wood-Aktion in Berlin, Januar 2008:
„Protect the Mountain Caribou!"

Plan zum **Schutz der Bergkaribus** sieht zwar eine auf den ersten Blick beeindruckende Fläche von über zwei Millionen Hektar an Waldschutzgebieten vor. Doch der allergrößte Teil davon – rund 80 Prozent – ist längst geschützt und soll lediglich in seinem Schutzstatus etwas erweitert werden.

Weitere fünfzehn Prozent sind schwer zugängliche Waldgebiete, beispielsweise an Steilhängen oder in den Hochlagen, die sowieso nicht auf der Wunschliste der Forstindustrie stehen. Und nur etwa fünf Prozent an neuen Schutzgebieten sollen in wirtschaftlich genutzten Waldgebieten liegen.

Doch auch dort wird es keine Beschränkungen für die Forstunternehmen geben. Die Bergkaribus sind vom **Artentod** bedroht. Und die Hauptursache dafür – das wird von keiner Seite bestritten – ist die Abholzung der dortigen Wälder. Ein Plan, der vorgibt, die Bergkaribus retten zu wollen, aber dem dortigen Holzeinschlag keinen Riegel vorschiebt, ist nach Ansicht von Robin Wood eine Farce.

www.robinwood.de

Greenpeace-Aktion in Lappland –
zum Schutz der Wälder für die Sami und ihre Herden

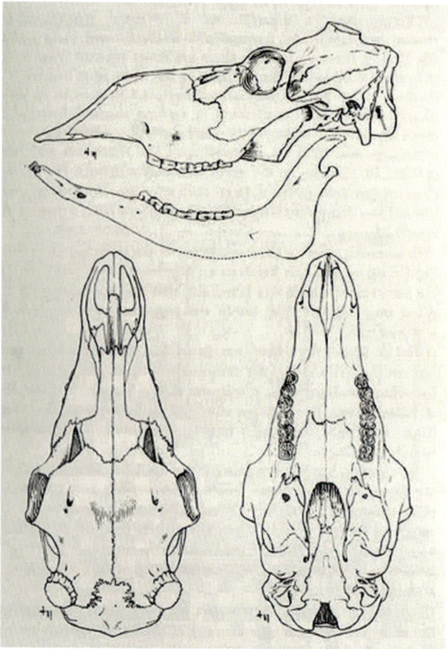

Bald kanadische Geschichte?
Karibu-Schädel

Rentiere sterben am Öl

Heile Welt in der Biathlonstadt **Khanty-Mansiysk** im Jahre 2011. Noch begrüßt vis à vis am modernen Flughafen ein Bronze-Denkmal die Sportler aus aller Welt: Eine schöne Familie, die dort der prominente russische Künstler *Andrey N. Kovalchuk* verewigt hat. Sie zeigt die Ureinwohner und ein Rentier zu Zeiten, bevor der Ölboom einsetzte. Mit ihm begannen die Probleme für die Natur und die Urbevölkerung. Heute werden etwa 60 % des russischen Erdöls im Gebiet von Khanty-Mansiysk gefördert, etwa 5 % der Weltproduktion. Was neben außerordentlichem Wohlstand in dieser autonomen Zone bleibt, ist auch „Black Snow“, welcher der einst hier so intakten Natur zusetzt. Hier müssen

Bronze-Denkmal für die Ureinwohner am Flughafen von Khanty-Mansiysk

die Rentiere zunehmend der Erdölindustrie weichen; sie sterben am Ölschlamm und durch den Bau von Trassen und Ölbohrtürmen. Die Bestände seien innerhalb der letzten 20 bis 30 Jahren samt der jahrtausendalten Migrationswege der Rentiere zerstört worden, heißt es. 1964 seien noch rund 70.000 Rentiere, 1998 nur noch 32.000 Rentiere gezählt worden (Quelle: journal-ethnologie, 2006). Pikant ist zudem ein Bericht auf **www.banktrack.org**, wonach deutsche Banken in der russischen Ölförderung tätig sein sollen (Quelle: urgewalt, Juli 2006).

Immer wieder macht die „Gesellschaft für bedrohte Völker" (GfbV) auf prekäre Lagen aufmerksam. Beispielsweise in ihren Berichten zur Lage der Ureinwohner von Sibirien. Dort heißt es u. a.: „Unser Wasser ist ölverseucht, der Fisch schmeckt nach Öl. Die Rentiere sterben am Öl, auch die Kühe, die im Sommer Gras von den ölverschmierten Schwemmlandweiden fressen. Früher haben die Frauen die Wäsche im Sommer im Fluss gewaschen. Das macht heute keine mehr", klagt *Andrej Semenowitsch D'jaschkow* aus der Republik Komi (GfbV, 2005: Der Wilde Osten). **www.gfbv.it/3dossier/siberia/sibirien.htm**

Die Amur-Rentierzüchter

Im Frühjahr 2005 wandte sich *Elena Kolesova*, Vorsitzende des Verbandes der indigenen Gruppen der Region **Amur**, zum ersten Mal an „Raipon" (Russian Association of Indigenous Peoples of the North). Sie berichtete darüber, wie die Rechte der indigenen Gruppen in ihrer Region von Waldarbeitern, Goldsuchern, Straßenbauern und der Verwaltung verletzt werden: „Im Jahre 2000 begann der Bau der Umnak-Elga-Straße, die direkt durch unser Land führt. Im Zuge dessen kamen Holzarbeiter, Wilderer und Goldsucher in unser Gebiet. 2002 wurde die Arbeit an der Straße unterbrochen, ein Holzhandelszentrum wurde aber mitten auf

unserem Land aufgebaut. Genau dort, wohin sich die trächtigen Rentiere zurückzogen um zu kalben. Unsere Rentierzüchter versuchten, die Tiere woanders hinzutreiben, was ihnen jedoch nicht gelang. Dann schossen Holzhändler zweimal auf die Tiere. Beim ersten Mal töteten sie acht Rene, beim zweiten Mal 14. Als wir sie damit konfrontierten, sagten sie, sie hätten ja nicht erkennen können, dass es sich um zahme Rentiere handelte. Unsere Rene tragen Glocken um den Hals und Bänder, außerdem haben die Waldarbeiter keine Jagdlizenzen." Nach der Konfrontation mit den Waldarbeitern hätten diese begonnen, die Rentierzüchter, deren Rene sie getötet hatten, zu drangsalieren. Auch *Arkadij Ochlopov*, Vorsitzender des Vereins „Aborigen" im Bezirk Selemdzhin in der Region Amur, wandte sich in dringenden Appellen an die Öffentlichkeit. Er warf den Goldgräbern vor, die Weiden der Rentierzüchter in Wüsten zu verwandeln. Die betroffenen Ewenken hätten so ihre Lebensgrundlage verloren.

www.npolar.no/ansipra

Rentiere auf der Kamtschatka-Halbinsel

Zelt und Lasso der korjakischen Rentierherden-Besitzer

Die Tschuktschen

Sie wohnen am Ende der Welt im östlichsten Zipfel des eurasischen Kontinents: die Tschuktschen. Ihre Namensbedeutung „Reich an Rentieren" ist Programm und weist einmal mehr auf das natürliche Zusammenleben zwischen Mensch und Tier hin. Ethnologen

Tschuktschen-Familie, gezeichnet von *Louis Choris*, 1816

berichten, dass Tschuktschen in der Lage seien, ohne Probleme im Freien zu schlafen, dass sie zwei Wochen lang feuchte Kleidungstücke tragen können, ohne sich dabei zu erkälten, und dass Temperaturen von minus 30 Grad Celsius schon als Hitze empfunden werden. Ein außergewöhnliches Volk, das sich am längsten von allen sibirischen Völkern der Annexion durch die Russen widersetzte. Sie gelten als gastfreundlich und sind dank ihres großen Romanschriftstellers *Juri Rytchëu* (1930–2008) zu literarischem Weltruhm gelangt.

Existenz der Nenzen in Gefahr

Sie leben als Nomadenvolk mit dem Permafrost: die Volksgruppe der Nenzen auf der Halbinsel **Jamal** im Nordwesten Sibiriens, deren „Gold“ ihre Rentiere sind. Greenpeace berichtete im Vorfeld anlässlich des Klimagipfels 2009 in Kopenhagen über die Situation vor Ort. Danach wird die Existenz der Nenzen durch den Klimawandel bedroht: Im Herbst kommt der Frost sehr spät, so dass es knapp würde, wieder rechtzeitig vor Wintereinbruch von

Nenzen in der Tundra bei Dudinka, Russland

Die Halbinsel Kamtschatka ist ein Geheimtipp für Touristen.
Hier im Bild ein Teil der Stadt Petropavlovsk mit dem Vulkan Koryaksky.

der Halbinsel über das Eis auf das Festland zu gelangen. Im Frühjahr hingegen schmelze die Eisdecke über den Weiden erst spät. Die Folge: Die Rentiere können sich nicht ausreichend ernähren, magern ab und werden schwach. Auch müssten – so der Greenpeace-Bericht – die Rentierkühe ihre Kälber auf dem Eis (!) zur Welt bringen, viele Jungtiere erfrieren. Die Existenz der Nenzen sei aber noch aus einem anderen Grund gefährdet: Die Industrie interessiere sich für die unter den tauenden Dauerfrostböden Sibiriens liegenden reichen Öl- und Gasvorkommen. Allein im Bezirk der Jamal-Nenzen sollen dem Bericht zufolge 90 % der russischen Gasvorräte liegen.

Kamtschatka und die Rentiernomaden

Die Halbinsel Kamtschatka ist etwa so groß wie Deutschland und die Schweiz. Die Region wird beschrieben als das „Land der Vulkane" und präsentiert sich mit waldreichen Gegenden, zerklüfteten Gebirgen und herrlichen Buchten. Fast komplett wurde diese

Landschaft im ostasiatischen Teil Russlands – eines der letzten nahezu unberührten Naturparadiese dieser Erde – im Jahre 1996 durch die UNESCO zum Weltkulturerbe erklärt (u. a. das Kronozki-Naturreservat). 1990 wurde die Kamtschatka-Halbinsel für Touristen zugänglich gemacht und bietet seither für die Natur- und sanften Ökotourismus-Fans einiges, beispielsweise das **Tal der Geysire** mit etwa 90 heißen Wasserfontänen, die ihre Dampfschwaden bis zu 40 Metern Höhe und teilweise mehr als 200 Meter weit verbreiten. Im Juni 2007 wurde bei einem Erdrutsch ein Teil dieses UNESCO-Welterbes zerstört, sodass das atemberaubende Tal heute nur per Helikopter erreichbar ist. Weiter bietet sich eine Tour in den Bystrinski-Naturpark an, der zu den „Herren der Rentiere" – den **Korjaken** (s. S. 172) – führt.

Die (noch paradiesische) Halbinsel hat zudem einen einzigartigen Rentiervertreter weltweit: das **Kamtschatka-Rentier** (Cervus Caribou; Rangifer tarandus phylarchus, nach *Hollister* 1912). Es besitzt das weltweit größte Geweih aller lebenden Artgenossen. Und wenn schon besonders, dann richtig: Der Kamtschatka-Art-

Das Tal der Geysire in Kamtschatka, Russland

genosse genießt am liebsten Salzfisch, während sich seine anderen nördlichen Anverwandten mit Flechten und Moose zufrieden geben.

Die Naturschützer verweisen darauf, dass (neben dem allgemeinen Jagdtourismus; Anm. d. Autors) in den letzten Jahren auf Kamtschatka immer mehr Wilderer aufgetaucht seien, die aus Autos oder Hubschraubern heraus Rentiere abschießen. Dabei ließen sie oft viele verletzte Tiere zurück. Jäger, die seit Jahren in den entsprechenden Gebieten arbeiten, berichten, dass entlang der Wanderrouten der Herden zu ihren Überwinterungsplätzen regelrechte Schießwälle aufgebaut würden. Die Wilderer seien teilweise mit Maschinengewehren ausgerüstet.

Dass nicht nur diese Jagd-Orgie dem Ökosystem in Kamtschatka zum Verhängnis werden könnte, davon berichtete **WWF-Deutschland** („World Wide Fund For Nature" ist eine der größten internationalen Naturschutzorganisationen der Welt) in seiner Informations-Broschüre aus dem Jahre 2008. Dort heißt es: „Der WWF Deutschland ist seit 1994 auf Kamtschatka aktiv – und die Bilanz ist, trotz schwieriger Naturschutzpolitik in Russland, durchweg

Kulturstiftung Sibirien: Die 2010 gegründete Stiftung befasst sich mit Maßnahmen zum Erhalt des vom Verlust bedrohten reichhaltigen Kulturerbes sibirischer Völker. Dazu zählen deren Sprachen sowie ihr besonderes indigenes Wissen, vor allem im Hinblick auf die Natur. Weiteres Stiftungsziel ist die Entwicklung künstlerischer und handwerklicher Traditionen der Völker Sibiriens. Lehrmaterialien für indigene Gemeinschaften tragen dazu bei, dem Verlust kultureller Vielfalt und der Auflösung lokaler und ethnischer Identitäten entgegenzuwirken. Sie werden zusammen mit Einheimischen und unter Nutzung moderner Technologien erstellt. Ausstellungen, Kulturbegegnungen in Form von Gastspielen und Workshops sowie wissenschaftliche Symposien in Deutschland und Russland dienen dem besseren gegenseitigen Verständnis und dem wissenschaftlichen und künstlerischen Dialog zwischen Menschen aus verschiedenen Kulturen. Eine digitale Bibliothek und Sammlungen sollen vor allem auch indigenen Gemeinschaften einen Zugang zu Forschungsergebnissen und Dokumentationen ermöglichen.

www.kulturstiftung-sibirien.de

Kamtschatka beherbergt eine der beeindruckendsten Vulkanregionen der Welt. Auf dem Radarbild ist der Vulkan Kljutschewskaja Sopka zu sehen; es wurde am 5. Oktober 1994 von einem Space Shuttle aus aufgenommen.

positiv. Doch der WWF macht sich Sorgen über die weiteren Entwicklungen dieses einmaligen Naturerbes; insbesondere über die neuen Bedrohungen durch die Jagd nach Öl und Gold. Eine neue Gaspipeline bedroht zahlreiche Lachsflüsse, neu gebaute Straßen erleichtern Wilderern den Zugang zu abgelegenen Regionen. Schwere Maschinen zerstören den empfindlichen Tundraboden, der Lebensraum der Braunbären und anderer Tiere wird beschnitten und zerstört." Das Projekt „Ökoregion Kamtschatka/Beringsee" mit einer Dauer von 1995 – 2015 wird geleitet von *Frank Mörschel.*

Der WWF arbeitet mit den Sami zusammen und erkundet Wege, wie man u. a. den Abbau von Bergwerken, Windenergie-Anlagen in Weideflächen reduzieren und den Rentierherdenraub in Schweden minimieren kann. Zudem entwickelt er einen arktisweiten Erhaltungsplan für wilde Rentiere und Karibus. **www.wwf.de**

Tschuwanzen und Jukagiren

Die **Tschuwanzen** gelten als ein Zweig der jukagirischen Volksgruppe im russischen Fernen Osten. Bei der Volkszählung im Jahr 2002 wurden rund 1.300 Vertreter dieser Ethnie registriert. Sie leben auf Tschukotka, v.a. im Anadyr-Gebiet. Ihr Name leitet sich vermutlich vom Namen des Flusses Tschaun ab. Es wird vermutet, dass die Sprache der Tschuwanzen derjenigen der Jukagiren nahe war. Heute wird sie nicht mehr gesprochen. Die **Jukagiren** sind ein kleines paläosibirisches Volk, das in Nordost-Asien vor allem in der zu Russland gehörenden Republik Sacha lebt. 1979 gab es 835 Jukagiren, 2005 bekannten sich 1.559 Menschen zur jukagirischen Identität. Nur ein kleinerer Teil von ihnen spricht die jukagirische Sprache, die somit vom Aussterben bedroht ist. Der Maler und Buchillustrator *Gennadi Dmitrijewitsch Pawlischin* (geb. 1941) hat auf seinen Bildern Momente aus dem Lebensalltag der Tschuwanzen festgehalten.

Tschuwanzen – gemalt von G. D. Pawlischin

Inuit und Gwichin

Die **Ureinwohner Kanadas** sind die Inuit und der Indianerstamm Gwichin. Beide indigene Volksgruppen sind im Laufe der Jahrhunderte sehr zurückgedrängt worden, doch dank ihrer jeweiligen Zähigkeit und ihres Selbstbewusstseins konnten sie bis heute zumindest einen Teil ihrer kulturellen Identität bewahren.

Die **Inuit** bewohnen seit etwa 4.000 v. Chr. die Nordküste von Kanada sowie die Inseln zwischen Kanada und Grönland. Ähnlich wie der falsche und geringschätzige Begriff „Lappen" für das nordische Volk der Sami verwendet wurde, hat man in Europa die Inuit als fleischfressende Menschen, als **Eskimos** bezeichnet. Zum gegenwärtigen Zeitpunkt leben die etwa 45.000 Inuit in 53 Gemeinschaften.

oben: Gwichin, Jäger in Sommerkleidung, historische Darstellung, 1847; *unten:* Heilpflanzenforschung gemeinsam mit den Gwichin

Die Zeiten der Industrialisierung, Umwelt- und Klimaänderungen haben beide Volksgruppen in eine andere Lebenswelt katapultiert. Gang und gäbe ist es heute, dass sie beim Bau von Pipelines und Rohstofferschließungen sowie in Minen mithelfen. Sie benutzen Motorschlitten und nicht nur Karibu- und Huskygespanne für die schnelle Fortbewegung in eisiger Kälte. Die nomadischen Inuit in ihren Iglus wie der Indianerstamm der Gwichin leben heute nur noch in den Erinnerungen.

Die **Gwichin**, auch Kutchin genannt, sind ein Indianerstamm in Alaska im Yukon und

Geweih am Flussufer – Zehntausende Karibus leben am Snake River im Yukon-Territorium, Kanada

in den Nordwest-Territorien. Die Gruppe der Vuntut-Gwichin lebt in der Gegend von Old Crow am Yukon. Für die etwa 9.000 Indianer ist das **Alaska National Wildlife Refuge (ANWR)** heilig, denn hier bringen die Kühe der etwa 152.000 Tiere großen Porcupine-Karibu-Herde ihre Kälber zur Welt, hier ziehen sie sie auf. „Wir Gwich'in sind Menschen des Karibu", so *Sarah James*, ihre Sprecherin. „Die Porcupine-Herde ist Teil unserer Sprache, unserer Lieder und Geschichten." Die Heimat der Gwich'in sind 15 Dörfer, die südlich des Bergmassivs der Brooks Range entlang des Wanderwegs der Porcupine-Herde im Nordosten Alaskas und Nordwesten Kanadas liegen. Der Gwich'in *Darius Kassi* sagt: „Unser

Das **Museum of Inuit Art** (MIA) präsentiert Werke der Inuit von vor über 1000 Jahren bis heute.
207 Queen's Quay West, Toronto, Ontario
Canada M5J 1A7
✆ +1 416 640 1571
www.miamuseum.ca

ganzes Leben dreht sich um das Karibu. Es gibt uns mehr als 80 Prozent unserer Nahrung." Deshalb nennen die Gwich'in das ANWR „Izhik Gwats'an Gwandaii Goodlit" – Ort, an dem alles Leben beginnt.

Inuit an der Küste Labradors, 1818

Um die nordamerikanischen Ureinwohner und ihre Kultur drehen sich auch außerhalb von Kanada und Alaska einige Aktionen:

„Indianer Inuit": Das Nordamerika Filmfestival

Alle zwei Jahre findet in Stuttgart das einzige Festival seiner Art in Europa statt. **Filme**, Diskussionen und Gespräche vermitteln die Kultur der „Native Americans" bzw. „First Nations" weit entfernt von Klischees à la Winnetou. Exklusiv werden Filme gezeigt, in denen Indianer und Inuit seit über 25 Jahren als Regisseure, Schauspieler und Drehbuchautoren ihre Kulturen und Lebenswirklichkeiten selbst dokumentieren. Motto 2014: „No More Silence", Schluss mit der Stille. **www.nordamerika-filmfestival.com**

Gwichin in Deutschland

Mit dem „Projekt Westarktis" unterstützt die Stiftung „Wilderness International Deutschland" (Dresden) die Bewahrung des traditionellen Stammlandes der Gwich'in. So kamen im Sommer 2007 Schüler und Lehrer der Gwich'in nach Deutschland und machten auf ihre Situation aufmerksam. Auf den Exkursionen und in den Gesprächen vor Ort lernten die Gwich'in viel über die Situation des Naturschutzes im industrialisierten Deutschland, aber auch über Recycling und regenera-

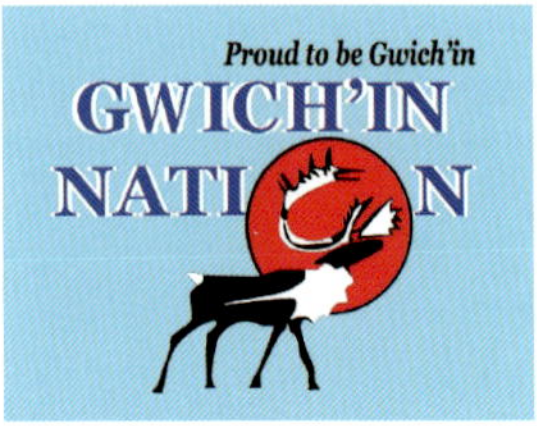

Nationalflagge mit Karibu

Inuit-Kunst, Caribou, MIA Katalog 1995

tive Energien; u. a. besichtigten sie einen offenen Tagebau, ein Bergwerk und den „Nationalpark Sächsische Schweiz“, welcher noch vor 150 Jahren eine gerodete, baumlose Landschaft war. *Hwiemtun*, Director of Cultural Programs von Wilderness International Canada, ein Coast Salish Indianer aus den Westküstenregenwäldern Kanadas, sowie *Jean und Glen Allicock*, Vertreter der Makushi Indianer aus dem tropischen Regenwald Guyanas, nahmen an dem Umweltprogramm teil. Dieses Projekt wurde durch Rotary International sowie die Sächsische Landesstiftung Natur und Umwelt unterstützt. **www.wilderness-international.org**

Am Rande der gefrorenen Welt: Marinesoldat *John Sperry* lebte als Jäger, Schlittenführer, Pastor und später Bischof der Arktis mit seiner Familie 19 Jahre lang unter den Inuit. Er übersetzte die Bibel in ihre Sprache, die keine Wörter für Baum, Schaf oder Acker kennt – und keines für Liebe. Eine ergreifende Biografie, verfasst von Sperrys Nichte, *Nicola Vollkommer*. SCM Hänssler, 2011, ISBN 978-3-7751-5307-2.

Drei Sami-Frauen mit traditionellen Mützen, um 1890

Formschöner Oldtimer: Samischlitten im Außenbereich des Siida-Museums, Inari

Die Sami – ein indigenes Volk im Norden Europas

„Wir, die Sami, sind ein Volk,
vereint in unserer eigenen Kultur, Sprache und Geschichte.
Wir leben in Gebieten, die seit undenkbaren Zeiten
von uns allein bewohnt und genutzt worden sind."

Aus dem politischen Programm des Sami-Rates, 1986

Die mehr als 70.000 Sami – in Norwegen (40.000), Schweden (15.000 bis 20.000), Finnland (6.500) und auf der russischen Kola-Halbinsel (4.000) – blicken auf eine **10.000 Jahre alte Kultur** zurück. Sie entwickelten die Kunst, im strengen arktischen, neun Monate dauernden Winter zu bestehen. Wie bei anderen indigenen Völkern steht im Mittelpunkt ihres Denkens die Natur, als deren integralen Bestandteil sie sich verstehen.

Die Sami lebten ursprünglich als Nomaden vom Jagen und Fischen. Die Rentierzucht wurde erst ab dem 17. Jahrhundert zu einem wichtigen Bestandteil ihres sozialen und kulturellen Lebens. Heute sind die Sami in fast allen Wirtschaftszweigen zu finden. Die meisten leben von Fischerei und Landwirtschaft, etwa 10 Prozent sind in der Rentierzucht beschäftigt. Den Namen „Lappen" hören sie nur ungern, bedeutet er doch frei übersetzt „Hinterwäldler". Rechtlich sind die Sami in keinem der genannten Staaten Eigentümer ihrer Territorien. Ebenso wenig haben sie bis heute nicht die Möglichkeit, auf politische Entscheidungen, die ihr Land und Leben betreffen, direkten Einfluss zu nehmen.

Die Sami-Parlamente

Die Sami in Skandinavien und Russland leben unter sehr unterschiedlichen Bedingungen. Überall konnten sie jedoch durch Selbsthilfe- und Selbstorganisation Institutionen durchsetzen, die ihnen nach und nach einen größeren politischen Spielraum er-

möglichten. Die **Sami-Parlamente** nehmen dabei einen wichtigen Platz ein. Sie können jedoch keine Beschlüsse mit gesetzgeberischer Kraft fassen. Das erste Sami-Parlament entstand 1973 mit beratender Funktion in Finnland. Seit 1991 müssen die Sami dort bei allen Entscheidungen, die ihre Angelegenheiten betreffen, vom nationalen Parlament konsultiert werden. In Norwegen wurde 1989 zum ersten Mal ein Sami-Parlament (Sameting) gewählt. Es kann Initiativen ergreifen und eigenständig Informationen verbreiten. In Schweden existiert seit 1993 ein Sami-Parlament mit beratender Funktion. Für die Sami auf der Halbinsel Kola ist diese Organisationsform noch neu. Die russischen Gesetze zum Schutz indigener Völker existieren nur auf dem Papier. Ein den anderen Ländern vergleichbares Parlament gibt es dort bislang nicht.

Die offizielle Sami-Flagge

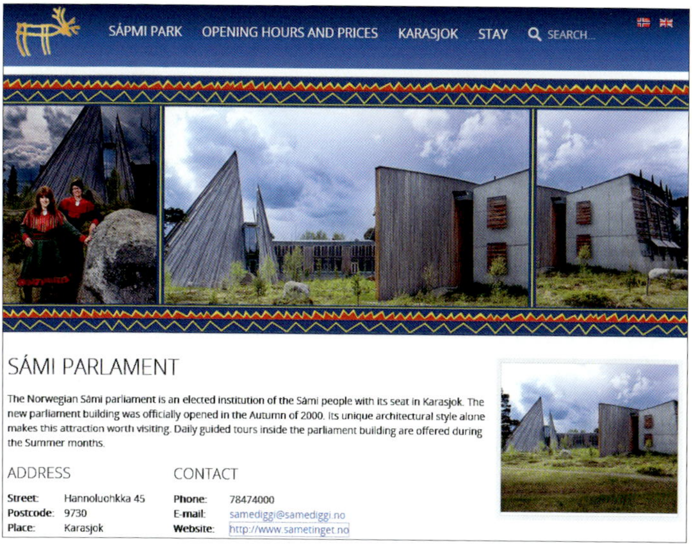

Homepage mit Bildern des Sami-Parlamentes in Karasjok

Die Rechtspraxis der Staaten

1990 ratifizierte **Norwegen** als erstes europäisches Land die **ILO-Konvention 169** (International Labour Organisation, ILO), die indigenen Völkern das Recht zuspricht, ihre wirtschaftliche, soziale und kulturelle Entwicklung nach eigenen Maßstäben zu bestimmen. Einmal im Jahr überprüft das norwegische Parlament diese Verpflichtungen gegenüber den Sami. Seit 1987 ist das Recht auf Erhalt der Sami-Kultur Gesetz.

Schwedische Gesetze garantieren den Sami zwar traditionelle Rentierweiden, Fisch- und Jagdrechte, jedoch nicht zur ausschließ-

„Auf den Spuren des Rentiers“ von *Mariusz Wilk* ist ein aufrüttelndes und eindringliches Buch. 2007 unter dem Original-Titel „Tropami rena“ in Warschau herausgegeben. Es behandelt die Probleme der Sami und ihre Identität auf der Halbinsel Kola in Russland. Dabei geht es um ihre Sprache und um ihre Rentierherden.

Samen protestieren für mehr geldliche Ersatzleistungen des Staates bei Verlusten in ihren Rentierherden durch Raubtiere (2005).

lichen Nutzung. Jagd in den traditionell samischen Gebieten ist allen Staatsbürgern erlaubt. So können Sami nicht gegen Überjagen oder Überfischen oder auch die Beeinträchtigung der Rentierweiden durch Sportjäger vorgehen.

In **Finnland** existiert neben dem Sami-Parlament ein offizieller Beratungsausschuss für Sami-Angelegenheiten, in dem zur Hälfte Sami vertreten sind. Die Sami haben das Recht, Rentierzucht, Fischerei und Jagd nach ihren Traditionen zu betreiben.

In **Russland** verboten die Regierungen bis in die 1960er-Jahre hinein die Sami-Sprache selbst für den Gebrauch innerhalb der Familien. In den 60er-Jahren wurden sie aus ihren Dörfern in das städtische Zentrum Lovozero umgesiedelt. So sind sie heute unter der Million Einwohner auf der Halbinsel eine verschwindend kleine Minderheit. Selbsthilfe ist also angesagt. Eine Schule in Lovozero lehrt wieder die eigene Sprache und traditionelle Handarbeitstechniken.

Während des **Lappland-Krieges** zwischen Finnland und dem Deutschen Reich kam es Anfang Oktober 1944 zur Zerstörung fast aller Sami-Siedlungen, -Häuser und -Anlagen, zur Schlachtung einer großen Anzahl von Rentieren sowie zur Verminung der Transportkorridore entlang der Landstraßen in Nord-Finnland und in Nord-Norwegen (vgl. V.-P. Lehtola 1994, N. Aikio 2000). Im Heimatland der Sami sowie in anliegenden Gebieten bedeutete dies, dass jeder Hof, falls er nicht weit genug vom Straßennetz gelegen war, geplündert und abgebrannt wurde. Die materielle Kultur eines Volkes ging in Flammen auf und war nicht mehr ersetzbar. Ebenso die riesigen Rentierherden, die als Stolz der Besitzer regelrecht niedergemetzelt wurden.

Finnischer Soldat mit seinem bepackten Rentier auf spiegelglatter Eisfläche nahe des Dorfes von Nautsi in Finnisch-Lappland am 26. Oktober 1941

Schamanentrommel in dem der Kultur und Geschichte der Sami gewidmeten „Museum Siida" in Inari, Finnland

Samische Geschichtsdaten

Um etwa 8000 v. Chr. Archäologische Funde belegen die ältesten Samisiedlungen und die Jagd auf Rentiere.

Etwa 890 n. Chr. Der norwegische Stammesführer *Ottar* schreibt an den englischen *König Alfred* über die Samen. Er berichtet u. a., dass er 600 zahme Rentiere habe.

1635 *Königin Christina* eröffnet eine Silbergrube im Nasafjäll im Pite Lappengebiet. Die Sami mussten Zwangsarbeit leisten und u. a. mit ihren Rentieren Erz zur Küste transportieren.

1685 Verfolgung der Sami bei Ausübung ihrer Religion. Die christliche Kirche verbrannte samische Trommeln und zerstörte „heilige Plätze".

1811 Die Bibel wird ins „Aarjel" oder ins Süd-Samische übersetzt.

1852 Revolte in Kautokeino, als im Rahmen der Grenzfestlegung Norwegen/Finnland den nomadischen Samen der Zugang zu wichtigen Winterquartieren für ihre Rentierherden verweigert wird.

1913–1920 **Rassentrennungspolitik** in Schweden (u. a. wird in den sog. „Nomadenschulen" die samische Sprache verboten; in Uppsala wird ein rassenbiologisches Zentrum gegründet).

1939–1945 Wegen **Hitlers** „verbrannter Erde" werden den Sami Tausende von Rentieren niedergemetzelt und somit der Lebensunterhalt entzogen.

1980–1981 Konflikt wegen des Baus eines Wasserkraftwerkes am Alta-Fluss in Norwegen, das trotz massiver Proteste gebaut wird.

1986 Nach der **Tschernobyl**-Katastrophe werden 73.000 Rentiere als „untauglich für den menschlichen Genuss" geschlachtet.

1998 Erstmals wird den Samen ein „heiliger Stein" von einem schwedischen Museum zurückgegeben und an seinem ursprünglichen Platz aufgestellt.

2000 Der samische parlamentarische Rat wird etabliert.

2013 Am 22. August fällt eine umstrittene Entscheidung: Nach einem Bericht im schwedischen Fernsehen hat die schwedische Regierung den Weg freigemacht für die Förderung von **Nickel** auf dem Gebiet der Samen. Die Konzession erhielt die schwedische Firma „Nickel Mountain" für drei Produktionsstandorte nahe der Ortschaft Rönnbäcken. Dort sei das größte Nickelvorkommen im Land entdeckt worden, heißt es in dem Bericht.

Ebenfalls höchst umstritten ist das Bergbauvorhaben des britischen Beowulf-Unternehmens, welches bei Kallak/Gállok im schwedischen Teil Sápmis **Eisenbergbau** betreiben will. Die Samen hier sind Rentierzüchter; sie befürchten, dass die Tagebaumine die Migrationswege der Rentiere zwischen Sommer- und Winterweide unterbrechen und die Wasserqualität des Sees Gállokjávrre und des Flusses Luleälven gefährden würde. Die für den Bergbau nötige Infrastruktur gefährde so die Natur, die Rentierwirtschaft und die Lebensqualität aller Bewohner – auch der nichtsamischen – in der Region. Die Bevölkerung wirft dem Konzern vor, zu keinem Zeitpunkt der Planungen konsultiert worden zu sein.

Sitzblockade der Samen am 22. August 2013 gegen die Folgen von Nickelförderung und Eisenbergbau

Postkarte aus den 60er-Jahren mit Schamanentrommel, Symbolen und Zeichen

Religion und Mythologie der Sami

Die Sami haben seit einem Jahrtausend keine einheitliche Sprache und Kultur mehr, dementsprechend auch keine einheitliche Religion. Der alte Glauben der Sami lässt sich in zwei Kategorien unterscheiden: die Religion der Jäger und Fischer und die jüngere Religion der Rentiernomaden. Die der Jäger und Fischer war geprägt durch eine **kosmogone Mythologie** und den Glauben an einen Herrn der (Beute-)Tiere sowie Artgeister der (Beute-)Tiere. Der Wendepunkt zur Religion der Rentiernomaden ging einher mit der Zähmung des Rentiers. Infolgedessen kam es zur Bildung von Revieren und fixen

Etwas Südsamisch gefällig?

Guten Tag	*buerie biejjie*
Guten Morgen	*buerie aerede*
Guten Abend	*buerie iehkede*
Willkommen	*buerie båateme*
Wie heißt Du?	*Guktie dov nomme?*
Wie geht's?	*Guktie datnine?*
Danke, gut	*Gäjhtoe, mannine hijven!*
Gute Reise	*Buerie vualkeme dutnjien*
Fahr vorsichtig	*Vuejieh tjaepieslaakan*
Auf Wiedersehen	*tschüss nåå nåå*
Rentier	*bovtse*

Für „Rentier“ gibt es, je nach Dialekt, 400 verschiedene Wörter im Samischen.

Beispiel zur samischen Kirchenkunst, (Broschürenseite)

Plätzen für Erwerbstätigkeiten und damit auch für die Ausübung des Kultes. In den späteren Dörfern gab es jedoch keine Kultstätten der ethnischen Religion mehr, da die Sami nun offiziell christianisiert waren. Der Familienkult überlebte aber noch länger.

Unterdrückung durch die Kirche

Ein düsteres Kapitel gegen das indigene Volk der Sami wird von der christlichen Kirche geschrieben, als im 16. Jahrhundert begonnen wurde, die Urbevölkerung zu christianisieren. Mit nachhaltigen, andauernden Drohungen und steten Gerichtsverfahren wurden die Samen eingeschüchtert, gedemütigt und zu ihrem vermeintlichen Seelenheil gezwungen, indem sie ihrer Kultgegenstände, insbesondere ihrer **mystischen Trommeln**, beraubt wur-

Samische Familie in ihrer Festtagstracht

den. Diejenigen, die an ihrem Glauben festhielten, wurden nicht selten mit dem Tode bestraft. Die Zahl der Trommeln, welche diese Zeit überdauerten, ob in häuslichen Verstecken oder in Museen, wird mit 70 beziffert.

Beispiel zur Kirchenkunst der Sami, hier im Altar- und Predigtbereich

Aus dem Gebiet von Åsele ist folgende „Glaubensgeschichte" überliefert: Ein alter Same stand wegen des Gebrauchs seiner Zaubertrommel vor Gericht und sollte seinem alten Glauben abschwören. Während der Verhandlung, bei welcher der Same den Fragen des Richters und des Geistlichen geschickt auswich, drohte ihm schließlich der Richter nach seinem Tode Höllenqualen an. Der alte Same erleichtert: „Dann werde ich also erst nach meinem Tode bestraft werden?"

Darauf der Richter: „Ja, aber diese Strafe wird um so schrecklicher sein!"

Der Same: „Also bekamen alle, die nicht als Christen gestorben sind, so auch meine Eltern, diese Strafe, obwohl ihnen der Christengott nicht bekannt war?"

Der Richter: „Ganz gewiss!"

Worauf der Same beruhigt meinte: „Wenn es meine Eltern aushalten, werde ich es wohl auch aushalten können!"

Der standhafte Mann hatte Glück, er wurde nicht zum Tode, sondern zu einer Prügel- und zu einer mehrjährigen Geldstrafe verurteilt.

Rentiere und Religion: Der ***Bibel*** nach soll Noah 130 Tierpaare in seine Arche mitgenommen haben. Doch es gibt wohl keinen eindeutigen Hinweis auf Rentiere. Es werden nur „Hirsche" angeführt. Aber das Bedeutungsfeld der damaligen Tiernamen ist sehr groß und insofern nicht eindeutig in der Zuordnung. Rentiere gelten übrigens als rein, nach jüdischem Glauben als „koscher", im Islam als „halal"; ihr Fleisch darf also gegessen werden.

Majestätisch: Ein Rentier läuft über ein Hochplateau in Nordland.

Tschernobyl und die Rentiere der Sami

Der Nuklearunfall des Kernkraftwerks Tschernobyl nahe der ukrainischen Stadt Prypjat im April 1986 wurde als erstes Ereignis dieser Art auf der siebenstufigen internationalen Bewertungsskala für nukleare Ereignisse als katastrophaler Unfall eingeordnet. Über die weltweiten gesundheitlichen Langzeitfolgen, insbesondere jene, die auf eine gegenüber der natürlichen Strahlenexposition geringfügig erhöhte effektive Dosis zurückzuführen sind, gibt es seit Jahren Kontroversen. Selbstredend hatte dieser Super-Gau auch Auswirkung für die Sami: Abgesehen von den unmittelbaren vitalen Folgen brachte er die Sami erneut in vermehrte Abhängigkeit vom Staat, der die Macht hat, **Becquerel-Grenzwerte** willkürlich festzulegen und zu kontrollieren, welche Tiere zum Verkauf zugelassen werden und welche nicht. Schweden setzte die Grenzwerte niedrig an, mit dem Ergebnis, dass im Herbst 1986 50.000 Tiere vernichtet werden mussten und auch gesundes Fleisch kaum mehr Käufer fand. Allein in Schweden mussten 188.000 Rentiere gekeult werden. Norwegen dagegen setzte die Grenzwerte hinauf, um die Vernichtung von 80 Prozent der geschlachteten Tiere zu verhindern. Dies geschah mit dem Argument, ein Norweger esse ja pro Jahr nur etwa 1 Kilo Rentierfleisch – vergessen wurde dabei, dass ein Sami täglich Rentierfleisch zu sich nimmt. Die Finnen ihrerseits lösten das Problem, indem sie offiziell in ihrem Gebiet keine alarmierenden Werte feststellten.

„Man berücksichtigt das Rentier nicht mehr so, wie man sollte. Man muss aber zuerst Rücksicht auf das Tier nehmen ... jetzt, nach dieser Katastrophe, heißt es: auf Cäsium achten ... und das versteht das Rentier nicht! Da müssen wir nun ungewollt gegen die Natur arbeiten. Das Tier spürt, dass es in den Wald möchte ..., aber es weiß ja nichts von **Cäsium in der Rentierflechte**. So ändern sich unsere Normen gegenüber dem Rentier." (Aus dem Film „Die Bedrohung" von Stefan Jarl, 1987; Beobachtungen unter Rentierzüchtern in Nordschweden nach Tschernobyl).

Nach einem Beitrag von Radio Schweden (29. März 2011) spürt die samische Bevölkerung immer noch die Nachwirkungen der

Same mit Rentier

Tschernobyl-Katastrophe von 1986. Zwar seien die Cäsiumwerte im Laufe der Jahre gesunken, dennoch dürfen in einigen Sami-Dörfern viele Rentiere vor der Schlachtung wochenlang nicht frei weiden. Der Sender führt das Samidorf Vilhelmina Nord an, wo im Winter nicht geschlachtet werde. Der Grund sei immer noch die Strahlenbelastung. Denn in den Pflanzen, von denen die Rentiere auf den Winterweiden leben, sei der Cäsiumgehalt besonders hoch. Das bedeutet für die Herden-Besitzer, dass sie entweder wochenlang nicht verstrahltes Futter geben – was mit höheren Kosten und größerem Arbeitsaufwand verbunden ist – oder während dieser Zeit nicht schlachten.

Welterbe Laponia

Das samische Welterbe „Laponia" in Nordschweden ist flächenmäßig etwa dreimal so groß wie die Ostseeinsel Gotland. In der Region befinden sich vier Nationalparks und zwei Naturreservate, in denen die Urbevölkerung ihre kulturellen Spuren hinterlassen hat. Es gibt in diesem geschützten Areal Wanderwege und Schutz-

Samifrau mit Rentier in Finnisch-Lappland

Blick von Kvikkjokk ins Welterbe:
der Kamajåkk bei Kvikkjokk, Norrbotten, Schweden

hütten, um Europas letzte Wildnis zu durchstreifen. Die UNESCO hat „Laponia“ zum samischen Welterbe erklärt. Die Gründe hierfür waren u. a. sein reichhaltiges biologisches Leben, sein historischer Wert für die samische Kultur und sein Wert als samische Kulturlandschaft. Die Nationalparks Sarek, Padjelanta, Stora Sjöfallet und Muddus gehören zu dem Gebiet. **www.laponia.nu** Weitere detaillierte Infos gibt es beim Schwedischen Touristenverband STF unter **www.svenskaturistforeningen.se/de**.

Das Rapadelta am Ostrand des Sarek-Nationalpark

Christmas Express vom
Kuscheltier-Profi „Steiff“

DIES UND DAS – RENTIER-KURIOSA

Das älteste Souvenir der Welt

Als das wohl älteste Souvenir der Welt gilt ein **Schachspiel** mit Tierfiguren aus Walrosselfenbein. Die 1851 bis 1855 auf der Halbinsel Kamtschatka gefertigten Stücke waren die Stars in einer Ausstellung namens „Jenseits von Bering. Die russischen Kolonien des Nordpazifiks", die erstmals in Westeuropa 2004 in Lugano mit mehr als 150 ethnographischen Exponaten aus den ehemaligen russischen Kolonialgebieten gezeigt wurde. Die Federführung der Restauration lag beim Staatlichen Museum für Völkerkunde in München.

Sensationell war die Ausstellung auch deshalb, weil die Exponate aus dem Historischen Museum in Tallinn stammten und erst kurz zuvor entdeckt wurden; das „Ajaloomuuseum" befindet sich in einem Gebäude, das als das bedeutendste gotische Bauwerk der estnischen Hauptstadt gilt. Hier wurden die Schätze archiviert und überdauerten erst die russische und später die sowjetische Herrschaft. Unter den Schachfiguren findet sich neben anderen Tieren auch ein Rentier.

Reiseandenken estnischer Touristen: Schachfiguren mit einem Rentier

Santa Claus mit Elfen und Rentier

Rentier-Rennen

In Tromsø (Norwegen), Umeå (Schweden) sowie auf dem Inari-See und in den Städten Rovaniemi, Oulu (Finnland) werden alljährlich Rentier-Rennen veranstaltet. Beispielhaft sei hier jenes im finnischen Rovaniemi genannt: Jedes Jahr im März findet hier ein Rentier-Stadtrennen statt, an dem Dutzende von Jockeys zu-

High-Speed auf vier Hufen beim nordischen Rentier-Rennen

sammenkommen, um an diesem aufregenden Ereignis teilzunehmen. Das Spektakel beginnt am Ufer des gefrorenen Flusses Kemijoki und endet im Stadtzentrum. Wie in den übrigen nordischen Rentier-Städten zieht das winterliche Ereignis alljährlich große Menschenmassen an.

Steiff-Rentiere als Sammelobjekte

In Auktionen und Antiquitätshäusern wird heute das Steiff-Rentier „Renny“ aus dem Jahre 1956 als Top-Rarität mit einem Sammlerwert zwischen 40 bis 160 Euro angeboten. Dieses 22 Zentimeter große, aus weißem Mohairplüsch bestehende Rentier mit Filzgeweih wurde nach Angaben der Firma Steiff bis 1970 produziert. Für weihnachtliche Liebhaber wurde in einer weltweit limitierten Auflage von 750 Stück der „Christmas Express 2006“ hergestellt. Laut „Carytown Dolls & Bears“ wurde dieser „Christmas Express 2006“ sogar mit gut 1.000 Dollar als Liebhaberstück gehandelt.

Eine große Auswahl an Rentier-Artikeln – vom Radiergummi, über Kekse bis zu Kostümen – gibt's hier: **www.shopwiki.co.uk/l/Steiff-Christmas-Reindeer**. Wer Rentier „Made in Germany“ mag, wird bei Käthe Wohlfahrt fündig: **www.christmasfromgermany.com**

Steiff-Katalogseite mit Plüsch-Rentieren

„Renny“ als Top-Rarität aus dem Jahre 1956

Rarität in der weltweiten Vielfalt: Finnische Weihnachtskrippe mit Rentieren

Rarität: Die Krippe aus dem Samiland

Weihnachtskrippen gibt es auf allen Kontinenten. Sie sind, je nach Kultur, mit den dort lebenden Tieren an der Krippe rund ums Jesuskind geschmückt. Klar, ganz oben im Tierstall-Ranking stehen in Mitteleuropa Ochs und Esel; Löwen und Elefanten sind stilecht im afrikanischen Raum zu entdecken. Bei südamerikanischen Krippen dominieren Lamas. In den nordischen Ländern hingegen sind Krippen – geschweige denn Rentiere als deren Beiwerk – bisher die Ausnahme. Eine Rarität besitzt das Badische Landesmuseum in Karlsruhe: Eine Krippe aus Lappland. Im Be-

Santa-TV: Der Weihnachtsmann muss den ganzen Winter über mit seinen Elfen die Rentiere trainieren, damit die für den großen Auftritt an Heiligabend gerüstet sind. Nachzusehen ist das in einem Film, der im Weihnachtsmanndorf in Rovaniemi, Lappland, produziert wurde: **www.santatelevision.com**

gleitbuch zur Ausstellung „Krippenwelten" schreibt Kurator Andreas Seim u. a.: „Das Ensemble wurde 1987 auf Anregung der Hamburger Sammlerin *Maud Pohlmeyer* von der in Gifhorn lebenden Finnin Auli Kaarina Koksi-Steffen mit Material aus ihrem Heimatland gestaltet. Diese Volkskunst-Innovation ging in Serie und schuf für die Sammlerwelt das ultimative ‚finnische' Krippenmodell." Maud Pohlmeyer (1925 bis 2007), zugleich Ehrenkustodin des Museums für Völkerkunde Hamburg, war eine der größten Sammlerinnen von Objekten zu Volkskultur-Bräuchen wie Weihnachten und Ostern.

Rentier-Geschirr

Ilmgold, Porzellan-Platte mit weihnachtlich geschmücktem Rentier

Seit 2009 spült der Fluss Ilm in regelmäßigen Abständen **Gold** ans Ufer von Weimar, zwar keine Nuggets wie einst in Klondike, aber immerhin. Diese lokale Besonderheit entdeckten Absolventen der Bauhaus-Universität Weimar, *Laura Straßer* und *Kai Meinig,* für ihre Kreationen. Bei einem selbst organisierten Kochevent verkündeten sie, dass zu einer schönen Tafel auch ein geschmackvolles **Service** gehört. Prompt wurde ein Workshop zur Verzierung unzähliger Teller und Schüsseln organisiert, das Event mit viel Applaus über die Bühne gebracht und das schmucke Porzellan anschließend für einen wohltätigen Zweck versteigert. Da sich die beiden aber vor Anfragen nicht retten konnten, beschlossen sie, eine feste Kollektion zu kreieren und diese über einen eigens dafür eingerichteten Onlineshop zu verkaufen. *Ilmgold* war geboren. Und seitdem arbeitet das Team beständig an neuen Dekor-Ideen, um den weißen Einheitsbrei ordentlich aufzumischen. Guten Grund für die Dekore von

Ilmgold bietet das Thüringer Traditionsunternehmen „KAHLA Porzellan“; die Kollektion „Thanks for all the Fish“ präsentiert festlich geschmückte Rentiere, tollpatschige Pinguine und jede Menge Fisch (Studio *Laura Straßer*). **www.ilmgold.com**

Rentierfutter für den Hund

Wer seinen Hund mag, der füttert nicht nur die gängigen Mahlzeiten aus der Dose. Rentierfleisch ist angesagt. Dazu heißt es auf **www.zooplus.de**: „Immer mehr Hunde leiden unter Futtermittelunverträglichkeiten. Rentier wird selten in der konventionellen Futtermittelindustrie als Proteinquelle verwendet. Daher ist es auch für ernährungssensible und allergische Hunde bestens geeignet ... Es wird nur kontrolliertes, frisches Fleisch verarbeitet.“ Wohl bekomm's, Waldi!

Rentiere und eine Justiz-Groteske

Es ist vielleicht die größte Justiz-Groteske der jüngeren Geschichte der EU, die sich im Norden Deutschlands Anfang der 70er-Jahre zugetragen hat und dabei nicht nur Zollbehörden, Verwaltungsgerichte, Finanzgerichte, die Experten des Bonner Gesundheitsministeriums und den Europäischen Gerichtshof in Luxemburg beschäftigte. Im Grunde ging es darum, ob in freier Wildbahn erlegte Rentiere beim **Import als Wild** oder als Haustiere zu betrachten seien. Der Spiegel Nr. 15/1975 widmete dieser Fragestellung immerhin drei Seiten. Hintergrund war die Klage der Fleischimportfirma Otto Witt KG gegen die Hamburger Zollbehörden. Begonnen hatte alles damit, dass durch eine anonyme Anzeige im Hamburger Freihafen im Dezember 1970 die Zollbehörden größere Mengen eingeführten Fleisches grönländischen Wildrens der Firma Witt mit einem für Haustiere gültigen Satz von 16 % Umsatzsteuer belegen wollten, anstelle des bis dahin angewandten Satzes von 5,8 % für Wild. Man stritt sich, ob das eingeführte Fleisch von Wild-Karibus oder von domestizierten grönländischen Rentieren stamme.

Eine Nuance in diesem unsinnigen Streit, der die Firma Witt schon 1972 die Existenz kostete, zeigt ein Auszug aus dem Spiegel: „Nur wenige Tage nach den Hamburger Zollbehörden gingen auch die Gesundheitsbeamten des Landkreises Harburg gegen die Firma Witt vor. Sie erklärten ebenfalls ohne Rücksicht auf zoologische Feinheiten, bei den Karibus handele es sich um Rentiere. Diese seien wie Rindvieh und andere zum menschlichen Verzehr geeignete Haustiere den Vorschriften des Fleischbeschau-Gesetzes unterworfen, also vor und nach der Schlachtung amtlich zu untersuchen ..."

Von „Rinti": Rentier-Vollwertkost für den Hund

Da dies bei den durch die Inuit abgeschossenen Karibus naturgemäß nicht geschehen war, verhängten die Beamten ein Verkaufs- und Verarbeitungs-Verbot für Witts Karibus. Da half auch nicht die Intervention des Grönland-Ministeriums, das die einwandfreie Qualität der in Grönland erlegten Wildrentiere bescheinigt hatte. Im Jahre 1975 trat das **Fleischbeschau-Gesetz** in Kraft, in dem von Rentieren nicht mehr die Rede war. Stattdessen wurde ein neues Paragraphen-Werk gültig, das zur Unterscheidung das „Haar" (korrekt: Fell) zum Bestandteil der Ausführungen macht. Nach dem Spiegel-Bericht wird darum unterschieden zwischen „Haarwild, das in Herden oder auf andere Weise unter Obhut des Menschen gehalten wird", und zwischen „Haarwild, das in freier Wildbahn erlegt worden ist."

Reindeer-Geocaching

„Geocaching" ist eine moderne Art von **Schnitzeljagd**. Ausgestattet mit GPS-fähigen mobilen Geräten und Koordinaten, die auf unterschiedlichen Homepages zu finden sind (mehr Infos dazu: **www.geocaching.de**), geht es auf Schatzsuche an Plätze, wo jemand anderes etwas versteckt hat. Die relativ junge Bewegung nahm ihren Anfang wohl um das Jahr 2000. Laut eines vom „Spiegel" 2009 veröffentlichten Berichtes begaben sich zu diesem Zeitpunkt

Karibu-Faktor: In den 70er-Jahren war in den USA der Bau einer Pipeline durch Alaska geplant. Die Verantwortlichen hatten die Wanderungsmuster und die Nahrungsgewohnheiten der riesigen Karibu-Herden – mit immerhin 600.000 Tieren – jedoch nicht zur Kenntnis genommen. Folge: Die Umwelt- und Tierschützer verzögerten mit stichhaltigen Argumenten den Bau der Pipeline um acht Jahre, was dazu führte, dass der amerikanische Ölkonzern Atlantic Richfield Company (ARCO) viel Geld verlor. Seither nennt man überraschend auftretende Kosten und Verzögerungen bei einem großen Projekt den „Karibu-Faktor".

etwa 25.000 Menschen in Deutschland auf „elektronische Schnitzeljagd“. Die ungewöhnliche Form der Outdoor-Aktivität hat inzwischen weltweit über 6 Millionen Anhänger (cachers) und über 2 Millionen Verstecke (caches). Mit dabei *Peter Springer-Farazin*, der ein Geocaching-Portal im niederbayerischen Pocking betreibt:

„Bereits 2004 habe ich mich bei **geocaching.com** angemeldet. Obwohl damals noch sehr wenige diesem Hobby nachgingen, musste ich feststellen, dass alle meine gewünschten Nicknames in dieser weltweiten Community bereits vergeben waren. Da ich nicht die sonst üblichen Zahlenanhängsel am Namen haben wollte, landete ich als begeisterter Nordlandfahrer, der bereits alle nordischen Ecken mit Ausnahme von Grönland bereist und natürlich auch einen Elch-Aufkleber am Heck des Autos hat (leider war auch dieser Name schon vergeben), schließlich bei ‚reindeer‘. Bis dahin hatte ich mit Rentieren eigentlich nichts zu tun. Erst als ich mich dann durch den Aufbau der eigenen Internetseite intensiver mit Rentieren beschäftigte, ging der Name mehr und mehr in ein Gesamt-Konzept über. So entstanden nach und nach auch Caches zum Thema Rentier.“

Homepage von „reindeer-geocaching“

Als Belohnung fürs richtige Quizzen: „Rentier-Münzen“

Was so alles auf Farazins Homepage aufgelistet und machbar ist – einfach super. Beispielsweise lädt die Seite ein, ein Rentier-Origami herzustellen. Dann ein Rentier-Quiz, das es in sich hat: Ich habe es selbst versucht und kam beim ersten Mal auf gerade mal 50 Prozent richtiger Antworten. Wer es besser macht, der kann zum Schluss eine „Rentier-Münze“ bekommen. Weiter geht es mit Rentier-Puzzle und mit „the song“ (by reindeer) – eine Hymne auf das Nordlandtier. **www.reindeer-geocaching.de**

Autotests und Unfälle in Rentierländern

Für die Länder hoch oben in Skandinavien gilt: Achtung und **Vorfahrt** von Elchen und Rentieren. Wer dies nicht beachtet, der kann leicht in Unfälle verwickelt werden, die richtig an den Geldbeutel gehen können. Allein im Jahre 2010 kam es in Schweden zu mehr als 47.000 Wildunfällen. Die Grenzen des Rentierzuchtgebietes in Nordfinnland sind durch Verkehrsschilder markiert. Überall in dem Gebiet sind Kollisionen mit Rentieren möglich. Wenn man ein Warnschild sieht und darunter eine Kilometerangabe, dann ist für die bezeichnete Strecke besondere Achtsamkeit angesagt. Im Winter werden nicht selten 20 Rentiere im Laufe eines Tages angefahren, in manchen Jahren fallen bis zu 4.000 Tiere dem Straßenverkehr zum Opfer. Die meisten Unfälle ereignen sich zwischen Oktober und Januar sowie zwischen Juli und August.

Hinweisschild: Vorsicht, Rentiere auf der Straße!

Um unliebsame Begegnungen zu vermeiden, führen Autofirmen ihre Elch- oder Rentier-Tests am Polarkreis auf einsamen Landstrichen durch. Volvo bremst übrigens auch für Tiere. Der Autohersteller hat in seinen Notbremssystemen nicht nur eine Erkennung von Fußgängern, sondern auch von Wildtieren integriert. Hauptaugenmerk liegt auf einer Funktion unter allen Sichtbedingungen. Auch ein Hilfssystem für Autofahrer, das **KIT-Forscher** in Karlsruhe austüftelten, soll rechtzeitig kreuzende Radler, Fußgänger und Wild erkennen. Durch ein neuartiges Fahrer-Assistenzsystem sollen frühzeitig und gezielt gefährdete Objekte angestrahlt werden, damit der Pkw-Fahrer sein Fahrverhalten unmittelbar anpassen kann.

Rentiere laufen gerne auf der Straße. Für Autofahrer ist höchste Vorsicht geboten.

Offizielles Weihnachtsbild der Facebook-Seite der finnischen Polizei, 24.12.2012

Was machen die Rentiere auf der Straße?

Die Straßen verlaufen durch die Weidegebiete der Rentiere. Im Sommer grasen die Tiere am Straßenrand oder suchen auf den Straßen oder anderem offenen Gelände Schutz vor Mücken. Im Winter wiederum ziehen sie geräumte Straßen vielfach der mühsameren Fortbewegung im Schnee vor.

Bei Unfällen mit Rentieren (auch Elchen) sind diese Schäden von der Versicherung nicht abgedeckt. Lediglich Unfälle mit Haarwild i. S. d. § 2 Abs. 1 Nr. 1 BJagdG wie etwa Rot-, Dam- und Sikawild werden reguliert. Manche Gerichtsurteile lassen bis heute

> Als **Elchtest** wird ein Fahrmanöver bezeichnet, bei dem das Ausweichen vor einem plötzlich auf die Straße laufenden Elch simuliert wird. Damit wird die Fahrstabilität von Pkw geprüft. Mit Geschwindigkeiten zwischen etwa 50 und 80 km/h wird ungebremst ein Spurwechsel nach links und ein Spurwechsel nach rechts gefahren. Das Fahrzeug sollte dabei weder ausbrechen noch umkippen. Mit einem speziellen Ladeaufsatz wird der Elchtest teilweise auch bei LKWs durchgeführt. Natürlich spielt der Elchtest hier Vorreiter für andere nordische Artgenossen – die Rentiere. Denn diese bevölkern die Straßen mindestens genauso wie die massigen Elche …

nicht gelten, dass auch Rentiere zum „Haarwild“ zählen. Seltsam: Im Fleischbeschau-Gesetz von 1975 wurde das Rentier zum „Haarwild“ gezählt.

Tugtupit, der König der Mineralien

Tugtupit – **Rentierstein** – ist ein faszinierendes Mineral in Edelstein-Qualität. Wenn es UV- oder Sonnenlicht ausgesetzt wird, verstärkt sich das Rot. Europäische Geologen entdeckten es in Grönland im Jahre 1957, doch war den dortigen Inuit der Stein schon seit Jahrhunderten bekannt. In der Inuitsprache bedeutet „Tugtupit“ soviel wie das Blut der Rentiere („tuttu“). Das sehr seltene und hoch geschätzte Mineral kommt neben dem grönländischen Hauptfundort u. a. in Kanada und Russland vor. Die besten Steine werden für hochwertigen Schmuck und Heilsteine (Halsketten, Armbändchen, Ohrringe) verwendet.

Die Ureinwohner Grönlands messen diesem Stein und dem Rentier eine große mythologische Bedeutung zu. So erzählen die Menschen gerne die Geschichte, wie es zu dem edlen Stein gekommen ist: Danach soll das Mädchen „Tuttu“ (= Rentier) ihr Kind in der Einsamkeit auf die Welt gebracht haben. Bei der Geburt fiel ihr Blut und ihre Plazenta auf den Boden und sogleich brachte dieser den Tugtupit als Stein mit der rötlichen Farbgebung hervor. Noch heute soll von diesem Stein eine magische Kraft ausgehen und – dass er die „Sonne in das Herz“ bringe.

Schmuck aus Rentierstein gibt es u. a. hier: **www.amrith.de, www.tugtupit.ch, www.greenland.com/de**.

Tugtupit – ein faszinierendes Mineral in Edelstein-Qualität.

REISETEIL

Nur etwa 80 km von Marseille entfernt liegt das kleine Dorf Quinson (s. S. 379) inmitten der bekannten Schlucht von Verdon. Hier präsentiert das „Musée de Préhistoire“ die Funde der Ausgrabungen von über 50 Jahren im Verdon. Die Besucher erleben eine Zeitreise während eines Rundgangs durch Szenen des vorgeschichtlichen Lebens, der interaktiven Animationen und originalen archäologischen Objekten wie beispielsweise Rentiere der Provence. Das nach Entwürfen des Architekten Norman Foster erbaute Museum ist eines der größten Museen der Vorgeschichte Europas.

Anmerkung zum Reiseteil

Bei den nachfolgend vorgestellten Freizeit- und Erlebnistipps werden die interessantesten Highlights weltweit aufgelistet, ausgehend von **Europa** (ab S. 315), gefolgt von **Asien** (ab S. 443), **Nordamerika** (ab S. 456) und **Antarktis** (S. 484); innerhalb der Kontinente alphabetisch nach Ländern. Es handelt sich aufgrund des immensen Angebotes an Touren und Besichtigungen um „meine" Auswahl, die sich auf die wesentlichen Fundorte und Monumente beschränkt, Beschreibungen und Adressen erheben nicht den Anspruch auf Aktualität und Vollständigkeit, weil sich durch neuere Entdeckungen von Höhlenfunden und dem Bau von Zentren und Museen die Rentier- und Karibu-Freizeittipps ständig erweitern – man denke nur an Portugal, Frankreich, Großbritannien, Kroatien und Russland. Zudem führten die Recherchen (in Originalbeschreibungen, Berichten, Abhandlungen, Informationen von Tourismuszentralen sowie im Internet) und natürlich die persönliche Präsenz in den „Rentier-Ländern" nicht immer zu abschließenden Ergebnissen. Es liegt sicherlich auch am speziellen Thema, dass zuweilen die Erkenntnisse über einen archäologischen Fundort aus der Steinzeit und Eiszeit (bisher) nicht zwangsläufig auch den Nachweis über die Nordlandtiere lieferten. Insofern mussten zahlreiche Fundorte etc. im Rahmen des Buches ausgespart werden. Die generell schwierige Suche hat *Peter Wollkopf*, Archäologe vom Rosgarten Museum in Konstanz (Baden), trefflich so erklärt: „Es ist halt noch nicht alles umgegraben worden."

Autor und Verlag haben alle Informationen mit größtmöglicher Sorgfalt geprüft. Gleichwohl sind Fehler nicht auszuschließen. *Alle Angaben erfolgen daher ohne Gewähr.* Wo wir mit kontinuierlichen Änderungen rechnen mussten, so etwa bei Öffnungszeiten, Preisangaben u. ä., haben wir auf deren Nennung verzichtet. Über Rückmeldungen und Verbesserungsvorschläge freuen wir uns.

www: Bei manchen Internetadressen im „Reiseteil" haben wir aus Platzgründen auf das „www" verzichtet.

Haus mit Sommerblumen in Grönland (oben)
und blühende Heide Dollerup Bakker bei Viborg

EUROPA

BELGIEN

Die Grotten von Remouchamps (Ardennen)

Der Mittelgebirgsraum sowohl im Westfälischen Bergland als auch in den belgischen Ardennen war Lebensraum von Rentieren. Neben den Fundstellen in der Nordeifel sind auch bei Remouchamps Rentierfragmente gefunden worden.

Rue de Louveigné 3
4920 Sougne-Remouchamps
✆ +32 43 60 90 70
www.grottes.be

Im ***forestia parc*** (10 km nördlich der Höhlen) sind neben jeder Menge Abenteuer für junge Entdecker auch Nordlandtiere zu erleben.

Rue Fond Marie 563
4910 Theux
✆ +32 87 54 10 75
www.forestia.be

Die Grotten von Remouchamps

DÄNEMARK MIT GRÖNLAND

DÄNEMARK

1 Gedenkpark Kongenshus (bei Viborg)

1913 wurde im Gedenkpark „Kongenshus" („Das Haus des Königs") ein Park für Rentiere eingerichtet. Dazu hatte der wohlhabende Geschäftsmann *Hans Dall* mehrere Hundert Rentiere von Nordschweden geholt, die von echten Sami gepflegt wurden. Dalls Ehefrau *Sara* kümmerte sich rührend um die Sami fern der Heimat. Nach einigen Jahren erkrankten die Herdentiere jedoch an einer Infektion. Und von 1918 an wurde der verbleibende Rest der Herde nach und nach wieder exportiert und so die Ära Rentierpark 1923 beendet, als die letzten Rentiere und deren Fleisch an die hungrigen Kartoffel-Deutschen weitergegeben wurden. Heute ist der Park mit seinen Heideflächen, die auf den dänischen *König Frederik IV.* zurückreichen, ein prächtiges Stück Natur. Viele Geschichten werden erlebbar auf der „Sternenroute" mit ihren vielseitigen Radwanderungen rund um Viborg.

Kongenshus Mindepark
Vestre Skivevej 142
Daugbjerg, 8800 Viborg
✆ +45 87 28 10 13
www.kongenshus.dk

❷ Skandinavischer Tierpark

Im ***Skandinavisk Dyrepark*** leben die nordischen Tiere frei in großen Reservaten und Parks. Die Besucher können hier auf Augenhöhe mit den Tieren kommunizieren. Was den Park außerdem auszeichnet ist, dass beispielsweise die Rentiere gestreichelt und gefüttert werden können.

Skandinavisk Dyrepark Djursland
Nødagervej 67B,
Nødager, 8560 Kolind
✆ +45 86 39 13 33
www.skandinaviskdyrepark.dk

3 Insel Fejø

Die Insel nördlich von Lolland nennt man auch den „Apfelgarten Dänemarks". Fernab vom Massentourismus gilt sie bei Dänemark-Urlaubern als Geheimtipp wegen der Ruhe, der Einsamkeit und des milden Klimas. Die ersten Menschen siedelten hier bereits 10.000 v. Chr., aber auch im Gebiet von Nakskov. Damals nutzten die Nomaden diese Gebiete und die der heutigen Insel Fejø zur Rentierjagd. Erst wesentlich später wurde Fejø am Ende der Eiszeit vom europäischen Festland getrennt und zu einem Eiland von etwa 16 km^2. Seit 1232 ist Fejø eine eingetragene Gemeinde.

15 4 Das runenbeschriftete Rentiergeweih von Fælleseje

Im Jahre 1943 kam beim Hof Fælleseje (Slemminge sn., Dänemark, im Inselinneren von Lolland) als Einzelfund beim Torfstechen in einem Moor ein Objekt zutage, dessen Runeninschrift 1962 im Nationalmuseum Kopenhagen entdeckt wurde (Moltke 1965: 12; 1985: 92-94). Laut den Forschern ist der Fund in den Zeitraum 375/400 – 560/70 zu datieren. Das aus einem Stück Rentiergeweih gefertigte runenbeschriftete Messer von Fælleseje ist etwa 20 Zentimeter lang und besitzt einen gebogenen Griff.

www.runenprojekt.uni-kiel.de

5 Hjørring Kommune

Um 10.000 v. Chr. wanderten die ersten Menschen nach der letzten Eiszeit in das Gebiet von Hjørring ein; dabei handelt es sich um Rentierjäger. Von ihnen hinterlassene Werkzeuge aus Feuerstein wurden an mehreren Stellen in der Kommune gefunden, u. a. bei Nørre Lyngby und Bjergby.

6 Kopenhagen

Es gibt kleine und größere Rentiere und demzufolge auch unterschiedlich große Geweihe. Ein seltenes Exemplar eines Wildrentieres mit extrem großem Geweih ist im Zoologischen Museum Kopenhagen ausgestellt. Es soll sich um das vollständige Skelett eines etwa 14.200 Jahre

Skelett eines Wildrentieres
mit extrem großen Geweih

alten eiszeitlichen Rentieres handeln, welches bei Trockenlegungsarbeiten bei Villestofte nordöstlich von Odense gefunden wurde. Im Buch zur Sonderausstellung im Zoologischen Museum „The Danish fauna throughout 20.000 years" wird auf dieses seltene Rentier-Exemplar verwiesen.

Zoological Museum
Universitetsparken 15
2100 København
✆ +45 35 32 10 01
http://zoologi.snm.ku.dk

Tipp: Odense liegt auf der grünen Insel Fünen – Geburtsort von ***Hans Christian Andersen*** und zugleich drittgrößte Stadt Dänemarks. Die Märchenhauptstadt ist nicht nur eine der ältesten Städte Dänemarks mit 1.000-jähriger Geschichte, sondern darüber hinaus auch bekannt geworden durch den außergewöhnlichen Fund eines **Riesen-Rentieres** in Villestofte, nordöstlich von Odense.
www.visitodense.com

Andersens Geburtshaus in Odense

Der Vergnügungspark Tivoli in Kopenhagen

GRÖNLAND

Rosing und die Rentiere

Für die Grönland-Urlauber ist es heute keine Seltenheit mehr, Rentiere – etwa in Westgrönland – zu treffen. Archäologische Funde beweisen, dass vor Jahrtausenden in dieser Region das Rentier gejagt wurde. Die Wiederansiedlung ist dem grönländischen Schriftsteller und Künstler *Jens Christian Rosing* (1925 – 2008) zu verdanken. Er war es, der als Initiator 1950 die Ansiedlung von Rentieren in Grönland

Grönländische Rentiere

einleitete. Rosing hat mehrere Bücher über grönländische Kultur geschrieben. Als Künstler erstellte er Skulpturen und Illustrationen, u. a. über 130 Entwürfe für grönländische Briefmarken. Als am 18. Januar 2010 die grönländische Post anlässlich des 50-jährigen Bestehens der Air Greenland eine eigene Jubiläumsbriefmarke herausgab, war Rosings Tochter *Ina* beteiligt. Denn sie hatte diese Sondermarke illustriert.

www.visitgreenland.com
www.groenlandinfo.de

Interessant: Der Polarforscher *Fridjof Nansen* überlegte sich, Rentierfarmen auf Grönland einzurichten. Diese Gedanken trieben ihn um, seit er im Jahre 1888 am Ende des Eiskaps, der Godthab Bay, stand und die exzellenten Weidemöglichkeiten für die Rentiere sah.

7 BORNHOLM

Bornholm ist eine Sonneninsel in der Ostsee, die Sand wie in der Sahara hat, geprägt wird von ihren einzigartigen Rundkirchen, wildromantischen Landschaften, traditionsreichen Räuchereien und idyllischen Dörfern mit den schier endlos erscheinenden Rapsfeldern. Eines davon ist ***Klemensker***, 12 km nordöstlich der Inselhafenstadt Rønne. Der Ort ist nicht nur wegen seines Käses „Danablu" berühmt, sondern auch wegen eines Rentiergeweihs anno 8.000 v. Chr., das im Museum in Rønne besichtigt werden kann.

Bornholm Museum
Sct. Mortensgade 29
3700 Rønne
✆ +45 56 95 07 35
www.visitdenmark.com/Bornholm

Rønne auf Bornholm mit Hafen und Kirche

DEUTSCHLAND

Rentier-Routen und archäologische Spuren in den Bundesländern

Die Möglichkeiten, Ausflüge in die Eiszeit mit Schwerpunkt „Rentiere" zu machen, sind nahezu unüberschaubar. Deshalb werden in den einzelnen Bundesländern die wesentlichen Orte und ihre archäologischen Besonderheiten aufgeführt.

BADEN-WÜRTTEMBERG

1 Staatliches Museum für Naturkunde Stuttgart

Im Sammlungsbestand für Säugetiere (Quartär) befinden sich etwa 90.000 Objekte, überwiegend Großsäugetiere aus dem Eiszeitalter Baden-Württembergs. Darunter bedeutende Stücke klassischer Quartärfundstellen wie Süßenborn (s. S. 30), Mosbach und Steinheim a. d. Murr. Außerdem Funde von zahlreichen Höhlen der Schwäbischen Alb, darunter aus der Bärenhöhle des Hohlen Steins im Lonetal, vom Heppenloch bei Gutenberg, von der Aufhauser Höhle bei Geislingen und der Irpfelhöhle bei Giengen. Unter den Freilandfundstellen sind die Funde aus dem Rentierjägerlager ***Schussenquelle*** von wissenschaftlichem Interesse. Dazu kommt die mit rd. 20.000 Funden größte Sammlung quartärer Säugetiere aus den Kiesgruben der Oberrheinebene, die Rentierfragmente enthalten.

Rentierjägerlager im Staatlichen Museum für Naturkunde Stuttgart

Staatliches Museum für Naturkunde
(hier: Museum am Löwentor)
Rosensteinstraße 1, 70191 Stuttgart
✆ +49 711 89 36 0
www.naturkundemuseum-bw.de

Kunstobjekt Rentier-Dasselfliege
Vor 12.000 Jahren fertigten Rentierjäger eine kleine Rentier-Dasselfliege aus schwarzem Gagat, die in Heubach im Ostalbkreis gefunden wurde. Sie ist eine frühe Form menschlichen Kunstschaffens, das seit der jüngeren Eiszeit überliefert ist. Gagat wird auch als „schwarzer Bernstein" bezeichnet, der sich als Werkstoff für Schmuck eignet. Für dieses Kunstobjekt aus dem Landesmuseum Württemberg in Stuttgart wurde eine Kulturpatin gefunden. Auch aus anderen Rentierjäger-Stationen in Mitteleuropa sind Gagat-Kunstwerke bekannt, etwa eine Gagatstatuette, die im Kanton Bern zutage gefördert wurde.

www.landesmuseum-stuttgart.de

Wildpark Pforzheim

16,5 ha, über 50 Tierarten – seit 2003 leitet Förster *Carsten Schwarz* den Park. Mit Tierpatenschaften, Klettergarten, Kindergeburtstagen sowie der Junior-Ranger-Ausbildung lockt er immer mehr Besucher an. Rentierfans können ihre Lieblinge bewundern. Eintritt ist kostenlos.

Tiefenbronnerstraße 100
75175 Pforzheim
✆ +49 7231 39 3328

Oberrheinebene

Dass die Ebene eine Art ***Magistrale der Rentiere*** darstellte, belegen viele Kiesgruben-Funde. Präparator *Thomas Rathgeber* vom Staatlichen Museum für Naturkunde Stuttgart hat dazu aus der umfangreichen Datenbank dieser Funde eine beachtliche Übersichtskarte erstellt, die Rentier-Nachweise zeigt (u. a. Geweihreste). Insgesamt konnten so von 1964 bis 1992 von Worms bis Riegel (Kaiserstuhl, Südbaden) 40 Funde klassifiziert werden.

Kraichgau

Heimatkundlerin *Sonngard Bodner* vom ***Historisch-Archäologischen Verein Mühlacker*** verweist auf ihren heimatgeschichtlichen Touren darauf, dass ein eiszeitlicher Rentierjäger an einem kleinen Weiher im Schönenberger Tal sein Lager aufgeschlagen habe. Mammuts, Wollnashörner und riesige Rentierherden seien während der letzten Eiszeit durch die Region gezogen.

www.hav-muehlacker.de/de/archiv/aktuell_2010.htm

❷ Ölberg-Höhlen bei Ehrenstetten

Diese Höhlen der Rentierjäger aus der älteren Steinzeit vor etwa 35.000 Jahren sind ein Beleg für die frühe Besiedlung des Oberrheingrabens.

Wandertipp: Ölberg-Rundweg (ca. 4 km); Start: Ortsmitte Ehrenstetten). Aussichtspunkte: Ölbergkapelle und Ölbergspitze auf 416 m mit Blick über Staufener Bucht, Rheinebene bis zu den Vogesen. Der Rundweg führt an den prähistorischen Höhlen vorbei, die im Volksmund „Teufelsküche“ genannt werden.

www.muenstertal-staufen.de/Region-Orte/Ehrenkirchen/Sehenswuerdigkeiten-in-Ehrenkirchen

Die Ölbergkapelle, wo einst Jäger Ausschau auf Rentiere hielten.

❸ Isteiner Klotz

Auch die Funde in den Höhlen des Isteiner Klotzes weisen u. a. auf Rentierjäger hin (Landkreis Lörrach).
www.dreilaendermuseum.eu/de

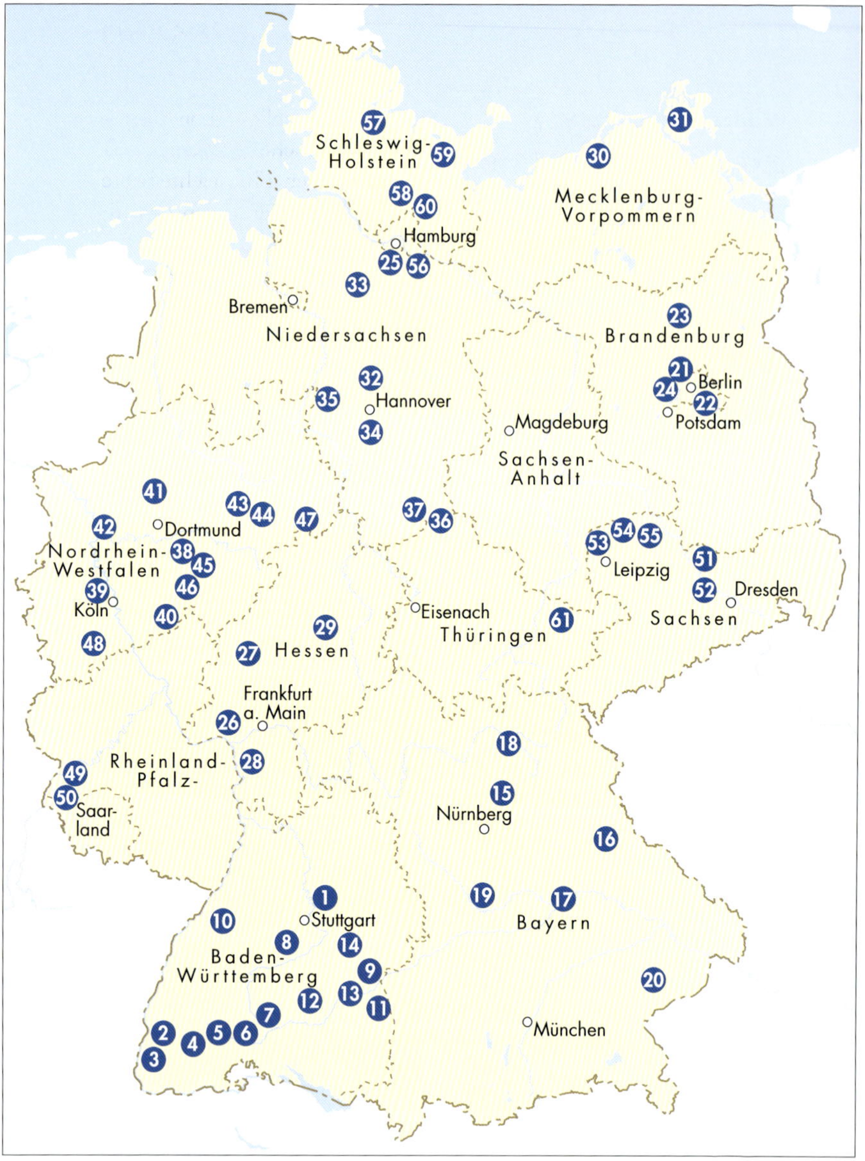

4 Veringenstadt
Landkreis Sigmaringen

Die steinzeitlichen vier Wohnhöhlen – Annakapellenhöhle, Göpfelsteinhöhle, Schafstall und Nikolaushöhle – sind bedeutende archäologische Denkmäler im süddeutschen Kulturraum. Die Höhlen geben insgesamt u. a. ein Zeugnis ab vom Bestand der Tierwelt, etwa den Rentieren.

Tipp: Eine Auswahl der Funde ist im städtischen Heimatmuseum von Veringenstadt zu besichtigen.

www.veringenstadt.com

5 Munzingen – eine Rentierjägerstation

Munzingen und die Ortsteile Oberrimsingen und Niederrimsingen sind nicht nur ein Tipp für Weinkenner, sondern auch in punkto prähistorischer Rentierspuren am Oberrhein höchst aufschlussreich. Schon um 1840 wurden dort in einem Hohlweg Feuersteinsplitter und Knochenreste von Rentieren gefunden.

Wer auf der Höhe der ***Ehrentrudiskapelle*** hinaus ins Land schaut, dem wird rasch erklärbar, warum damals die Rentierjäger sich diese Lage für das Jagen ausgesucht hatten: Am warmen Südhang gelegen, hatten sie ihre Höhlen und konnten im Rundumblick schon frühzeitig die vorbeiziehenden Rentierherden ausmachen. Eine leichte Beute also für Jäger. Die wissenschaftlichen Ausgrabungen und Analysen haben zudem ergeben, dass bei den Knochenresten bei Munzingen etwa 40 Rentiere gefunden wurden. Prozentual liegen dabei die Rentiere bei 65 Prozent am höchsten – bezogen auf alle Tierrestfunde (u. a. Wildpferde und Mammut).

Ehrentrudiskapelle bei Munzingen

www.badische-seiten.de

6 Engen und der Eiszeitpark am Petersfelsen

In Engen lädt die romantische Altstadt mit ihrem südländischen Flair zum Bummeln und Verweilen ein. Für alle, die wissen wollen, wie ihre Vorfahren gelebt haben, dem sei der ***Eiszeitpark Engen*** empfohlen; er liegt eingebettet im Brudertal etwa 3 km östlich der Stadt. Es wurde versucht, die damaligen Lebensverhältnisse möglichst originalgetreu zu rekonstruieren. Hanglagen des Brudertals wurden abgeholzt und systematisch mit eiszeitlichen Gewächsen bepflanzt. Silberwurz, Küchenschelle, Preisel-, Moos- und Heidelbeere, Wacholder, Sanddorn und Weide spielten bei der Ernährung und medizinischen Versorgung der Eiszeitmenschen eine wichtige Rolle. Schautafeln erläutern Beutetiere und Jagdtechniken, weitere Nutzpflanzen oder Wissenswertes

Im Eiszeitpark Engen, links der Petersfelsen

über die Herstellung von Kleidung und Werkzeugen. Zu verdanken ist der Eiszeitpark Engen archäologischen Grabungen in den 20er-Jahren (durch Oberpostrat *Eduard Peters*) und in den 70er-Jahren des letzten Jahrhunderts. Im Brudertal, Namensgeber des gleichnamigen Felsens im Brudertal, wurden alleine mehr als 2.000 Nähnadeln aus Knochen gefunden. – Wer sich ein noch genaueres Bild verschaffen will, der sollte die Dauerausstellung ***Rentierjäger im Brudertal*** im Städtischen Museum des ehemaligen Dominikanerinnen-Klosters St. Wolfgang besuchen.

Kulturamt Engen
Hauptstraße 11
78234 Engen
✆ +49 7733 502-0
www.engen.de

Petersfelstage

Das Kulturamt der Stadt Engen veranstaltet in zweijährigem Rhythmus jeweils an einem Wochenende Anfang September im Eiszeitpark die Petersfelstage. Experimentelle Archäologen und professionelle Animateure demonstrieren an diesen Tagen eiszeitliche Techniken und Überlebensstrategien und laden die Besucher – Erwachsene und Kinder – zum Mitmachen ein. Ein Höhepunkt ist der für alle offene Speerschleuderwettbewerb.

Nach der Autobahnabfahrt Engen (A 81) finden die Familien nach etwa 500 Metern auf der rechten Seite einen Parkplatz. Von dort aus ist der Weg zum Eiszeitpark ausgeschildert.

7 Bad Schussenried und das Rentierjägerlager

Sehenswert ist das ***Kloster Schussenried***, das 1183 von Prämonstratensern an der oberen Schussen gegründet wurde. An der Quelle der Schussen wurde 1866 ein Lager späteiszeitlicher Rentierjäger ausgegraben. Die Entdeckung der ersten altsteinzeitlichen Fundstelle Mitteleuropas lieferte erstmals sichere Beweise dafür, dass steinzeitliche Jäger in der Tundra des eiszeitlichen Mitteleuropa leben und überleben konnten. **www.bad-schussenried.de**

Herrliche Malereien im Kloster Schussenried – aber kein Abbild von Rentieren ...

8 Bad Buchau

Seit 2004 gibt es eine neue Anlaufadresse für Archäologie-Gourmets: den neuen ***ArchäoPark Federsee***. Unter dem neuen Namen verbergen sich alte Bekannte: das renommierte ***Federseemuseum*** und die frisch ausgebaute Bachritterburg Kanzach. Durch den Zusammenschluss spannt sich das Zeitfenster des ArchäoParks von der Altsteinzeit bis zum späten Mittelalter. Ein Teil der Ausstellung widmet sich der Rentierjagd in der eiszeitlichen Tundra. Die frühesten Besiedlungsspuren am See und seiner Umgebung sind etwa 16.000 Jahre alt. So wird u. a. erklärt, warum gerade das Rentiergeweih für die Menschen der späten Altsteinzeit neben dem Werkstoff „Stein" so wichtig war.

ArchäoPark Federsee
August-Gröber-Platz 2
88422 Bad Buchau
✆ +49 7582 83 50
www.federseemuseum.de

9 Das Lonetal und Eiszeitheld Rulaman

Die Lonetaler Wanderspatzen e.V. haben im Lonetal den permanenten Wanderweg „Auf den Spuren von Rulaman" angelegt. Rulaman ist die steinzeitliche Hauptfigur in dem gleichnamigen Jugendroman des Schriftstellers *David Friedrich Weinland* (1829 – 1915) aus dem 19. Jahrhundert.

Rundwanderweg Lonetal – Der durchgängig beschilderte Weg startet in Stetten beim Gasthof „Zum Mohren" und führt auf einer Länge von 10 km (3 Std.) über die Vogelherdhöhle durchs Lonetal, vorbei am Hohlen Stein nach Lindenau mit dem Kleinmuseum „Höhle des Löwenmenschen" und oberhalb des Lonetals zurück nach Stetten.

www.lonetaler-wanderspatzen.de

In Grabenstetten, 8 km nordöstlich von Bad Urach, begegnet man auf Schritt und Tritt dem Steinzeithelden ***Rulaman***. Als vor einigen Jahren für die dortige Grundschule ein Name gesucht wurde, entschied man sich für „Rulaman-Schule".

⑩ Baden-Baden

Der berühmte Jugendbuchautor *David Friedrich Weinland* weilte auch in der Bäderstadt Baden-Baden. 1882 erwarb er das Haus Stephanienstraße 16. Befreundet war Weinland mit *August Graf Bose*, einem Naturwissenschaftler von Weltrang, der gegenüber von Weinland in einem Palais wohnte.

Buchtitel „Rulaman" (1993) von David Friedrich Weinland

⑪ Archäopark Vogelherd

Seit Mai 2013 können die Besucher in die Lebenswelt der Eiszeitjäger am originalen und authentischen Fundort eintauchen. Dazu wurden im Freigelände entsprechende Ak-

Rulaman – Eiszeitheld mit Rentieren: „Es war eine Zeit – fragt nicht, vor wie viel tausend Jahren, niemand weiß es –, da war ein Meer, wo heute die Schwäbische Alb sich erhebt", so beginnt der Eiszeitroman „Rulaman" von David Friedrich Weinland. „Es war ein Menschengeschlecht, das in Aussehen, Bau und Sprache uns ganz unähnlich war, dem heutigen Lappländer zu vergleichen, wohl von derselben Rasse, nur wilder als dieser. Es war ein raues Jägervolk, ohne Haustiere und ohne Metall, das mit Feuerstein- und anderen Stein- und Holzwaffen den Höhlenbären bekämpfte und von seinem Fleisch, von dem der Renntiere, von Fischen, Wurzeln und Beeren sich nährte. Das war die Eiszeit."

Hohle Fels, Außenansicht

tionsflächen geschaffen. In einer Dauerpräsentation mit Erlebnisangeboten können sich die Besucher selbstständig oder in geführten Begehungen auf Entdeckungstouren in die Welt der eiszeitlichen Rentierjäger begeben.

Archäopark Vogelherd
Am Vogelherd 1
89168 Niederstotzingen-Stetten
✆ +49 7325 95 28 00 0
www.archaeopark-vogelherd.de

Rentier-Tour durchs Lonetal: Die landschaftlich reizvolle und abwechslungsreiche Tour führt zu vorgeschichtlichen Fundstätten von Rentierfragmenten. Die etwa 16 km lange Wanderung (Abkürzungen sind möglich) beginnt und endet in Setzingen. Rentier-Freaks sollten auf dem Weg an der Bocksteinhöhle, dem Hohlen Stein und der Vogelherdhöhle Station machen. **www.lonetal.net**

12 Siebenlinden
(bei Rottenburg)

1987 wurde bei Bauarbeiten im Rottenburger Industriegebiet Siebenlinden eine eisenzeitliche Siedlung entdeckt. Bei späteren Grabungen 1990 wurden schließlich noch weitere Siedlungsspuren aus der Hallstatt- und La-Tène-Zeit gefunden; außerdem fanden sich jungsteinzeitliche Reste. Bemerkenswert ist, dass in einem Bereich der Grabungen von Siebenlinden zwei Fragmente vom Mittelfuß (Metatarsus) eines Rentieres (Rangifer tarandus) entdeckt wurden, die sich wieder aneinander passen ließen. Durch die Datierung des Knochens konnte bewiesen werden, dass er aus dem Mesolithikum (Mittelsteinzeit ca. 9.600 v. Chr.) stammt. Dies ist der einzige unzweifelhafte Nachweis dafür, dass in Mitteleuropa vereinzelt Rentiere bis ins Holozän überlebt haben.

www.denkmalpflege-bw.de

Ein seltener Anblick: Die Lone unweit der Vogelherdhöhle führt Wasser.

13 Die Geisterhöhle

Ein schöner ***Höhlen-Tipp***: Ein 6 Meter hoher Eingang und ein herrlicher Blick auf das Donautal, das bietet die Geisterhöhle (Rechtensteiner Höhle): Sie hat vier parallel verlaufende Gänge mit Wandtropfsteinen. Ausgrabungen ergaben Funde aus der Römerzeit, in tieferen Fundlagen Knochen von Rentieren und Höhlenbär. Das Naturdenkmal befindet sich im GeoPark Schwäbische Alb.

Bürgermeisteramt
Braunselweg 2, 89611 Rechtenstein
✆ +49 7375 244
www.rechtenstein.de

Wandertipp: Lautertal – Donautal – Braunsel. Start/Ziel: Unterwilzingen. Gehzeit für die gesamte Strecke mit 13 km etwa 3 Std.

14 GeoPark Schwäbische Alb

Im wohl höhlenreichsten Gebiet Deutschlands gibt's rund ***2.600 bekannte Höhlen***. Einige der schönsten und interessantesten davon finden sich am südlichen Rand der Alb und im Urtal der Donau. Für Rentierfunde sind markant: Lonetal und etwa die Große Grotte (im Blautal).

www.tourismus.alb-donau-kreis.de
www.geopark-alb.de

BAYERN

15 Wildpark Hundshaupten

Mitten in der Fränkischen Schweiz gelegen, präsentiert sich der Wildpark auf einem 40 ha großen Waldgelände. Im Unterschied zu her-

Große Grotte, Innenpanorama, Blautal

kömmlichen Zoos wollte man bei der Gründung durch *Freifrau Gudila von Pölnitz* anno 1971 das Wild nicht nur innerhalb kleinerer Umzäunungen zeigen, sondern eher großflächig wie in der freien Natur präsentieren. Heute sind auf dem waldreichen Gelände u. a. Wildschweine, Mufflons, Steinböcke, Gemsen, Wisente und natürlich Rentiere – diese sogar im Logo des Parks – zu sehen.

Wildpark Hundshaupten
Hundshaupten 62
91349 Egloffstein
+49 9197 241
www.hundshaupten.de

16 Bayerwald-Tierpark Lohberg

Die Gemeinde Lohberg liegt in der Mitte des Bayerischen Waldes am Fuße der Bayerwaldberge Osser und Arber. Neben der Glaskunst und den Wandermöglichkeiten gibt es auch den Bayerwald-Tierpark Lohberg, in dem die heimische Tierwelt des bayerisch-böhmischen Grenzgebietes mit über 400 Tieren in 100 Arten auf einer Fläche von 10 Hektar erlebt werden kann. Im Themenbereich „Eiszeit" mit einem Rentierhaus tummeln sich auch die nordischen Paarhufer – für die man hier übrigens auch eine ***Rentier-Patenschaft*** übernehmen kann.

Schwarzenbacher Straße 1 a
93470 Lohberg
+49 9943 81 45
www.bayerwald-tierpark.de

17 Urgeschichtliches Felsenhäusl-Museum Essing

Es ist zwar ein kleines Museum, hat aber in punkto Prähistorie doch einiges zu bieten. Etwas ganz Besonderes stellt der Ausstellungsraum dar, da er gleichzeitig die Fundstelle der ur- und frühgeschichtlichen Gegenstände ist. Knochen eiszeitlicher Tiere und Steinwerkzeuge vom Neandertaler und von jüngeren Eiszeitjägern fanden sich in Felsüberhängen und kleinen Höhlen an der Felsrückwand der Gebäude. Zahlreiche Knochenreste u. a. vom Mammut, Nashorn, Riesenhirsch, Wildpferd und Rentier sind von der Höhlenhyäne in ihren „Horst" getragen worden.

Felsenhäusle-Museum in Essing

Felsenhäusl 1
93343 Essing
✆ +49 9447 5 65
www.fossiliensammeln.de

⑱ Kleine Teufelshöhle bei Pottenstein
(Fränkische Schweiz)

Mit über 1.000 Höhlen gibt es auf dem kleinen Gebiet der Fränkischen Schweiz ***die meisten Höhlen auf der Welt***. Die Teufelshöhle wird auf ein Alter von 37.000 Jahre datiert. Bemerkenswert sind in dieser Höhle, in der übrigens das älteste Höhlenlabor Deutschlands untergebracht ist, Funde, zu denen neben Höhlenbären auch Rentiere zählen.

Pegnitzer Straße 100
91278 Pottenstein
✆ +49 9243 208
www.teufelshoehle.de

⑲ Eichstätt (Altmühltal)

Im Museum für Ur- und Frühgeschichte auf der Willibaldsburg wird die Entwicklungsgeschichte der Region von der Steinzeit bis zum Frühmittelalter gezeigt. Einen Schwerpunkt bildet der Raum mit den Tierskeletten von Mammut, Höhlenhyäne und Rentier.

Ingolstädter Straße 32
85072 Eichstätt
✆ +49 8421 89450
www.eichstaett.info

⑳ Grafenau, Ludwigsthal und Steinzeithöhle

Grafenau ist Sitz der Nationalparkverwaltung und „Tor zur grenzenlosen Waldwildnis". Rund um die Bayernwaldberge Lusen, Rachel und Falkenstein erstreckt sich entlang der tschechischen Grenze der Nationalpark ***Bayerischer Wald***. Bei Ludwigsthal gibt es eine rekonstruierte Steinzeithöhle; dort kann man nachvollziehen, dass einst in Bayern Rentiere, Auerochsen und Wisente heimisch gewesen sind. Die Nachbildung eines Ausschnitts der berühmten ***Bilderhöhle von Chauvet***

Rekonstruierte Steinzeithöhle in Ludwigsthal

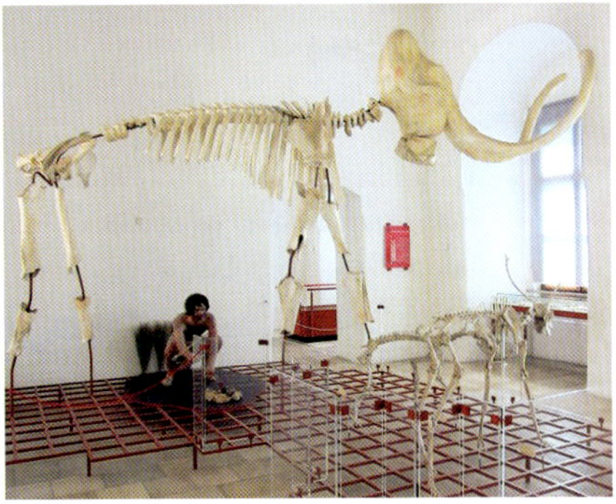

Im Eichstätter Museum für Ur- und Frühgeschichte

(s. S. 40) im Ardèche-Tal öffnet ein Fenster in die Vergangenheit. Mit einem Wildfreigehege wird zudem eine lebendige Brücke zwischen dem Eiszeitalter und der Gegenwart geschlagen.

nationalpark-bayerischer-wald.de

BERLIN/BRANDENBURG

„Ich bin ein Berliner". Dieses berühmte Zitat sagte *John F. Kennedy* am 26. Juni 1963 vor dem Rathaus Schöneberg in Berlin anlässlich des 15. Jahrestags der Berliner Luftbrücke und des ersten Besuchs eines US-Präsidenten nach dem Mauerbau im Jahr 1961. Rentiere würden dem sicher beipflichten, denn sie waren gemeinsam mit den Rentierjägern ***„die ersten Berliner***". Wie kam es dazu? In den Texten zur Sonderausstellung „Eiskalt – Die Eiszeit in Berlin" (– Feb. 2011) der Naturwissenschaftlichen Sammlung, Stadtmuseum Berlin, ist festgehalten: „Die frühe Besiedlung des Berliner Raums ist eng mit der Klimageschichte der Region verbunden. Die ersten Hinweise auf menschliches Leben stammen aus der Zeit der Neandertaler. Während einer späteiszeitlichen Warmphase ließen sich Menschen auch in Brandenburg nieder. Hoch spezialisierte Waldjäger verfolgten hier das Wild vom Hund begleitet erstmals mit Pfeil und Bogen. In der darauf folgenden Kaltphase breitete sich dagegen wieder eine Tundra mit großen Rentierherden aus. Für ein Jahrtausend kamen Rentierjäger nach Brandenburg, deren Kultur ganz auf das Leben im Permafrost angepasst war. Bei ihren jahreszeitlichen Wanderungen schlugen sie auch am ***Tegeler Fließ*** in Berlin regelmäßig ihr Lager auf ..."

21 Zoo Berlin

Auch der Berliner Zoo hält eine Zuchtgruppe der seltenen Waldrentiere. Diese sind im Vergleich zum oft gezeigten Hausrentier, das zirkumpolar die nördlichen Erdteile besiedelt, sehr viel langbeiniger und auch kontrastreicher gezeichnet.

Zoologischer Garten Berlin AG
Hardenbergplatz 8, 10787 Berlin
+49 30 25 40 10
www.zoo-berlin.de

„Mr. Ed": Der im Arnheimer Zoo geborene Waldren-Hirsch beglückte ein Damenrudel im Berliner Zoo, bis er mit einem Hirsch der Magdeburger Junggesellengruppe zu tauschen hatte, die Teil des europaweiten Zuchtprogramms zum Erhalt der bedrohten Skandinavier ist.

22 Heimatmuseum Reinickendorf

1961 wurden am Tegeler Fließ Ausgrabungen durchgeführt. Zu Tage kamen Spuren menschlichen Lebens vor etwa 10.000 Jahren. Diese Funde früher Jäger- und Sammlerkulturen werden im Heimatmuseum in Vitrinen, Objekten und Modellen präsentiert. Ein ***Rentierjäger-Modell*** zeigt eine Jagdszene am Tegeler Fließ in der damals noch kargen Landschaft. Das verkleinerte

Auf der Rentierfarm von Thomas Golz

nachgebaute Nomadenzelt veranschaulicht die Form der Siedlungstätigkeit.

Alt-Hermsdorf 35
13467 Berlin
+49 30 404 40 62
heimatmuseum-reinickendorf.de

23 Kleptower und die Weihnachtstiere

Auf 30 ha tummeln sich über 20 Rentiere auf der Farm von *Thomas Golz* (s. S. 194). Er sei „mit der erste Rentierzüchter in Deutschland", erklärt er. Seine Tiere waren schon TV-Stars, etwa im „Quiz der Tiere" mit *Frank Elstner*. Golz weiß, dass der Transport der Rentiere nach Deutschland und die Aufzucht Probleme mit sich bringen, wenn diese nicht artgerecht verlaufen.

Kleptow 29, 17291 Schenkenberg
+49 398 543 76 49
www.wild-golz.de

Übernachtungen bei den Elchen oder Rentieren im eigenen Zelt, Wohnmobil oder Wohnwagen sind möglich. Bitte vorher anfragen!

24 Rentierjäger an der Lausitz

Vetschau im Spreewald mutet fast wie eine moderne Sportarena an. Doch bei genauerem Augenschein entpuppt sich das dortige imposante Gebilde als wehrhafte Burganlage, die in erster Linie aus Stämmen, Ästen, Lehm und Erde gefertigt und zusammengesetzt ist. Die originalgetreue Rekonstruktion bildet jene ***Burg Raddusch*** nach, wie sie die Slawen vor über 1.000 Jahren an selbiger Stelle erbaut hatten. Sie diente der Bevölkerung als Fluchtburg vor germanischen Eroberern. Hinter den Holzwänden befindet sich ein modernes Museum, in dem die Siedlungsgeschichte der letzten 12.000 Jahre und von Rentierjägern in der Region an der Lausitz erzählt.

Slawenburg Raddusch
Zur Slawenburg 1
O.T. Raddusch
03226 Vetschau/Spreewald
slawenburg-raddusch.de

Slawenburg Raddusch

HAMBURG

Hagenbeck, Völkerschau und Rentiere

Carl Hagenbeck (1848–1913) war nicht nur Begründer des Hamburger Tierparks, sondern zugleich Pionier in punkto moderne Zoogestaltung. Er war der Erste, der anstatt Gittern Wassergräben benutzte, um Mensch und Tier zu „trennen“. Mit dieser artgerechteren Art der Präsentation ahmte er eine scheinbar authentische Wildnis nach. Umstritten war der Zoodirektor hingegen durch seine so genannten „***Völkerschauen***“, in denen er ethnische Völker dem einheimischen Publikum vorstellte. Im Rahmen seiner ersten Präsentation war der hohe Norden mit sechs Sami und 30 Rentieren vertreten. Hagenbeck schreibt dazu in seinem Buch „Von Tieren und Menschen“ über die erste Begegnung mit den Tieren bei der Abholung im Hamburger Hafen: „Auf Deck spazierten drei männliche Mitglieder der Truppe, kleine, gelb-

Lappländer, Zeichnung aus dem Buch Carl Hagenbeck, 1909

braune, in Felle gekleidete Leute. Im Zwischendeck drückte eine Mutter ihren Säugling zärtlich ans Herz ... Die Rentiere waren auf der Straße ungebärdig und wollten sich nicht führen lassen ...“ – Bei der ersten Völkerschau 1874 mussten drei Sami ihre Rentiere mit dem Lasso einfangen, ihre Zelte auf- und abbauen und den Umgang mit einem Rentier dem staunenden Publikum zeigen.

Tierpark Hagenbeck
Lokstedter Grenzstraße 2
22527 Hamburg
✆ +49 40 53 00 33-0
www.hagenbeck.de

25 Hirschpark Hamburg

Der Hirschpark im Hamburger Stadtteil Nienstedten bei Blankenese ist einer der schönsten Parks,

Hamburg, Blankenese

in dem sich Hirsche und Rentiere in grüner Landschaft tummeln können. Ein lohnenswertes Ausflugsziel für Tierfreunde und Familien mit Kindern (es gibt einen schönen Spielplatz) zwischen Elbchaussee, Mühlenberg, Am Hirschpark und Blankeneser Kirchenweg.

www.hamburg.de
(Rubrik: Parkanlagen)

HESSEN

26 Mosbacher Sanden
(bei Wiesbaden)

In den Mosbacher Sanden (Ablagerungen des Rheins, Mains und Taunusbächen) wurde eine große Anzahl von Fossilien aus dem Alt- und Mittelpleistozän (Epochen des Eiszeitalters) gefunden. Die ältesten Funde sind mehr als 890.000 Jahre alt, die meisten Funde sind nur wenige 100.000 Jahre jünger. So hat man beispielsweise in den Schichten Mosbach I und III eine Übergangsfauna mit Tieren eines eher atlantisch geprägten Klimas (Flusspferde) und denen eines eher kontinental beeinflussten Klimas (Steppenelefant, Rentier, Moschusochse) gefunden. 1960 konnte in den Sanden ein Rentier-Schädelbruchstück mit Stangen geborgen werden.

Die ***Naturhistorische Landessammlung*** in Wiesbaden und das ***Naturhistorische Museum Mainz*** beherbergen eine große Fossilien-Sammlung aus den so genannten Mosbacher Sanden.

Naturhistorisches Museum Mainz
Reichklarastraße 1, 55116 Mainz
✆ +49 6131 12 26 46
www.naturhistorisches-museum.mainz.de

Museum Wiesbaden
Naturhistorische Sammlungen
Friedrich-Ebert-Allee 2
65185 Wiesbaden
✆ +49 611 3350
www.mwnh.de

27 Die Höhlen von Steeden (bei Limburg)

In der nach Südwesten offenen Wildscheuerhöhle konnten Knochenfragmente in der Schicht II geborgen werden, darunter Pferd, Rentier, Höhlenhyäne, Wolf und Fuchs. Die Höhlen fielen mitsamt dort noch liegender steinzeitlicher Fundstücke in den 1950er-Jahren dem Kalkabbau zum Opfer.

www.mwnh.de/samm040.html

28 Erfelden Heimatmuseum (Kreis Groß-Gerau)

Eine sehenswerte und außerordentlich reiche Sammlung von Zeugen der diluvialen Tierwelt mit Höhlenbären, Mammut, Rentier und Auerochs hat der ehemalige Bürgermeister *Philipp Schäfer* (1893 – 1974) in dem Erfelder Heimatmuseum zusammengetragen und ausgestellt.

Philipp Schäfer II Museum
Wilhelm-Leuschner-Straße 28
64560 Riedstadt-Erfelden
✆ +49 6158 18 57 74
www.museen-in-hessen.de

29 Naturkundemuseum Kassel

Im Ausstellungsbereich „Eiszeit" im ersten Obergeschoss erwartet die Besucher eine große, begehbare Lebensraum-Inszenierung mit Tieren, die damals in unserer Gegend lebten. Den Eingang bildet eine Höhle, in der sich ein fast 3 m großer Höhlenbär versteckt. Über das Thema „Einwanderung früher Menschen nach Europa" und einen Vergleich vom modernen Menschen mit dem Neandertaler geht es vorbei an einer

Das Ottoneum ist als erstes feststehendes Theatergebäude Deutschlands errichtet worden und wird heute als Naturkundemuseum genutzt.

Hyäne, die ihre „Knochensammlung“ bewacht, in die Mammutsteppe. Hier warten Rentier, Wildpferd, Moschusochse und Mammuts. Übrigens: Das Rentier hat *Renrajd-Uwe* (s. S. 115) aus Lappland besorgt und präparieren lassen.

Naturkundemuseum im Ottoneum
Steinweg 2, 34117 Kassel
✆ +49 561 7870
naturkundemuseum-kassel.de

MECKLENBURG-VORPOM.

30 Rentierjäger bei Velgast

Sightseeing und Kultur bietet die Urlaubsregion zwischen Kühlungsborn und Stralsund. Sand wie in der Südsee, Möwen, die sich vom Wind tragen lassen, dazu die Weite des Meeres und die Schätze, die das ***Bernsteinmuseum*** in Ribnitz-Damgarten aus dem Grund des baltischen Meeres präsentiert. Hier kann man sich's gut gehen lassen. Das müssen auch die Rentierjäger hier vor 12.000 Jahren so gesehen haben. Wie *Dr. C. Michael Schirren* vom Landesamt für Kultur- und Denkmalpflege über den „Fund des Monats Juli 2010“ berichtet, habe man Rentierjägerfunde in der Region lange gesucht und schließlich in Velgast (30 km östlich von Ribnitz-Damgarten) entdeckt.

Tipp: Deutsches Bernsteinmuseum Ribnitz-Damgarten. An historischem Ort, dem Kloster Ribnitz, können in einer einzigartigen Ausstellung an 1.600 Exponaten Aspekte der Natur- und Kulturgeschichte des Baltischen Bernsteins nachvollzogen werden. Besondere Attraktionen sind einmalige Bernsteineinschlüsse und wertvolle Bernsteinkunstwerke des 16. und 17. Jh. sowie künstlerische Bernsteinarbeiten der Gegenwart.

Im Kloster 1
218311 Ribnitz-Damgarten
✆ +49 3821 81 45 56
deutsches-bernsteinmuseum.de

Café im Deutschen Bernsteinmuseum und baltischer Bernsteinfund – mit 3.448 Gramm der größte Oberflächenfund des 20. Jahrhunderts

Die Seebrücke, Wahrzeichen des Ostseebades Sellin auf Rügen. Die Insel ermöglicht zudem treffliche prähistorische Touren.

31 Rentierfunde auf Rügen

Auf der größten deutschen Insel lebten vor etwa 11.000 Jahren Rentierjäger. Funde von zwei bearbeiteten Rentiergeweihstangen Anfang des 20. Jahrhunderts im ***Garzer Moor*** belegen dies. 2005 wurde sogar ein Rentiergeweih am Strand gefunden, das auf etwa 13.000 Jahre datiert werden konnte. Archäologin *Dr. Katrin Staude* vom Unternehmen ArchäoTour Rügen erklärt dazu u. a.: „Für Rügen können schon zur Zeit der Hamburger Kultur episodische Streifzüge der Rentierjäger nördlich der Pommer'schen Eisrandlage angenommen werden. Konkreter wird die älteste Besiedlung Rügens jedoch erst in der anschließenden kurzen Erwärmungsphase (ca. 11 400 bis 10 730 v. Chr.), in der sich erste Wälder aus Birke und Kiefer auf Rügen ausbreiteten. In dieser Phase sind Einzelfunde der Federmesser-Gruppen Zeugnisse der ersten spärlichen Spuren der Anwesenheit von Menschen auf Rügen, wozu der Fundplatz Streu im Nordwesten zählt. Weitere Fundplätze, die der folgenden Stielspitzen-Gruppe vom Ahrensburger Typ zuzuweisen sind, bestehen in den Fundplätzen Venz (Knochenharpune Venzer Moor), Bergen (Stielspitzen), Garz (Rengeweihe) und Stedar."

Archäologische Wandertipps: www.archaeo-tour-ruegen.de

Der „Rasende Roland" auf Rügen

NIEDERSACHSEN

32 Wildpark Lüneburger Heide

Hier leben auf über 60 ha 140 Tierarten mit über 1.200 Tieren innerhalb der ursprünglichen Landschaft der Nordheide. Das einmalige Artenspektrum beheimatet fast alle in Deutschland angesiedelten Wildtiere. Darüber hinaus leben auch Tierarten aus den nördlichen Breiten Asiens und Amerikas im Wildpark wie etwa Schneeleoparden, Polarfüchse, Moschusochsen, Kodiakbären, Schneeziegen, Elche, Luchse, Waschbären, Wapitis, Rentiere, Polarwölfe und Timberwölfe.

Am Wildpark
21271 Nindorf-Hanstedt
✆ +49 4184 89 39 0
www.wild-park.de

33 Bremervörde

Im Landkreis Rotenburg (Wümme) liegt das Städtchen Bremervörde mit seinem idyllisch gelegenen ***Bachmann-Museum für Regionalgeschichte***. Im über 400 Jahre alten ehemaligen Kanzleigebäude bietet die umfangreiche Dauerausstellung zu Geologie, Archäologie und Moorentwicklung einen Überblick zur Regionalgeschichte. Zu sehen sind u. a. Millionen Jahre alte Walskelette, Versteinerungen und Mammutknochen der Eiszeit, Rentier-Artefakte und archäologische Jagdfunde. Neben dem Museum befindet sich ein rekonstruiertes Steinzeitdorf, in dem an Aktionstagen oder nach Anmeldung das Leben der steinzeitlichen Rentierjäger und Sammler erlebt werden kann.

Bachmann-Museum Bremervörde
Amtsallee 8
27432 Bremervörde
✆ +49 4761 98 34 60 3
www.bachmann-museum.de

34 Yukon-Karibus im Zoo Hannover

Karibus sind im Tiergarten Hannovers zu Hause, im 22.000 m² umfassenden Themenbereich ***Kanadalandschaft Yukon Bay***, der 2010 eröffnet wurde. Die Abenteuerlandschaft ist die Heimat für Eisbären,

Themenbereich „Yukon Bay", Zoo Hannover

Karibus und Wölfe im Themenbereich „Kanadalandschaft Yukon Bay“

Vom Baumpfad lassen sich die Rentiere trefflich beobachten.

Wölfe, Bisons, Präriehunde und die in Europa einzigartigen Karibus und nördlichen Seebären. Die „Reise“ nach Yukon Bay führt durch einen alten Bergwerkstollen, der in eine beeindruckende Taigalandschaft mündet. Hier lebt ein Rudel Wölfe, in direkter Nähe grasen Karibus und Waldbisons – Kanada-Feeling pur. Den Spuren der Goldgräber folgend, geht es in die quirlige Hafenstadt Yukon Bay mit kanadisch bunten Holzhäusern. Brüllende Seebären schwimmen im Hafenbecken, die Meeresbucht wird von drei jungen, verspielten Eisbären bewohnt.

Erlebnis-Zoo Hannover
Adenauerallee 3
30175 Hannover
✆ +49 511 28 07 41 63
www.zoo-hannover.de

35 Zoo Osnabrück

Seit 2011 gibt es im Zoo Osnabrück einen ***Baumpfad***, auf dem sich im so genannten „Kajanaland“ die Tiere des Nordens beobachten lassen. Der Name der neu gestalteten Tierwelt ist die schwedische Bezeichnung für die finnische Region „Kainuu“, wo auch einige der acht Tierarten des Osnabrücker „Kajanalands“ beheimatet sind. Die hügelige, waldige Lage bildet eine natürlich gewachsene Kulisse für die nordische Tierwelt. So können die Besucher in einer Höhe von bis zu 6 Metern u. a. Rentiere beim Fressen beobachten.

Zoo Osnabrück
Klaus-Strick-Weg 12
49082 Osnabrück
✆ +49 541 95 10 50
www.zoo-osnabrueck.de

36 Der Harlyberg bei Vienenburg

Der Harlyberg, kurz „Harly“, ist ein Höhenzug in der Nordharz-Landschaft bei Vienenburg. Ein herrliches Wandergebiet, das auch Bezüge zur Steinzeit und zu Rentierjägern aufweist. So wurden in der Alt-, Mittel- und Jungsteinzeit u. a. Auerochsen, Bisons und Rentiere gejagt.

www.ausflugsziele-harz.de

37 Wandern auf Rentierjäger-Pfaden
(Landkreis Osterode)

Oberhalb Scharzfeld liegt die ***Burgruine Scharzfels***, welche in engem Zusammenhang mit dem um 950 gegründeten Kloster Pöhlde steht und 1131 erstmalig urkundlich erwähnt wird.

Unweit der Burg Scharzfels befindet sich die ***Einhornhöhle***, die im Zechsteindolomit entstanden ist und eine Gesamtlänge von 600 m aufweist. Die Höhle wurde jahrhundertelang von Knochensammlern aufgesucht. Unweit davon liegt die natürliche Klufthöhle Steinkirche, welche gegen Ende der Alt-Steinzeit Rentierjägern als Rastplatz diente. Aufschlussreich waren die großen Mengen von Tierknochen, die bei Ausgrabungen gefunden wurden. So u. a.: Pferd, Rentier, Bison und Eisfuchs. In christlicher Zeit baute man die Höhle zu einer Kirche um.

www.karstwanderweg.de/verein

NORDRHEIN-WESTFALEN

Zoos in Nordrhein-Westfalen

11 Zoos, 30.000 Tiere und 7 Millionen Besucher pro Jahr – das sind Zahlen, welche die Beliebtheit der nordrhein-westfälischen Zoos unterstreicht.

38 Zoo Wuppertal

Im Wuppertaler Zoo haben u. a. auch Rentiere ihr Revier.

Zoologischer Garten
der Stadt Wuppertal
Hubertusallee 30
42117 Wuppertal
+49 202 563 36 00
www.zoo-wuppertal.de

39 Neanderthal Museum

10 km nördlich von Hilden breiteten sich einst die Mammutsteppe und Tundra aus. Dort befindet sich das Neanderthal Museum, in dem die Besucher eine Zeitreise in die Vorgeschichte unternehmen können.

Neanderthal Museum (oben) und Nachbildung eines Neandertalers

Kids & Co wird hier u. a. das Steinzeitessen und seine Beschaffung der Neandertaler erklärt. Sie jagten Rentiere, Wildpferde oder Wisente und sammelten essbare Pflanzen, Beeren und Wurzeln.

Neanderthal Museum
Talstraße 300, 40822 Mettmann
✆ +49 2104 979 70
www.neanderthal.de

Die Dechenhöhle Iserlohn ist eine der meistbesuchten Schauhöhlen Deutschlands.

40 Das Deutsche Höhlenmuseum in Iserlohn

Das Museum im Stadtteil Grüne ist das ***größte deutsche Museum für Höhlenkunde***. Beim Rundgang kann man in der ***Dechenhöhle*** Infos rund ums Thema „Höhle" bekommen. In der dortigen eiszeitlichen Fauna nimmt das Rentier den Platz neben dem Höhlenbären ein.

Dechenhöhle und Deutsches Höhlenmuseum Iserlohn
Dechenhöhle 5
58644 Iserlohn
✆ +49 2374 714 21
www.dechenhoehle.de

Tipp: Ein Besuch der Dechenhöhle und des Deutschen Höhlenmuseums Iserlohn kann mit einer kurzen Rundwanderung (2 km; Gehzeit 1 Std.; 5 Stationen + Aussichtspunkte) durchs Naturschutzgebiet „Sonderhorst-Burgberg" mit seltener Kalkflora und mittelalterlicher Wallburganlage verbunden werden.

41 Wildpark Frankenhof

Der Wildpark Frankenhof bietet rund 500 Tieren ein Zuhause: Rentiere, Rothirsche, Europäische Wisente, Mufflons, Esel, Störche, Eulen, Zwergziegen, Wildschweine, Füchse, Dachse und Kaninchen sind nur einige davon.

Wildpark Frankenhof Reken
Frankenstraße 32, 48734 Reken
✆ +49 2864 17 15
www.wildpark-frankenhof.de

42 Zoom Erlebniswelt Gelsenkirchen

„Zoom" bietet großen und kleinen Besuchern interessante Einblicke in die Landschaften der Erde mit ihren unmittelbaren tierischen Bewohnern. So finden sich etwa in „Alaska" die vier Vegetationszonen des großen Vorbildes wieder: die üppige Pflanzenwelt des feucht-kühlen Küstenregenwalds, Nadelwälder der Tundra, wilde Felsformationen

Rentiere in der „Zoom Erlebniswelt"

der Bergregion und das ewige Eis der Polarregion. In der Tundra-Region haben die Rentiere ihr Zuhause gefunden.

Bleckstraße 64
45889 Gelsenkirchen
✆ +49 209 954 50
www.zoom-erlebniswelt.de

43 Lörmecketal am Hohlen Stein

Die Lörmecke ist ein Fluss, dessen Einzugsgebiet etwa 10 km^2 umfasst. Ausgrabungen im Hohlen Stein von *Eberhard Henneböle* und *Julius*

Kulturhöhle „Hohler Stein" im Lörmecketal bei Rüthen-Kallenhardt

Andree in den 20er- und 30er-Jahren des 20. Jahrhunderts erbrachten reiche Funde aus der späten Altsteinzeit sowie der vorrömischen Eisenzeit.

Bezüglich der Altsteinzeit benutzte eine Rentierjägergruppe den Hohlen Stein am Ende der Eiszeit als Jagdquartier. Sie stellten u. a. Jagdgeräte und Werkzeuge her, beispielsweise so genannte Stielspitzen, typische Feuerstein-Pfeilspitzen.

Das Lörmecketal war von den Rentierjägern genauso gut ausgewählt wie etwa der Taleinschnitt am ***Petersfelsen*** bei Engen (s. S. 323). Hier erwarteten sie die großen Herden im Frühjahr, wenn diese aus der Tiefebene auf die höher gelegenen Sommerweiden des Sauerlandes zogen. An der Engstelle, die der Hohle Stein im Lörmecketal bildet, konnten die Jäger schnell eine große Zahl Rentiere erbeuten.

Tipp: „FliessWege" – ein Themenwanderweg mit 12 Stationen. Gesponsert wurde dieser vielfältige Track von der Loermecke Wasserwerk GmbH. **www.fliesswege.de**

44 Bilsteinhöhle (Kreis Soest)

„Warsteiner" steht als Synonym für Biergenuss. Doch ***Warstein*** kann neben der kulinarischen noch mit einer kulturellen Attraktion aufwarten: der ***Bilsteinhöhle***, etwa 3 km südwestlich von Warstein im Naturpark Arnsberger Wald gelegen. Bei Ausgrabungen wurden sowohl vorgeschichtliche als auch paläontologische Funde gemacht. Knochenfunde zeugen u. a. von Höhlenbären, Höhlenlöwen sowie Rentieren.

Bilsteintal – Alte Jugendherberge
Im Bodmen
59581 Warstein
✆ +49 2902 27 31
www.bilsteintal.de

㊺ Balver Höhle

Die Höhle ist eine bei Balve gelegene ***Karsthöhle***, die heute hauptsächlich für kulturelle Veranstaltungen genutzt wird. Sie gilt als größte offene Hallenhöhle Europas. Urkundlich erstmals erwähnt wurde sie 1690. Nach Erstgrabungen in 1815 wurden noch zahlreiche Knochenreste eiszeitlicher Tiere sowie Steinartefakte gefunden, die Rückschlüsse auf das Klima der Eiszeit sowie die Lebensweise der steinzeitlichen Menschen und ihre Ernährung zulassen.

Festspiele Balver Höhle e. V.
Helle 2
58802 Balve
✆ +49 2375 10 30
www.balver-hoehle.de

Balver Höhle – heute und gestern (Postkarte, handkoloriert 1899)

46 Wasserschloss Werdringen (Hagen)

Das Wasserschloss beherbergt ein überregionales ***Museum für Ur- und Frühgeschichte***. Dort werden geologische und archäologische Funde verwahrt, die schon im 18. Jahrhundert in der Region entdeckt wurden. Im Eingangsbereich werden die Besucher von einer Dermoplastik (naturgetreue Nachbildung eines Tiermodells, das mit der gegerbten Originalhaut überzogen wird) eines Mammuts empfangen. Zu sehen sind weitere Dermoplastiken eines Wollhaarnashorns und eines Rentiers. Das nachgebildete Rentier ist deshalb im Wasserschloss zu sehen, weil es auf die archäologischen Untersuchungen hinweist, nach denen vor über 12.000 Jahren sehr viele Rentiere an Ruhr und Lenne lebten. Das Museum zeigt aus der späteiszeitlichen Rentierjägerzeit eine mit Geweihresten von über 500 Tieren gefüllte Vitrine. Diese Reste wurden in der ***Oeger-Höhle*** bei Hagen-Hohenlimburg gefunden. Wie die Geweihreste in die Höhle gelangten, ist immer noch ein großes Rätsel. Denkbar ist – so die bisherigen wissenschaftlichen Theorien –, dass die Überreste der Rentiere von Aasfressern, zum Beispiel von Höhlenhyänen, in die unwirtliche Felshöhle an der Lenne geschleppt wurden.

Wilhelm Riefstahl:
Schloss Werdringen um 1860

Wasserschloss Werdringen
Werdringen 1
58089 Hagen
✆ +49 2331 30 60
historisches-centrum.de

47 Externsteine und Rentierjägerlager

Von der westfälischen Stadt Paderborn sind es etwa 25 km bis in das kleine Horn-Bad Meinberg, wo ein Schild am Ortseingang auf „Sehenswürdigkeiten“ hinweist. Vom Parkplatz aus sind es dann nur ein paar 100 m, bis die Weglichtung eine markante, bis 40 m hochaufragende Felsformation, die „***Externsteine***“, freigibt. Sie zählen zu den bedeutendsten Natur- und Kulturdenkmäler Deutschlands und sind etwa vor 70 Millionen Jahre (v. Chr.) entstanden. Doch was diese Externsteine u. a. so bedeutend für die Rentier-Archäologie macht, ist die Tatsache, dass hier Menschen schon vor etwa 10.700 Jahren ihr Lager aufschlu-

Die Externsteine, ein bedeutendes Natur- und Kulturdenkmal. Hier schlugen auch die Rentierjäger ihr Lager auf.

gen. Als Belege dafür fanden Wissenschaftler Stein- und Jagdgeräte, wie sie von den Rentierjägern benutzt worden waren. Interessant sind die Funde deshalb, weil sie der so genannten „Ahrensburger Kultur“ (s. S. 148) zugeordnet werden konnten. Das bedeutet nämlich, dass die Rentierjäger dieser Kultur vom Norden bei Hamburg bis quasi in den Süden vor die Tore von Paderborn gekommen sein müssen. Immerhin eine Strecke von etwa 240 km.

www. hornbadmeinberg.de/ externsteine

Ausflugstipp: Archäologisches Freilichtmuseum in Oerlinghausen (nördlich von Horn). Hier erfahren die Besucher so manches über das Sommerlager eiszeitlicher Rentierjäger bis zur frühmittelalterlichen Hofanlage.

Archäologisches Freilichtmuseum Oerlinghausen
Am Barkhauser Berg 2-6
33813 Oerlinghausen
✆ +49 5202 22 20
www.afm-oerlinghausen.de

48 Kakushöhle, Nationalpark Eifel

In den Höhlen des Kartsteins lebten bereits vor 80.000 Jahren Menschen, wie archäologische Funde belegen, und vor etwa 12.000 Jahren machten hier ***Rentierjäger*** Rast. 1932 wurde die Gegend bereits Naturschutzgebiet. Die Kakushöhle ist heute Fauna-Flora-Habitat der Europäischen Gemeinschaft.

Rundwanderweg: Los geht es bei Mechernich-Dreimühlen in Richtung Kartsteinfelsen mit der Kakushöhle,

Wandern rund um und durch den Höhlenkomplex macht der ganzen Familie Spaß.

eine der größten offen begehbaren Höhlen in der Eifel. In einer Gedenkinschrift am südlichen Höhleneingang wird u.a. auch auf die Rentierjagd verwiesen. So ist dort zu lesen: „ ... die letzte Eiszeit, in der der Mensch gleichzeitig mit Höhlenbär, Mammut, Rhinozeros und Rentier lebte ...“ Auch Rollstuhlfahrer können zur Höhle gelangen. Der Weg vom Parkplatz ist ungefähr 150 m lang und stufenlos. Die Wegbreite beträgt an keiner Stelle weniger als 90 cm. Entlang des Weges gibt es einige Sitzgelegenheiten.

Touristik-Agentur Mechernich e.V.
Bergstraße 1, 53894 Mechernich
✆ +49 2443 49 43 21
www.mechernich.de

Im ***Römisch-Germanischen Museum*** in Köln sind die Funde der Kakushöhle ausgestellt.

Roncalliplatz 4
50667 Köln
✆ +49 221 221 24 438
www.museenkoeln.de

RHEINLAND-PFALZ

49 Andernach

Aus der Urzeit lassen sich durch zahlreiche Funde Siedlungstätigkeit nachweisen. Die älteste Fundstelle wurde im Stadtteil Miesenheim entdeckt. Ihr Alter wird mit rd. 500.000 Jahren angegeben. Sie gehört damit zu den ***ältesten Siedlungsfundstellen in Europa***. Nicht weniger eindrucksvoll sind die archäolo-

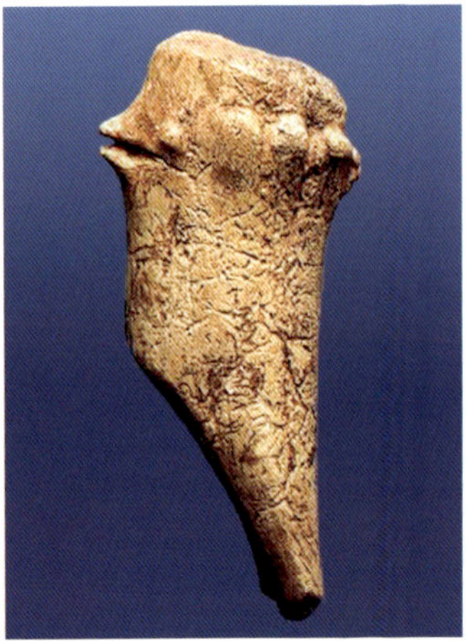

Vogeldarstellung aus Rentiergeweih, Andernach, Martinsberg

gischen Objekte, die auf dem ***Andernacher Martinsberg*** ausgegraben wurden. Hier hatten die Eiszeitjäger vor etwa 14.000 Jahren ein Lager aus zeltartigen Hütten errichtet. Neben zahlreichen Gerätschaften aus Knochen und Stein sowie Tierknochen fanden sich altsteinzeitliche Kunstwerke. Die auf Schieferplatten gravierten Tiere und Menschen lassen sich mit den Höhlenmalereien in Frankreich und Spanien vergleichen, so etwa der aus einem Stück Rentiergeweih geschnitzte Vogel (s. Abb. linke Seite).

Landesverband Rheinland (LVR)
Landes Museum Bonn
Colmantstraße 14
53115 Bonn
✆ +49 228 207 00
www.rlmb.lvr.de/museum/epochen

50 Gönnersdorf

Gönnersdorf ist eine wichtige altsteinzeitliche Freilandsiedlung am Nordrand des Neuwieder Beckens. Gravierte Schieferplatten haben den Ort schnell berühmt gemacht. So wurden 275 Tierdarstellungen bzw. meist Teile von diesen erkannt. In Andernach wurden 37 Schieferplatten gefunden. Zu sehen sind die Funde im ***Museum für die Archäologie des Eiszeitalters*** im Schloss Monrepos in Neuwied. Das Museum zählt zum Forschungsbereich Altsteinzeit des „Römisch-Germanischen Zentralmuseums“ in Mainz.

Monrepos
56567 Neuwied
✆ +49 2631 97 72-0
www.museum-monrepos.de

Museum für die Archäologie des Eiszeitalters, Schloss Monrepos

Tipp: Empfehlenswert ist der Wanderweg **Deichstadtweg**, auf dem 26 Stationen mit Informationen und Aussichtspunkten das Leben der eiszeitlichen Siedlung Gönnersdorf und im Neuwieder Becken verdeutlichen.

www.deichstadtweg.de

SACHSEN-ANHALT

51 Rentiere an der Unstrut

Die eiszeitliche Tierwelt hat auch an der Unstrut Spuren hinterlassen. Nebra ist nicht nur weltbekannt wegen seiner Himmelsscheibe. Eine Sonderausstellung „Eiszeitriesen – Mammuts in Nebra" in der ***Arche Nebra*** im Jahre 2012 zeigte in Objekten, dass in der Gegend nicht nur Mammuts zu Hause waren, sondern auch Wildpferd, Eisfuchs und Rentiere. Die Knochenfunde im Unstruttal – nahezu fast alle gefunden in Nebra – belegen, dass die Eiszeitjäger gute Beute machen konnten. Der altsteinzeitliche Lagerplatz auf einem Bergsporn war optimal und bot eine gute Sicht auf die zwischen Tal und Hochfläche ziehenden Wildtierherden. Über 12.000 Steingeräte und 5.000 Knochenfunde zeigen, dass die Jagdstation in Nebra vor etwa 15.000 Jahren über viele Jahre regelmäßig von den Eiszeitjägern des Unstruttales aufgesucht wurde. Die Stiftung Schloss Friedenstein Gotha hatte aus ihrer Sammlung einen präparierten Schneehasen, ein Rentier und zwei Schneehühner in die Arche entsandt.

Ausflugstipp: Freyburg an der Unstrut (etwa 25 km von Nebra). Der Ort ist geprägt von seinem Ensemble aus Trockenmauern, Treppen und Weinbergshäusern, was auf eindringliche Zeugnisse der Winzerar-

Freyburg an der Unstrut

beit und Rebkultur in Deutschland hinweist. Der Weinort ist auch Sitz der bekannten Rotkäppchen-Mumm Sektkellerei. Seit 1999 ist die Winzerstadt auch Zentrum des nördlichsten Weinanbaugebietes in Europa. Ein Muss ist der Besuch der Neuenburg, die neben der Wartburg die bedeutendste Burg der Landgrafen von Thüringen gewesen ist und erstaunlich viel Bausubstanz von etwa 1090 bis 1240 bewahrt hat. Die Neuenburg war auch eine Station im Leben der Heiligen Elisabeth von Thüringen. Sehenswert ist hier eine Elisabeth-Holzskulptur mit einer künstlerisch einzigartigen Darstellung des jugendlichen Gesichts der Heiligen.
www.freyburg-info.de

Per Auto nach Freyburg. Erreichbar von der A 9, A 4 oder A 14 über die B 180 oder die B 176. In Freyburg ist die Route zur Neuenburg gut ausgeschildert. Pkw kann am Besucherparkplatz am „Berghotel zum Edelacker" abgestellt werden. Von dort sind es fünf Minuten Fußweg bis zur Neuenburg. Per Bahn: ICE-Bahnhof Naumburg (Saale). Stündlich verkehrt die „Burgenlandbahn" (**www.burgenlandbahn.de**) nach Freyburg. Vom Bahnhof Freyburg sind es etwa 15 Minuten Fußmarsch bis zur Neuenburg.

52 Halle

Die Stadt an der Saale ist nicht nur Händel-, sondern auch Rentierstadt. Als Geschenk anlässlich der 40-jährigen Städtepartnerschaft zwischen Halle und Oulu (Finnland) im Jahre 2008 schenkte die Stadt Oulu der damaligen halleschen Oberbürgermeisterin Dagmar Szabados zwei Rentiere. Die städtepartnerschaftlichen Beziehungen brachten es im Laufe der Zeit mit sich, dass es u. a. das finnische Dorf ***Arctic Village*** auf dem Weihnachtsmarkt gibt. Somit lag es nahe, auch echte Rentiere zum Streicheln im finnischen Dorf zu haben.

Der Weihnachtsmarkt in Halle ist auch bekannt durch Finni und Rudi.

Im Vorfeld der Ankunft der Rentiere in Halle lobte die Stadt einen Mal- und Namenswettbewerb an Schulen und Kitas aus. Unter den vielen Einsendungen wurde dann das schönste Rentierbild befunden, auf dem die Gewinnerin *Paula Vogel* den nordischen Tieren ihre Namen *Finni* und *Rudi* verpasste. Die echten Rentiere wurden Paten der gleichnamigen Comic-Figuren – der Marketingkampagne zum Halleschen Weihnachtsmarkt. Jedes Jahr zieren die beiden fortan mit unterschiedlichsten Motiven die Weihnachtsmarktbroschüre, Plakate und viele weitere Artikel – nicht zuletzt Produkte der „Halloren Schokoladenfabrik" – als Schokoladen-Rentierrelief.

Übrigens: Im März 2013 wurde das „Zurschaustellen" von Rentieren auf dem Weihnachtsmarkt in Halle untersagt. Tierschützer begrüßten die Entscheidung der Stadtverwaltung.

53 Wald-Rentiere im Zoo Magdeburg

Seit 2011 sind im Zoo Magdeburg Wald-Rentiere zu sehen. ***Waldrene*** sind die Wildform der Hausrene und etwa ein Drittel größer, aber mit deutlich kleinerem Geweih. Die letzten frei lebenden Waldrene kommen in den nördlichen Regionen Finnlands und Russlands vor und gelten als bedrohte Tierart. Auch in Zoos sind Waldrene selten zu sehen – in Deutschland besteht diese Möglichkeit nur im Zoo Berlin und in Magdeburg.

Zoologischer Garten
Magdeburg gGmbH
Zooallee 1
39124 Magdeburg
✆ +49 391 28 09 00
www.zoo-magdeburg.de

Teil des Schlosses Köthen

54 Köthener Land und Rentierfunde

Funde ersten menschlichen Daseins konnten in Werdershausen, Köthen und Mosigkau auf eine Zeit vor etwa 250.000 Jahren datiert werden. Faustkeile aus dieser Epoche sowie die Überreste der damaligen Jagdbeute bereichern das ***Historische Museum Köthen***. Im Akener Raum wurden bereits vor 15.000 Jahren Rentiere gejagt; mit dem immer besser werdenden Klima wurden die Menschen in der Mittelsteinzeit ca. 5.000 v. Chr. hier sesshaft. Die Ausstellung im Historischen Museum zeigt Funde aus dem Köthener und Bernburger Raum, so etwa Stielspitzen von Rentierjägern aus der Mittelsteinzeit von vor 10.000 Jahren.

Schloss Köthen
Prähistorische Sammlung
Schlossplatz 4, 06366 Köthen
✆ +49 3496 700 99260
www.bachstadt-koethen.de

Rentierherbst im Tierpark Dessau

55 Tierpark Dessau

Der Tierpark erstreckt sich auf einem 11 ha großen landschaftsgeschützten Gelände in zentraler Lage von Dessau. Zu Fuß benötigt man vom Dessauer Hauptbahnhof nur etwa 5 Min. Der Park wurde im Jahre 1958 gegründet und wuchs allmählich zu seiner heutigen attraktiven Präsenz heran. Die Zahl der hier lebenden Tiere liegt inzwischen bei etwa 500 aus 120 verschiedenen Arten, die sich in dem urig-idyllischen Gelände mit seinen über 1.000 Bäumen sichtlich wohlfühlen. Zu sehen sind u. a.: Rentiere, Alpakas, Präriehunde.

Tierpark Dessau
Querallee 8
06846 Dessau
✆ +49 340 61 44 26
www.tierpark.dessau.de

SCHLESWIG-HOLSTEIN

56 Dorfmuseum in Hoisdorf

Vorgeschichtler kommen im Stormarn'schen Dorfmuseum in Hoisdorf auf ihre Kosten. Das Museum befindet sich seit 1978 im historischen Bauernhaus „Am Thie", das im Jahre 1756 von dem Hugenotten *Duvier* als Dorfschmiede errichtet worden ist. Mit seinem reichhaltigen Inventar bietet es den Besuchern vielfältige Einblicke in das dörfliche Leben, wie es sich vor dem Einzug des Technischen Zeitalters in Stormarn abgespielt hat. Eine Vitrine ist der Bearbeitung von Knochen und Geweih gewidmet. Aus den Knochen und Geweihen der bei der Jagd erlegten Rentiere wurden Harpunen, Nähnadeln, Pfeilspitzen, Messergriffe, Geweih-Äxte und viele andere Geräte hergestellt. In einer weiteren Vitrine wird dargestellt, wie ein sehr langer Lederriemen aus dem doch ziemlich kleinen Fell eines Rentiers hergestellt wurde.

Stormarn'sches Dorfmuseum
Sprenger Weg 1
22955 Hoisdorf
+49 4107 45 56
www.museum-hoisdorf.de

57 Schloss Gottorf

In der Ausstellung zur Alt- und Mittelsteinzeit des Archäologischen Landesmuseums Schleswig-Holstein sind im Schloss verschiedene Epochen der Menschheitsgeschichte dargestellt. So u. a. auch die Zeit der ***Hamburger Kultur*** (s. S. 149). Mit einem nachgebauten Zelt und einem Diorama, das die prähistorische Landschaft mit Rentieren zeigt, wird der Besucher in die Jägerzeit mit dem Titel „Mit Speer und Speerschleuder“ einbezogen.

Kulturdenkmal Schloss Gottorf mit den Schleswig-Holsteinischen Landesmuseen

Schloss Gottorf
Schlossinsel 1
24837 Schleswig
+49 4621 81 32 22
www.schloss-gottorf.de

58 Tierpark Neumünster

Der Tierpark beherbergt auf 24 Hektar Waldgebiet 650 Tiere in 135 Arten: vom Eisbär, Rentier bis hin zur winzigen Maus in der Mäuse-WG.

Geerdsstraße 100
24537 Neumünster
+49 4321 514 02
www.tierparkneumuenster.de

59 Lütjenburg

Das ***Eiszeitmuseum*** gibt spannende Einblicke zur Klimaentwicklung und Erdgeschichte. Gezeigt werden u. a. Mammut und Rentier.

Schleswig-Holsteinisches
Eiszeitmuseum
Nienthal 7, 24321 Lütjenburg
+49 4381 41 52 10
www.eiszeitmuseum.de

Brügge, „Tor zur Eiszeit" mit wissenschaftlichem Workshop

60 Brügge

Schon der Eingang zum Museum für Erdgeschichte ist anders als gewöhnlich, denn die Besucher müssen durch ein „Tor zur Eiszeit" treten, das von einem Saurier bewacht wird. Der lebensgroße ***Tyrannosaurus rex*** und andere Dinosauriers stehen für die Tierwelt der Urzeit. Weitere Stationen sind Tier und Mensch im Eiszeitalter mit Mammut-, Höhlenbärenskelett und Rentierjägerlager – alles schwerpunktmäßig auf Schleswig-Holstein ausgerichtet.

Museum für Erdgeschichte
Dorfstraße 4
24582 Brügge
✆ +49 4322 75 25 95
www.torzururzeit.de

THÜRINGEN

61 Waldzoo Gera

Der Thüringer Waldzoo Gera wurde 1962 als Tiergehege zunächst mit einheimischen Tierarten gegründet und gehört heute zu den beliebtesten Kultureinrichtungen Ostthüringens. Im romantischen Martinsgrund gelegen, leben auf 20 ha über 500 Tiere aus etwa 80 verschiedenen Arten, die überwiegend auf der nördlichen Halbkugel beheimatet sind. Beispielhaft seien genannt: Schottische Hochlandrinder, Rentiere, Yaks, Wisente, Europäische Mufflons und winzige Quessantschafe. Hauptattraktion neben den Tieren ist die Parkeisenbahn.

Waldzoo Gera
Straße des Friedens 85
07548 Gera
✆ +49 365 81 01 27
www.unser-waldzoo-gera.de

Wisente und Parkeisenbahn im Waldzoo Gera

Samische Frauen in ihrer Tracht. Postkarte aus den 60er-Jahren

Karte s. S. 316

FINNLAND

Im Land der über 50.000 Seen mit seinen schmucken Dörfern und modernen Städten wie Helsinki und Oulu finden Erholungssuchende immer ein Plätzchen, wo sich Stille und Kultur miteinander verbinden lassen. Nicht zuletzt auch die Rundtouren mit Rudolph und Co. Noch heute leben etwa 200.000 Rentiere nördlich einer Linie Oulu–Kuhmo, die auch als ***Rentiergrenze*** bezeichnet wird.

1 Rentierpark in Salla

Im Hauptgebäude sind eine Waldausstellung, ein Raubtier-Schaukasten sowie wechselnde Kunstausstellungen zu sehen. Des Weiteren befinden sich hier ein Café, Andenkenverkauf und ein Auditorium mit 130 Plätzen. Im 200 ha großen Rentierpark, von Wanderwegen durchzogen, leben zahme Rentiere.

Hautajärventie 111
98900 Salla
+358 16 83 77 71
www.sallareindeerpark.fi

Rovaniemi Arktikum

Das Arktikum präsentiert hier für Jung und Alt in Multimedia das große Abenteuer: nordische Natur und Kultur. In Ausstellungen ist das

Arktikum in Rovaniemi mit Polarlicht (oben) und Ausstellung zur nordischen Natur und Kultur

Leben im Norden von der Vorzeit bis in die Zukunft dargestellt.

Pohjoisranta 4
96200 Rovaniemi
✆ +358 16 32 23 26 0
www.arktikum.fi

Weihnachtsmann-Dorf

Es lohnt sich, von der Hauptpost des Weihnachtsmannes in seinem Werkstattdorf Postkarten zu verschicken. Diese bekommen nämlich den sehr begehrten ***Weihnachtsmann-Sonderstempel***. Neben Postkarten gibt es hier Kalender und verschiedene Geschenkideen. Die Post ist ganzjährig geöffnet.

Joulumaantie 1
96930 Rovaniemi
✆ +358 16 35 62 09 6
www.santaclausvillage.info

Rentierschlittenwettbewerb

Relativ neu ist in Rovaniemi, dass die Rentiere alljährlich beim Frühjahrsmarkt im März zu einem Schlittenwettbewerb gegeneinander antreten. www.rovaniemi.fi

2 Sami-Museum Siida 10

Das Sami-Museum und ***Nordlappland-Naturzentrum*** Siida liegt nur 850 Meter von dem Traditionshotel

Außenbereich im Siida-Museum

„Kultahovi“ entfernt. Das Museum bietet ein erlebnisreiches Wissenspaket zu den Überlebensarten der Sami unter extremen Bedingungen. Die Entwicklung der Natur und Kultur von der Eiszeit bis heute ist im Siida durch kulturökologische Ausstellungen veranschaulicht.

Wechselausstellungen und Veranstaltungen heben interessante Themen über nordische Naturphänomina, die Sami-Handwerkstraditionen und Filmfestivals der indigenen Völker hervor.

Im ***Freilichtmuseum***, welches zur Sommerzeit geöffnet ist, werden traditionelle Sami-Lebensart und Fangmethoden demonstriert.

Inarintie 46
99870 Inari
✆ +358 40 08 98 21 2
www.siida.fi

Sami-Kulturzentrum Sajos

Dieses Kulturzentrum wurde in direkter Nähe des Hotels „Kultahovi“ gebaut und am 2. Januar 2012 offiziell eröffnet. Im Kulturzentrum werden tiefgehende Informationen über das indigene Sami-Volk vermittelt.

Inarintie 38
99870 Inari
☎ +358 40 17 96 06 9
www.visitinari.fi

Hotel Kultahovi
Saarikoskentie 2
99870 Inari
☎ +358 165 11 71 00
www.hotelkultahovi.fi

Rentierfarm

Lernen Sie das Rentier, die Rentierzucht und die Geschichte der Sami unter Anleitung des Rentierzüchters *Petri Mattus* kennen. Genießen Sie den echten, am Lagerfeuer zubereiteten Kaffee und testen Sie Ihr Können im Lassowerfen. Sie können auch den Rentierzüchter in seiner alltäglichen Arbeit begleiten.

Porotila Petri Mattus
Kittiläntie 3070 B
99870 Inari
☎ +358 400 193 950
www.petrimattus.com

3 Nationalpark Pyhä-Luosto

Dies ist ein Gebiet, das sich aus zwei Fjell-Urlaubsorten in der Mitte des finnischen Lapplands zusammensetzt (nur 90 Min. vom Polarkreis). In Pyhä-Luosto kann man das ganze Jahr aktiv sein: Skifahren im Winter, Besuche im Husky- und Rentierpark Pyhä-Luosto und in der Amethyst-Mine, Motorschlittenausflüge, Rentier- und Huskysafaris und Wan-

Rentiere über dem Inari-See, Finnisch-Lappland

Die Nordlicht-Kapelle im Nationalpark Pyhä-Luosto wurde 1986 als erste touristische Kirche in Finnisch-Lappland eingeweiht.

derungen in Schneeschuhen zu unberührten Fjellhängen. Im Sommer bieten sich Wanderungen zur Amethyst-Mine, Nordlicht-Kapelle oder im Nationalpark Pyhä-Luosto an. Das Besucherzentrum Naava wurde 2012 eröffnet.

Pyhä-Luosto Tourist Information
Visitor Centre Naava
✆ +358 205 64 7302
www.pyha.fi/ger

4 Nationalpark Pallas-Ylläs-Tunturi

Die Pallas-Ylläs-Tunturiberge liegen majestätisch in West-Lappland und formen den drittgrößten Nationalpark Finnlands. Wie das Rückgrat dieses Reservats nimmt sich die Kette der Fjällgipfel aus, mehr als 100 km lang. Auf den Wanderwegen und Pfaden sind die Haupteinwohner der Region, Rentiere, immer wieder zu sehen. In Kolari und Ylläs gibt es im Sommer viel auf den Wanderwegen zu entdecken. Der Nationalpark ist gut erschlossen, markierte Routen führen ebenso sicher durch dichte Wälder wie auf die atemberaubenden Höhen der felsigen Tunturiberge.

5 Laestadius-Wanderpfad

Der historische Pfad wurde auf Langhölzern angelegt und ist vor wenigen Jahren renoviert worden. Er folgt den Wegen des Religionsgründers *Lars Levi Laestadius*, der 1849 das Priesteramt in Pajala/Schweden übernahm. Seine radikalen Lehren, u. a. die strenge Abstinenz von Alkohol, verbreitete er in rauschartigen Predigten. Noch heute hat der charismatische Pfarrer eine große Anhängerschaft in vielen Regionen des Nordens. Entlang der finnischen Pfadstrecke liegen verwunschene Wälder, eine weithin offene Sumpfebene, viele Rastplätze und eine aus Holz erbaute ***Sumpfkirche***.

Wanderwege in Ylläs: Der Tourismusverband ist im Besucherzentrum Kellokas angesiedelt, am Fuße des Ylläs-Fjälls oberhalb des Dorfes Äkäslompolo.

Ylläs Tourismusverband
Besucherzentrum Kellokas
Tunturintie 54
95970 Äkäslompolo
✆ +358 40 550 2424
www.yllas.fi/de

FRANKREICH

In Frankreich gibt es derzeit (Stand: 2013) über 60 Höhlen, die u. a. als Schauhöhlen, Tropfsteinhöhlen deklariert werden. Die überwiegende Mehrzahl der Bilderhöhlen in Europa sind in Frankreich zu finden. Jedoch die Felsmalereien mit Abbildungen von Rentieren sind geringer. Das ist darauf zurückzuführen, dass das Landsäugetier auch unterschiedlichen Klimaänderungen unterworfen war und nicht immer das spezifisch notwendige Nahrungsangebot aufnehmen konnte. Unabhängig davon lassen sich für die jeweiligen Kulturstufen und erdzeitgeschichtlichen Epochen (etwa Rentierzeitalter (s. S. 45) und Aurignacien) in den archäologischen Kunstwerken und Gebrauchsgegenständen die Rentiere mannigfach nachweisen.

Die Urgeschichte, die ***préhistoire***, ist in Frankreich hoch angesiedelt. Nahezu alle neu entdeckten Bilderhöhlen wurden vom bedeutenden Archäologen und Prähistoriker *Abbé Henri Breuil* (1877 – 1961) inspiziert. Er schlug auch die verschiedenen Stufengliederungen des Madalénien – also der Bereich des Rentierzeitalters – vor.

Als Technik der Höhlenmalerei wurde **Rötel** (Mineralfarbe aus Ton, Kreide und Hämatit, einem Eisenoxidmineral) bereits vor etwa 30.000 Jahren von den Höhlenbewohnern in Nordspanien und Südfrankreich (Altamira, Lascaux, Pech-Merle) verwendet. Mit Rentierfett vermischter Rötel (roter Farbton) diente bereits den Urmenschen zur Körperbemalung.

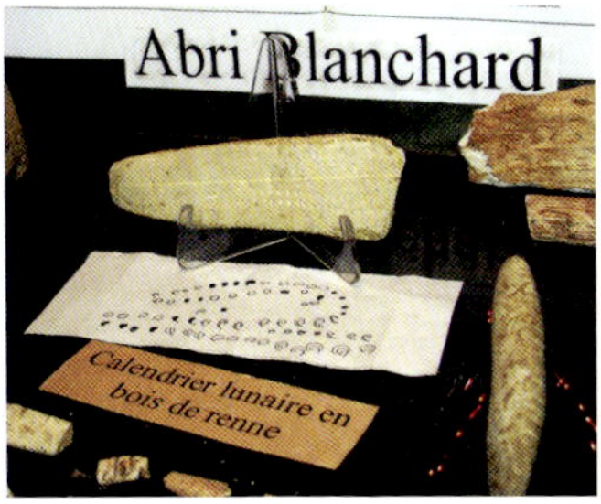

Der Abri Blanchard ist wegen seines Mondkalenders (s. S. 367), geschnitzt aus einem Stück Rentiergeweih, interessant.

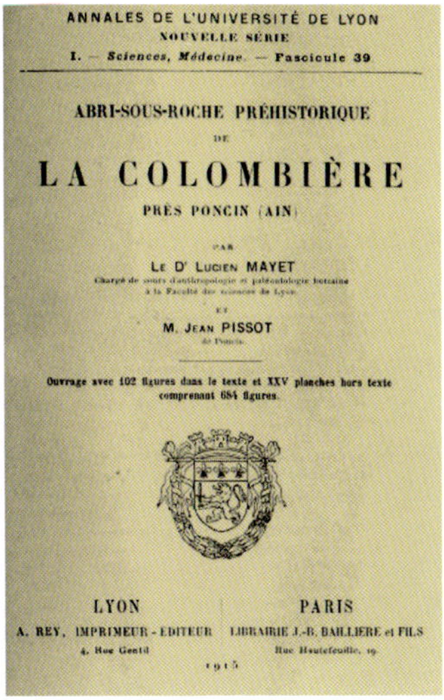

ANNALES DE L'UNIVERSITÉ DE LYON
NOUVELLE SÉRIE
I. — Sciences, Médecine. — Fascicule 39

ABRI-SOUS-ROCHE PRÉHISTORIQUE
DE
LA COLOMBIÈRE
PRÈS PONCIN (AIN)

PAR
LE Dr LUCIEN MAYET
Chargé de cours d'anthropologie et paléontologie humaine
à la Faculté des sciences de Lyon
ET
M. JEAN PISSOT
de Poncin

Ouvrage avec 102 figures dans le texte et XXV planches hors texte
comprenant 684 figures.

LYON
A. REY, IMPRIMEUR-ÉDITEUR
4, Rue Gentil

PARIS
LIBRAIRIE J.-B. BAILLIÈRE et FILS
Rue Hautefeuille, 19

1915

Buchtitel von 1915 über die Höhle von Colombière, Ain (s. nächste Seite)

Als die derzeit wohl ältesten Ritzzeichnungen (Stand: 2013) gelten die Malereien, die ein internationales Forscherteam beim ***Abri Castanet*** in einem tonnenschweren Gesteinsbrocken fanden (s. S. 367). Diese Höhlenkunst wird auf nahezu 40.000 Jahre datiert – also nochmals etwa 5.000 Jahre älter als die Kunst in der Chauvet-Höhle. Der ***Abri*** ist einer von zehn Felsüberhängen, die zum gesamtarchäologischen Areal „Castel-Merle“ neben dem Vézère-Fluss zählt. Die dortigen Abri-Funde weisen u. a. auch viele Rentierfragmente auf.

Für einen prähistorischen Urlaubs-Trip nach Frankreich, der zu prähistorischen Orten, Museen und Rentier-Routen (Funde, Malereien, Rentier-Schmuck) führt, soll Nachstehendes hilfreich sein.

AIN (PONCIN)

1 Abri La Colombière

In diesem Abri (nur ein paar Kilometer von Poncin am Flussufer der Ain entfernt in Neuville-sur-Ain) wurden Gravierungen auf Knochen (Mensch und Rentier) sowie bemalte Kiesel mit Tierzeichnungen, u. a. von Rentieren, gefunden.

Office de Tourisme
10, place Xavier Bichat
01450 Poncin
✆ +33 4 74 37 23 14
www.paysducerdon-valleedelain.fr

ALPES-DE-HAUTE-PROVENCE

Für Wanderer sind die französischen Alpen ein Muss. Als Ausgangspunkt für Touren – beispielsweise in den ***Nationalpark Mercantour*** – bietet sich das pittoreske Thermal-Städtchen Digne-les-Bains an. Nicht nur Urgeschichtler kommen dort auf ihre Kosten, weil sie sich auf den Spuren in Europas größtem ***Ammonitenfeld*** bewegen können. Hier befindet sich auch das Museum der großen Reiseschriftstellerin und tibetischen Nonne *Alexandra David Neel* sowie das Museum von *Pierre Gassendi*, Theologe, Naturwissenschaftler und Philosoph.

Das Gebirgsstädtchen ist aber auch Kreuzungspunkt eines der beliebtesten und langsamsten Züge in Europa: Liebevoll wird er ***Train des Pignes*** (Pinienzapfenzug) genannt und verkehrt zwischen den Palmen der Côte d'Azur in Nizza hin zu den Pinien der Provence nach Digne.

www.ot-dignelesbains.fr

2 Rentiere in der Hochprovence

In ***Auzet*** bei Digne-les-Bains ist seit etlichen Jahren eine kleine norwegische Rentierherde zuhause. Sie gehört der Landwirtin *Marie José Béridon*, die hier mit ihrer Familie einen Bauernhof und ein Wildgehege auf 1.200 Metern Höhe betreibt. Im Jahre 2003 fing die Béridon mit sechs kleinen Rentierkälbchen an. Mittlerweile ist die Landwirtin eine der wenigen bekannten Züchterinnen in Frankreich, bei denen sich die Tiere so richtig wohl fühlen können. Die Familie bietet auf ihrem Bauernhof neben Wer-

Ein Rentier-Prachtexemplar der Ferme Béridon wirbt vor der berühmten Markthalle in Narbonne für den Weihnachtsmarkt.

betouren auch Rentierschlittenfahrten und verschiedene Besichtigungen an.

Ferme l'Infernet Auzet
L'infernet 04140 Auzet
+33 49 23 50 55 7
bienvenue-a-la-ferme.com

Ansicht des Felsens mit der berühmten Chauvet-Höhle

ARDÈCHE

Das Département Ardèche selbst ist schon ein außergewöhnliches Museum der Urgeschichte: Bisher wurden hier über 20 Höhlen mit Malereien entdeckt; diese machen die Region zum drittgrößten Standort für Höhlenmalereien in ganz Frankreich.

Vallon-Pont-D'Arc (oben) ist Ausgangspunkt für prähistorische Touren. Unten: eines von 12 gemalten Rentieren an den Felswänden der Höhle Chauvet.

Tipp: Die Touristenroute ***Gorges de l'Ardèche*** (29 km) lohnt einen Abstecher: An 11 Aussichtspunkten findet man auf einer in den Boden eingelassenen Steinplatte eine gravierte Abbildung des Flussverlaufs und der Straße sowie ein Totem, das den Namen des Aussichtspunktes angibt, und Flächen, die die Pflanzen und Tiere der Schlucht darstellen.

Office de Tourisme
de Vallon-Pont-d'Arc
1 place de l'ancienne gare
07150 Vallon-Pont-d'Arc
+33 4 75 88 04 01
www.vallon-pont-darc.com

ARIÈGE

Die Höhlenmalereien in den Bergen der Ariège genießen ***Weltruf***. Neben Chauvet, Lascaux und Altamira (s. S. 369) gehört die Höhle von ***Niaux*** (s. 7 unten) bei Tarascon zu den besonders bedeutenden, zugänglichen Höhlen.

3 Höhle Le Portel – Crampagna (Loubens)

Die Höhle umfasst zwei „Heiligtümer“ aus verschiedenen Epochen. Während im älteren Heiligtum u. a. Bisons und Pferde dargestellt sind, befinden sich unter den Gravuren im jüngeren auch Rentiere.

4 Höhle Les Trois Frères, Höhle Le Tuc d'Audoubert (Montesquieu-Aventès)

Beide Höhlen bilden vermutlich einen früheren zusammenhängenden Komplex. Hier gibt es u. a. große Tierdarstellungen mit Mammuts, Nashörnern, Bisons und auch Rentieren.

Historische Wassermühle
im Ort Loubens

Höhle von Mas d'Azil

5 Höhle Le Mas d'Azil (Mas d'Azil)

Dieses gewaltige Tunnelsystem enthält Gravierungen und Malereien, auf denen Tiere der prähistorischen Zeit mit Bisons und Rentieren sowie einem Fisch dargestellt sind.

6 Höhle von Bédeilhac

Die Höhle de Bédeilhac liegt etwa 800 Meter vom gleichnamigen Dorf entfernt. Auch hier sind Bisons, Rentiere und Pferde, aber auch Handabdrücke und unentschlüsselte Symbole gut erhalten, die teilweise auf den Boden gemalt wurden.

7 Höhle von Niaux

Aufgrund der empfindlichen Zeichnungen ist ein Zugangsteil zum Höhlenbereich gesperrt. Eine naturgetreue Nachbildung gibt es im ***Parc de l'Art préhistorique***, einer wunderschönen Museumsanlage für Vorgeschichte in ***Tarascon-sur-Ariège***. Hier können sich Klein und Groß

Die Höhle von Niaux mit ihren gigantischen Ausstellungs-Stahlplatten

als Rentier-Höhlen-Maler betätigen. Im Park sind sind u. a. eine Auswahl von Relikten aus den Höhlen Mas d'Azil, Isturitz (s. S. 381) und Enlène (s. S. 377) zu sehen.

Route de Banat
09400 Tarascon sur Ariège
✆ +33 56 10 51 01 0
www.montagnedetarascon etduvicdessos.com

8 Höhle de la Vache
(Alliat, bei Niaux)

In der „Kuh-Höhle" wurden Gebeine und Zähne von Tieren, Werkzeuge und Waffen von seltener Qualität gefunden. Ebenso Knochenreste von Rentieren.

Der „Parc de la Préhistoire" in Tarascon

BOURGOGNE

Im nördlichen Burgund, in Arcy-sur-Cure, bieten die Grotten mit ihren etwa 30.000 Jahre alten Wandmalereien und Schmuckgegenständen einen Blick auf die Kunst unserer Vorfahren.

Am Ufer der Cure

9 Höhle Arcy-sur-Cure
(Arcy-sur-Cure)

Die Höhle Arcy-sur-Cure wird auch als ***Grotte du Renne*** (Rentierhöhle) bezeichnet. Hier wurden Belegfunde für Schmuckobjekte des Neandertalers entdeckt. Bei den zwischen 1949 und 1963 ausgegrabenen 1.060 Funden handelt es sich u. a. um Ohrgehänge, durchbohrte und mit Rillen versehene Zähne als Schmuckanhänger, Fossilien und anderes, die mit dem ***Neandertaler*** in Verbindung gebracht wurden. Rentierfragmente tauchten mit einer Häufigkeit von 50,4 % auf, weshalb die

Felsgrat von Solutré.

Höhle ihren Namen durchaus zu Recht verdient. – Jede Neandertalerfrau schätzte sich glücklich, wenn ihr Mann sie beschenkte; und hier liegt die burgundische Höhle beim Rentierschmuck in der Alltagskunst weit oben. Bei dem ersten größeren ***Perlenfund***, der auf 31.000 v. Chr. datiert wird, handelt es sich um Fuchs-, Hyänen-, Bären-, Mammut- und Rentierzähne. Diese wurden vom Künstler eingekerbt und ausgekehlt, um sie an einer Art Halsband – ähnlich einer Perlenschnur – aufzufädeln. Nach neueren wissenschaftlichen Veröffentlichungen aus dem Jahre 2012 wurden die Neandertaler-Schmuckstücke sogar auf etwa 40.000 Jahre v. Chr. datiert.

Durchbohrter Lochstab (Knochen) eines Rentieres

89270 Arcy-sur-Cure
✆ +33 38 68 19 06 3
www.grottes-arcy.net

Tipp: Der prähistorische Rundweg von **Arcy-sur-Cure** ist leicht mit der ganzen Familie zu erwandern (ca. 12 km; GR 13 A und GR 13). Ausgangs- und Zielpunkt ist die Rentierhöhle. Entsprechende Kleidung ist notwendig, da die Temperatur in der Höhle etwa 12 Grad Celsius beträgt.

⑩ Solutré und sein prähistorisches Museum

Das ***Musée départemental de Préhistoire*** stellt die Sammlungen eines der reichsten prähistorischen Fundorte in Europa vor: ein Jagdgelände, das über einen Zeitraum von mehr als 25.000 Jahren von Menschen des Spätpaläolithikums (von 35.000 bis 10.000 v. Chr.) genutzt wurde, um dort Tausende von Pferden und Rentiere zu jagen, zu zerlegen und zu räuchern. Der archäologische und botanische Garten von Solutré, der auf dem archäologischen Fundort angelegt ist, vervollständigt den Besuch. Dort werden viele charakteristische Pflanzenarten aus der Natur und die wesentlichen Erkenntnisse der archäologischen Forschungsarbeiten vorgestellt. Das eindrucksvolle Museum befindet sich unterhalb des Hangs am Felsgrat.

Musée départemental de Préhistoire
71 960 Solutré-Pouilly
✆ +33 3 85 35 85 24
www.solutre.com

Rentierjagd einst – Weindorf heute

8 km westlich der burgundischen Stadt ***Mâcon*** ragt ein imposanter Felsgrat empor, an dessen Hang man Skelettreste von Pferden und Rentieren in unzähligen Mengen fand (meist werden 100.000 Knochen angegeben). Das kleine Weindörfchen Solutré stand deswegen auch Pate für die ***Kulturstufe Solutrée***, in der zwischen etwa 20.000 bis 16.000 Jahren vor heute die Rentiere am häufigsten gejagt wurden.

Prähistorische Felswanderung mit Weinblick: Den prähistorischen Felsen mit fast 500 Metern Höhe kann man in einer leichten Wanderung besteigen (Fußweg, ca. 1 Std.). Von oben hat man ein überwältigendes Panorama über die südburgundische Weinregion.

Mit dem TGV ins Burgund: Zwei TGV verkehren zwischen der Burgundischen Kapitale und Mulhouse, einige davon fahren weiter bis nach Basel, zwei nach Strasbourg und inzwischen auch nach Freiburg. Von Dijon aus führen Verbindungen nach Chalon-sur-Saône und Mâcon im Süden Burgunds sowie nach Montbard, eine Zugstunde von Paris entfernt. Die Fahrpläne sind so aufeinander abgestimmt, dass keine langen Wartezeiten entstehen. www.sncf.com

CHARENTE

⑪ Höhle von Pair-Non-Pair (Marcamps)

Die Höhle zählt zu den nationalen Monumenten in Frankreich. Aufgrund der 6.000 Knochenfunde konnten etwa 60 Tierarten bestimmt werden. Nachgewiesen wurden u. a. Höhlenbären, Wölfe und Löwen, aber auch Rentiere, die hier lebten.

Am besten erreicht man die Höhle aus Richtung Bordeaux, Toulouse oder Poitiers über die Autobahn A 10, Ausfahrt St-André-de-Cubzac, anschließend Richtung Prignac et Marcamps halten und der D 669 nach Bourg folgen.

Tipp: 22 km südlich von Pair-Non-Pair liegt die Stadt **Bordeaux**. Der Höhlenfunde wegen empfiehlt sich der Besuch im **Musée d'Aquitaine**, eines der größten Regionalmuseen von Frankreich. Interessantes Objekt hier ist eine Schneidklinge aus einem Stück Rentierknochen, auf dem ein Rentier eingraviert wurde. Außerdem präsentiert das Museum eine große, rekonstruierte und natürliche Abbildung des „Fries der Rentiere" aus der Höhle von Lascaux.

Musée d'Aquitaine
20 cours Pasteur, 33000 Bordeaux
+33 55 60 15 10 0
musee-aquitaine-bordeaux.fr

Wasserschloss La Brède, Postkarte 60er-Jahre

Ausflugs-Tipp: Wer bei seinem Urlaub auf die höchsten Dünen Westeuropas, die ***Dune du Pyla***, 117 Meter emporsteigen möchte, der liegt hier richtig (bei Lacanau-Océan). Kulturgeschichtlich ist das Gebiet um Bordeaux insofern höchst ergiebig, da im ***Wasserschloss La Brède*** (18 km südlich von Bordeaux) der Geburtsort von *Charles de Montesquieu* liegt. Der große Denker gilt als „Geist der Gesetze".

DORDOGNE

12 Abri Castanet

Nach einer Meldung der dpa vom Mai 2012 wurde von einem Forscherteam unter einem tonnenschweren Felsbrocken eine 37.000 Jahre alte Höhlenkunst im Dordogne-Tal nahe dem Ort Castanet entdeckt. Das aus europäischen und amerikanischen Wissenschaftlern bestehende Forscherteam kam zu dem Schluss, dass der untersuchte Felsbrocken Rentierjägern als Wetterschutz gedient hatte. Gefunden wurden laut dem Bericht und der wissenschaftlichen Veröffentlichung von *Dominique Armand* folgende Reste der Fauna in Castanet: Auerochs, Bison: 16; Wolf: 52; Pferde: 32; Rentiere: 336; Bären: 4; Polarfuchs: 15.

Tipp: Nur unweit westlich von **Sergeac** öffnet sich auf der linken Flussseite der Vézère ein kleines Seitental, genannt **Vallon des Roches** oder auch Vallon de Castelmerle. Hier finden sich insgesamt neun Abris. Es dürfte neben der unmittelbaren Umgebung von Les Eyzies zweifelsohne eine der dichtbesiedelsten Gegenden während des Jungpaläolithikums gewesen sein.

13 Das Vézèretal – ein Weltkulturerbe

Das Vézèretal besitzt 147 Fundstätten und 25 Bilderhöhlen. Das von der ***UNESCO*** verliehene Prädikat hebt den ganz außerordentlichen ethnologischen, anthropologischen und ästhetischen Wert dieser Stätten hervor. Die unter dieses Prädikat fallenden Gemeinden sind: Les Eyzies de Tayac, Montignac-sur-Vézère (Lascaux), Saint-Léon-sur-Vézère, Marquay, Rouffignac-Saint-Cernin-de-Reilhac und Saint-Cirq-du-Bugue.

14 Abri Le Cap Blanc (Marquay, Périgord)

Der Abri ist durch recht seltene, aus der Felswand gemeißelte Skulpturen des Mittleren Magdaléniens bekannt geworden. Neben Artefaktenfunden enthält er auch das Grabmal einer jungen Frau. An der Fundstätte befindet sich ein Museum, das in einer Ausstellung das Leben im Abri dokumentiert. Rundgänge mit beschränkter Besucherzahl werden das ganze Jahr über vom „Centre des monuments nationaux" (Périgord) organisiert. Die monumentalen Skulpturen, gefertigt als Hoch- und Tiefreliefs, auf denen auch Rentiere zu sehen sind, sind einzigartig im Périgord.

Abri du Cap Blanc et du Poisson
24620 Marquay
✆ +33 5 53 59 21 74
eyzies.monuments-nationaux.fr

15 Abris Cellier (Tursac) und Castanet (Sergeac)

In den beiden Abris befinden sich Rentier-Gravierungen und -Malereien. Im Abri Castanet wurden insgesamt 336 Rentierfragmente von etwa 500 Tierarten-Fragmenten gefunden, was darauf hinweist, dass das Ren im Bereich von Sergeac eine dominante Tierart war. In den Höhlen von „La Mouthe" (Les Eyzies), „Bara-Bahau" (Le Bugue), „Le Gabillou" (Sourzac) und „Saint Cirq" (auch Noel Brousse genannt; Saint Cirq) – sind Darstellungen von Rentieren zu finden.

16 Abri Blanchard (Sergeac) 8

Astronomisch Interessierte kommen beim Abri Blanchard voll auf ihre Kosten, denn berühmt wurde der Abri durch den Fund eines Mondkalenders, der aus einem Stück Rentiergeweih geschnitzt wurde.

Der Ort Limeuil an der Dordogne

⑰ Höhle von Limeuil

Die Fundstätte von Limeuil befindet sich im mittelalterlichen Ortskern. Die Jäger des ausgehenden Jungpaläolithikums hatten sich hier unterhalb eines kleinen, die Flussmündung beherrschenden Kalkmassivs angesiedelt. Die Lagerstätte erstreckt sich rd. 30 m entlang eines Abhangs unterhalb zweier Kalkausbisse. Es handelt sich hier also um einen im Freien gelegenen Siedlungsplatz, der dann später auch den unmittelbaren Bereich der teils überhängenden Felsen mit einbezog. Hier sind Kunstspuren u. a. von über 50 Rentieren zu finden.

⑱ Höhle von Teyjat

Grotte de la Mairie & Abri Mèget

Die Höhle enthält 48 Ritzzeichnungen (u. a. Auerochs, Wildpferd und 13 Rentiere), die aus der Zeit vor etwa 12.000 Jahren stammen. Schon 1889 wurden 5 verzierte Knochen – u. a. ein auf ein Rentierbecken geschnitztes Pony – gefunden.

⑲ Abri La Madeleine (Tursac)

Hier wurden Meisterwerke in Form von vollplastischen Schnitzereien aus Rentierhorn gefunden. So etwa eine Hyäne, die auf einem Stück Rentiergeweih geschnitzt ist, ein auf Stein eingraviertes Rentier und ein geschnitzter Phallus aus einem Stück Rentiergeweih. Außerdem eine Perlenkette, die aus Knochenteilen des Rentieres hergestellt wurde. Die Kunstwerke sind im Nationalen Prähistorischen Museum in Eyzies-de-Tayac zu sehen. Das Museum ist in imposanter Lage direkt an den Fels angebaut und zeigt die prähistorischen Funde der Gegend und die Lebensweisen unserer Vorfahren.

Musée national de Préhistoire
1, rue du musée
24620 Les Eyzies-de-Tayac
✆ +33 55 30 64 54 5
www.culture.fr

Felsenwohnung bei La Madeleine

Zwei Rentiere in Konfrontation (nach Breuil): Les Combarelles

Oben: Imposant am Fels gebaut: das Nationale Prähistorische Museum in Eyzies-de-Tayac. *Darunter:* Ausstellungsvitrinen u. a. mit Rentierfragmenten. *Unten:* Ausstellungsstück aus der Höhle von La Madeleine: Hyäne auf Rentiergeweih geschnitzt.

20 Höhle Les Combarelles
(Les Eyzies)

Die Höhle gilt als ***Korridor-Heiligtum***, in dem auf einer Länge von etwa 160 m nahezu 800 Ritzzeichnungen – meist von Tieren wie Bison, Pferd, Mammut und Rentier – dargestellt sind. Die Grotten befinden sich in einem kleinen Tal 1,5 km von Eyzies-de-Tayac entfernt. Die Höhle kann in Gruppen bis zu 6 Pers. mit Führer besucht werden.

21 Höhle Font-de-Gaume
(Les Eyzies)

Die Höhle liegt im selben Felsen wie Les Combarelles und enthält über 200 Wandmalereien von Tieren, darunter 17 Rentiere.

22 Höhle von Lascaux
(Montignac)

Lascaux, das auch als ***Sixtinische Kapelle der Vorgeschichte*** bezeichnet wird, konnte im Jahre 2010 den

„Fries der Rentiere",
originale Nachbildung in Lascaux II

Tipp: Wer sich über die Höhlen und Fundorte informieren will, dem sei auch **www.pole-prehistoire.com** empfohlen. Dort kann man sich virtuell im Tal von Vézère umschauen. Die Seite ist auch zur Urlaubsvorbereitung zu empfehlen, da man hier erfährt, welche Fundorte öffentlich zugänglich sind.

70. Jahrestag ihrer Entdeckung durch vier Jungen aus der Gemeinde Montignac feiern. Heute kann nur der Nachbau besichtigt werden, der allerdings für sich selbst ein Meisterwerk darstellt.

Falls Sie die Höhle nicht vor Ort besichtigen können, besuchen Sie die hervorragende Webseite des Kultusministeriums; hier geht's virtuell auf die Reise. **www.lascaux.culture.fr**

Prähistorischer Rundweg zur Höhle von Lascaux: Start in Montignac; Anforderung: leicht. Die prähistorische Wanderung führt vom Dorf von Montignac hinaus auf die Spitze des Hügels, wo sich die berühmte Höhle von Lascaux befindet. Der Rückweg beschert herrliche Aussicht über das Vézère-Tal.

Office de Tourisme Lascaux
Vallée Vézère
Place Bertran de Born
24290 Montignac
✆ +33 55 30 56 56 5
www.tourisme-vezere.com

Im ***Cro-Magnon-Zentrum „Le Thot"*** (7 km von Montignac) werden Techniken und Themen prähistorischer Kunst sowie die Geschichte von Konstruktion und Bau von Lascaux II vorgestellt. Im Park können die Besucher Nachkommen von Tieren entdecken, die zur Zeit der Prähistorie im Périgord lebten: Rentier, Przwalski-Pferd und Bison. Das Zentrum wurde 2009 von Grund auf renoviert und zeigt eine Nachbildung des Gewölbes von Lascaux, welches in ***Lascaux II*** nicht besichtigt werden kann. Ganzjährig finden Workshops zum Thema „Prähistorisches Malen" statt – eine spaßige Sache, nicht nur für junge Besucherinnen und Besucher.

Für einen Familienurlaub gibt es das Dorf namens „Holiday Village Lapeyre" in Barthélémy de Bussière. Auf einem 7 ha großen Waldgelände mit Chalets für 4 und 6 Pers. sowie einem Pool lässt sich ein urzeitlicher Ferienaufenthalt genießen. **www.semitour.com**

Im Préhistoparc: Rentiere „auf der Flucht“ vor Wölfen

㉓ Préhistoparc (Tursac)

Hier gibt es z. B. ein Programm des nationalen Museums für Vorgeschichte namens ***Vorgeschichte mit der ganzen Familie***: auf alle Altersgruppen ausgerichtete Führungen sowie Kulturerbe-Workshops. Während der Schulferien können die Kinder an jeder Menge Vorführungen – Herstellung von Steinwerkzeug, Feuermachen – teilnehmen.

La Faure Reignac
24620 Tursac-Dordogne
✆ +33 55 35 07 31 9
www.prehistoparc.fr

㉔ Höhle La Foret (Tursac)

Hier können kleinere Gravuren, u. a. von Rentieren, angesehen werden.

ELSASS

Nach neueren Ergebnissen von Grabungen in den Jahren 2009–2010 bei **Mutzig**, ca. 20 km westlich von Straßburg, in unmittelbarer Nähe des Flüsschens Bruche, haben *Thomas Hauck* & *Jean Detrey* einige höchst interessante Aspekte bezüglich eines alten Siedlungsplatzes und den Funden an Rentierknochen veröffentlicht. Grabungen und Auswertungen erfolgten im Rahmen eines Kooperationsprojektes zwischen dem „Pôle d'Archéologie Interdépartemental Rhénan“ (PAIR) und dem Institut für Prähistorische und Naturwissenschaftliche Archäologie (IPNA) der Universität Basel. Die bisherigen Resultate zeigen, dass die Fundstelle Mutzig als Referenzpunkt für das Mittelpaläolithikum im Oberrhein-Gebiet gelten kann. Dabei handelt es sich um mehrere Siedlungsplätze an unterschiedlichen Stellen der Buntsandsteinterrassen. Altsteinzeitliche Restfunde im Bereich von Mutzig (Felsbourg) und im Tal der Bruche lassen nach dem französischen Archäologen und Ingenieur *Jean Sainty* den Schluss zu, dass auf elsässischem Gebiet neben den Mammuts auch Rentiere gejagt wurden. In seiner

Das berühmte Gerberviertel „La Petite France“ in Strasbourg

Dissertation aus dem Jahre 2007 verweist der Geologe *Thierry Rebmann* u. a. darauf, dass „Le renne (Rangifer tarandus), c'est l'espèce dominante consommée à Mutzig ..." (das Rentier in Mutzig dominant war).

Sehenswert sind diese prähistorischen Fundorte allemal: Mutzig mit seinem ***Fort de Mutzig*** und das historische Gebäude der Mutzig-Brauerei, heute ein Hotel, wo sich einst die elsässische Bierhochburg befand. Unweit davon Molsheim mit seinem exklusiven Automuseum (Bugatti-Legende). **www.ot-molsheim-mutzig.com** (auch in Deutsch und Englisch).

Das Palais Rohan mit seinem Archäologischen Museum

Strasbourg

Die Europastadt und Geburtsstadt von *Johannes Scheffer*, dem Verfasser von „Lapponia" (eine der ersten und wichtigsten Beschreibungen Lapplands und der samischen Völker, s. S. 105) ist die Hauptstadt der Region Elsass. Die gut erhaltene historische Altstadt, seit 1988 Weltkulturerbe, sowie das Straßburger Münster sind touristische Magnete. Das ***Musée archéologique*** im Palais Rohan bietet die archäologische Geschichte des Elsass von der Urgeschichte bis zum Mittelalter. Zu sehen sind u. a. Rentierknochen aus verschiedenen elsässischen Ausgrabungsstätten.

Musée archéologique, Palais Rohan
2, place du Château
67076 Strasbourg Cedex
✆ +33 3 88 52 50 00
musees.strasbourg.eu

25 La fermes aux rennes

Das Massiv von Tanet ist ein beliebtes Wandergebiet. Für eine Rast bietet sich der Bergbauernhof ***Ferme Auberge du Schantzwasen*** an. Mittlerweile sind hier Rentiere heimisch (s. S. 155).

Auberge du Schantzwasen
Massif du Tanet
68140 Stosswihr
✆ +33 3 89 77 30 11
auberge-schantzwasen.com

Ausflugstipp: Wer zur Rentier-Farm möchte, kommt durchs liebliche Munstertal und das elsässische Städtchen Munster mit seinen Störchen. Kulinarisch lässt der Munsterkäse das Herz eines Gourmands höher schlagen. Um die Wertschätzung der elsässischen Sprache geht es im Dich-

Im Land der 1.000 Weiher: Franche-Comté (s. nächste S.)

terweg – „Dr elsassisch Dichterwaj vo Minschter", der in vielen Stationen durch die Gassen von Munster und über die darumliegenden Anhöhen führt. **www.vallee-munster.eu**

26 Chemins du Nord – Klein-Finnland in den Vogesen

„Chemins du Nord" ist ein Unternehmen, das im Jahre 2008 von *Anne-Lise* und *Frédéric Dubray* gegründet wurde. Sie haben sich spezialisiert auf Aktivitäten mit Schlittenhunden (Huskys) und Rentieren. Die Ferme befindet sich in 900 m Höhe in der Nähe der Skistation beim See ***Lac Blanc***. Hier werden sowohl Hunde- und Rentier-Schlittenfahrten als auch Schneeschuhwanderungen angeboten. Als ein amüsantes Vergnügen bieten die Betreiber auch „Ein-Hunde-Ski" wie in Finnland an.

Husky-Welpen in „Chemins du Nord"

La Petite Finlande
290 Schoultzbach
68 370 Orbey
+33 89 71 00 37
www.cheminsdunord.com

***Einmalig in Europa:* Grenzüberschreitende Rentier-Kulturepochen.** Trifft man auf die Spuren unserer frühesten Vorfahren in Europa, so sind dies meist Werkzeuge und Jagdgeräte aus Feuerstein und anderem verwitterungsbeständigem Material. Seltener finden sich Knochen von Tieren der Jagdbeute und noch viel seltener Reste der Menschen selbst. Auch eiszeitliche Kunstwerke sind sehr seltene Funde. Daher gelten die Funde der **Schwäbischen Alb** und der französischen **Pyrenäen** als Welt-Sensation aus der gemeinsamen Kulturepoche des Aurignacien Region Ariège. Diese Epoche (35.000 bis 29.000 Jahre vor heute) ist in West- und Mitteleuropa mit mehr als 250 bedeutenden Fundstellen bekannt. Zwei der wichtigsten Besiedlungszentren liegen auf der Schwäbischen Alb und in den französischen Pyrenäen. Das Projekt „Das Aurignacien und die Anfänge der Kunst in Europa" wurde im Jahre 2006 von der Europäischen Union über die Gemeinschaftsinitiative LEADER+ gefördert. Es schlägt mit seinen Inhalten einen großen Bogen – von Aurignac in Frankreich bis auf die Schwäbische Alb in Deutschland.

www.brenzregion.de

FRANCHE-COMTÉ UND JURA

27 Von Schlittenhunden, Rentieren und Auerochsen

Der ***Polarpark*** liegt mitten in den Bergen des Jura auf 1.200 Metern Höhe nahe des Orts ***Chaux Neuve*** und bietet Tieren aus dem Hohen Norden eine natürliche Umgebung: Ob Polarhunde, die direkt vom Wolf abstammen, Rentiere aus Schweden oder Auerochsen – die beeindruckend schönen, wilden, aber auch kuscheligen Tiere sind ein ideales Winter-Erlebnis für die ganze Familie. Den Polarpark gibt es übrigens schon seit 20 Jahren: Mit nur drei Hunden verwirklichten sich die beiden Gründer *Gilles und Claude Malloire* hier ihren Traum eines Lebens gemeinsam mit den Tieren und besitzen inzwischen das größte Polarhunde-Rudel Europas.

Parc Polaire
25240 Chaux-Neuve
✆ +33 381 69 20 20
www.parcpolaire.com

Der Polarpark in der Franche-Comté

28 Der lappländische Traum – Laponia Dream

Im regionalen Naturschutzpark Haute-Jura befindet sich „Laponia Dream", ein im Stil des skandinavischen Lapplands ***nachgebautes Dorf***, das die samische Kultur mit seinem tierischen Wahrzeichen – dem Rentier – repräsentiert. Während des ganzen Monats Dezember können die Besucher die weihnacht-

Ein Traum: Laponia Dream,
ein nachgebautes samisches Dorf

lichen Traditionen Skandinaviens entdecken, zwischen den kleinen, typischen bunten Holzhäusern auch das Haus des Weihnachtsmanns oder das ***samische Museum*** besuchen – ein winterliches Vergnügen für die ganze Familie. Unabhängig vom winterlichen Traum ist der Park ganzjährig geöffnet. La Pesse liegt auf 1.160 m ü. M. und gehört damit zu den höchstgelegenen Gemeinden des Juras, etwa 11 km südlich der Stadt Saint-Claude.

La Combe d'Evuaz
39370 La Pesse
✆ +33 384 42 73 18
www.laponiadream.fr

INDRE

29 Abri Saint Marcel (La Garenne)

Sehenswert ist das Museum, in dem prähistorische Funde präsentiert werden. Ein römischer Garten lädt zum Verweilen ein.

Musée et site archéologiques
d'Argentomagus Les Mersans
36200 Saint Marcel
✆ +33 2 54 24 47 31
www.argentomagus.fr

Das Museum präsentiert auch
den Bereich der Rentiere.

LOIRE

30 Freilandfundstätten Le Saut-du-Perron (Villerest)

Hier hat man über 70 Schieferplatten mit figürlichen Gravierungen vom Rentier und Pferd gefunden. Sehenswert ist das ***Musée de l'Heure et du Feu*** mit Freilandfunden.

Place Baudinat, 42300 Villerest
✆ +33 47 76 96 666 / 47 76 97 197
museedelheureetdufeuvillerest.fr

LOT (QUERCY)

Der Fundort ***Le Petit Cloup Barrat*** (Lot) mit Schmuckobjekten aus Rentierzähnen und Knochenresten öffnet sich zum Rande einer kleinen Doline hin, in 800 m Entfernung vom Eingang der berühmten Bilderhöhle von Pech Merle. Bei den seit 2003 laufenden Ausgrabungen wurden zahlreiche lithische und organische Siedlungsreste zu Tage gefördert.

Das ***Quercy*** ist eine der an prähistorischen Fundstätten reichsten Regionen Frankreichs und wird im

Postkarte von Rocamadour (oben) und Kalk- und Felsmassive bei Rocamadour

Bei Wanderungen an der Dordogne stößt der Besucher auf Abris, die einst Rentierjäger genutzt haben.

Zentralgebiet von tief eingeschnittenen Tälern und von Hochebenen ohne ständige Wasserläufe begrenzt. Archäozoologische Untersuchungen haben gezeigt, dass sich die Jagd an in den Tälern gelegenen Fundorten, wie Cuzoul de Vers oder Peyrugues, fast ausschließlich auf kleine Huftiere wie Rentiere, Gämse und Steinböcke beschränkten. Man hat hier typische Silex- und Rentiergeweihartefakte gefunden.

31 Höhle Pech Merle (Cabrerets)

Die Bilderhöhle liegt nahe dem Dorf ***Cabrerets***. Innerhalb 10 km um Pech Merle gibt es ein Dutzend andere zugängliche Grotten mit Wandzeichnungen. Für ihre Bildkompositionen verwendeten die Künstler ***Rentierfett***, das sie mit Rötel vermischten und so für eine farbliche Besonderheit für den Betrachter wurden.

Besuchen sollten Sie auch das ***Museum von Amédée Lemozi*** bei der Höhle von Pech Merle. Die hier ausgestellten Objekte zeigen u. a.

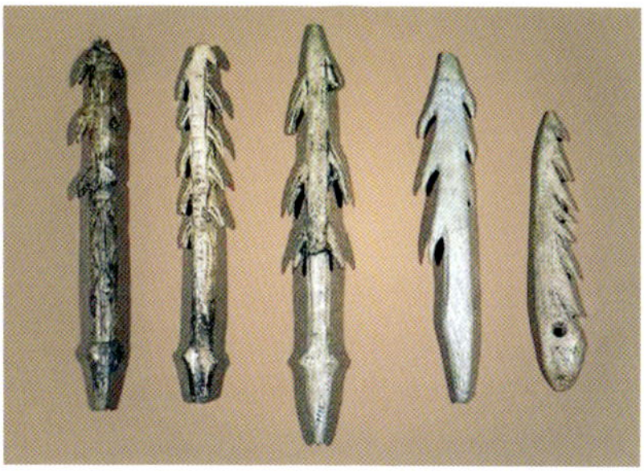

Harpunen aus Rentierknochen
aus der Höhle Pech Merle

Harpunen und Pfeilstücke, die aus Knochen des Rentieres hergestellt wurden.

Musée de Préhistoire Amédée Lemozi
Pech Merle
46330 Cabrerets
✆ +33 56 53 12 33 3
www.pechmerle.com

㉜ Hohlraum Fieux à Miers
(Gramat)

Noch vor einigen Jahren war die Hochfläche ***Des Causse de Gramat*** eigentlich nur bei Wanderern bekannt. Inzwischen ist auch in diesem Gebiet einiges Archäologische zutage gefördert worden; so etwa aus dem Hohlraum ***Fieux à Miers***, wo u. a. auch einige Rentierfragmente gefunden worden sind.

Tipp: Wanderung vom Gramat nach Rocamadour, dem berühmten Wallfahrts- und beliebten Ferienort in der Region Quercy-Périgord (Midi-Pyrénées). Auch Ausflüge nach Souillac mit seiner Abteikirche, Carennac und seiner Abtei sowie zu so pittoresken Dörfern wie Autoire oder Loubressac sind lohnenswerte Wanderziele.

Wander-Veranstalter:
Wikinger-Reisen, speziell Quercy: Dordognetal für Genießer
www.wikinger-reisen.de
✆ +49 2331 90 47 42

MIDI-PYRÉNÉES

㉝ Höhle von Enlène

Die Höhle ist sehr reich an Kleinkunstwerken – sog. „Art Mobilier“ – und Alltagskunst sowie gravierten Sandsteinplaketten. Als Kunstobjekte wurden u. a. durchlöcherte Rentierzähne benutzt. Die Höhle befindet sich etwa 30 km in nördlicher Richtung von der Stadt ***Montesquieu Avantès*** entfernt (in den dortigen Kavernen am Fluss Volp wurde das Höhlensystem mit den anderen Höhlen – Grotte des Trois-Frères – entdeckt).

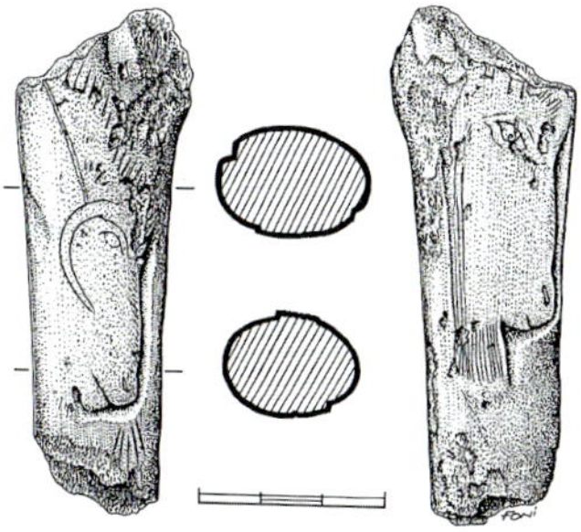

Bisonkopf, rechts, eingraviert
auf einem Stück Rentiergeweih,
Höhle Enlène

DÉPARTEMENT NORD

34 Archäolog. Park Asnapio

Der 6 ha große Park bei ***Villeneuve d'Ascq*** (15 km östlich von Lille) hat u. a. die altsteinzeitlichen Hütten für diese Gegend rekonstruiert. Dazu zählen auch Exponate von Werkzeugen (Speere), die mit den Materialien von Rentieren (Fell und Knochen) hergestellt wurden. Interessant sind auch die nachgebauten Rentierjägerzelte (ähnlich dem Tipi), für deren Umhüllungen man etwa 20 Häute von Rentieren benötigte.

Parc de reconstitution
archéologique Asnapio
Rue Carpeaux, Quartier Cousinerie
59650 Villeneuve d'Ascq
✆ +33 20 47 21 99
www.villeneuvedascq.fr/asnapio.html

Dem Park zugrunde liegen die prähistorischen Behausungen, welche Wissenschaftler bei Pincevent gefunden haben (**www.musee-prehistoire-idf.fr/pincevent**). Sehenswert ist auch das prähistorische Museum in Nemours, in dem Schmuck, Jagdgeräte und ein Rentier-Skelett präsentiert werden. Eine audiovisuelle Präsentation zeigt die Rentierjagd bei Pincevent (Säle 3 und 4).

Musée de Préhistoire d'Île-de-France
48, avenue Etienne Dailly
77140 Nemours
✆ +33 16 47 85 48 0
www.musee-prehistoire-idf.fr

PROVENCE – ALPES – CÔTE D'AZUR

Die Côte d'Azur mit ihren mondänen Küstenstädten inmitten mediterraner Vegetation war schon in grauer Vorzeit – auch bei den Nordlandtieren – ein Hot Spot. Rentierfunde in den folgenden Höhlen belegen dies: Grotte de l'Observatoire, Grotte de Grimaldi und Grotte Balzi Rossi (direkt hinter der Grenze auf italienischem Gebiet).

Mit dem TGV an die Côte, damit ist **Marseille** schnell erreichbar: 3 Std. ab Paris, 3:30 Std. ab Genf, 5:30 Std. ab Brüssel und seit 2012 von Frankfurt über Mannheim, Karlsruhe, Baden-Baden und Straßburg in knapp 7 Std. Côte d'Azur-Fans aus dem Stuttgarter Raum können die TGV-Strecke nach Karlsruhe nutzen und dort in den TGV umsteigen.

Bahnhof
Marseille Saint-Charles
13001 Marseille
✆ +33 4 95 04 10 00
www.sncf.com

TGV von Frankfurt nach Marseille

Marseille ist für Reisende, die auf den Spuren der Rentier-Archäologie an der Côte d'Azur sind, ein guter Ausgangspunkt für Ausflüge in die Region: Sei es in die Camargue und in die Provence oder auch für einen City-Trip in einer quirligen Stadt mit großem kulturellem Angebot.

www.visitprovence.com

Eiszeitliche Tierherde im Museum von Quinson, vorne ein Rentier

35 Quinson und das Museum der Vorgeschichte

Im Herzen des Verdon, in Quinson, präsentiert das ***Musee de Préhistoire*** die Funde der Ausgrabungen von über 50 Jahren im Verdon. Eine Reise in die Vergangenheit, zugänglich für jedermann, dank des Rundgangs mit Szenen des vorgeschichtlichen Lebens, interaktiven Animationen und originalen archäologischen Objekten. Das nach Entwürfen des Architekten *Norman Foster* erbaute Museum ist eines der größten Museen der Vorgeschichte Europas. Ein Dorf mit fünf vorgeschichtlichen Wohnstätten und ein neolithischer Garten wurden 500 m vom Museum entfernt originalgetreu nachgebaut. Mit einem Mitarbeiter des Museums lernen Kinder und auch Erwachsene, Feuer ohne Streichhölzer zu machen, Silex (Feuerstein) zu schlagen, Bogenschießen oder eine Speerschleuder zu benutzen. Der Eintritt zum Dorf ist frei. Die Höhle selbst kann nur mit Führung eines Mitarbeiters des Museums besichtigt werden. Man gelangt zu ihr über einen sich am Hang schlängelnden Fußweg. Selbstverständlich hat das Museum sein ganz spezielles Rentier.

Musée de Préhistoire
des gorges du Verdon
Route de Montmeyan
04500 Quinson
✆ +33 492 74 09 59
www.museeprehistoire.com

Tipp: Als eine etwas aus dem Rahmen fallende **Rentier-Route** darf sich die Strecke an der französischen Riviera rühmen: Auf einer Gesamtstreckenlänge von gut 300 km begegnen dem Individual-Urlauber eine prähistorische Tierwelt (Quinson), ein Wildnispark mit Artenvielfalt (Thorenc) sowie prähistorische Museen in Monaco und Ventimiglia. Der prähistorische, etwa 700 Hektar umfassende Park in Thorenc ***La Reserve des Monts d'Azur*** hat sich der Erhaltung der europäischen Fauna und

Flora auf die Fahnen geschrieben. Der Park ist in nur etwa gut einer Stunde von Nizza, Monaco, Ventimiglia und Grasse zu erreichen. Hier lassen sich Natur und Prähistorie durch angebotene Safaris in ursprünglicher Landschaft erleben. Dazu prähistorische Tiere wie europäische Bisons, Przewalski-Pferd, Rothirsch, Wolf und Luchs. Auch ist daran gedacht, die Rentiere in diese Artenvielfalt einzugliedern. Die Beobachtung der prähistorischen Fauna ist für Kinder wie für Erwachsene gleichermaßen reizvoll. Die Safari-Teilnehmer können dazu in Ecolodges übernachten.

Réserve Biologique
des Monts d'Azur
2651, route des Châteaux
06750 Thorenc-Andon
✆ +33 4 93 60 00 78
www.haut-thorenc.com

Nizza–Grasse–Thorenc; der Park liegt zwischen den Dörfern von Thorenc und Greolieres, Skigebiet.

Routen und Etappen
Gesamtstrecke ca. 300 km
Marseille – Quinson ca. 112 km
Quinson – Thorenc ca. 125 km
Thorenc – Nizza ca. 65 km

Ausgangspunkte:

Marseille oder Nizza/Cannes

Von Nizza oder Cannes nach Grasse auf der Autobahn fahren. Dann ein kurzes Stück auf der **Route Napoleon** (D 6085), Col de Ferrier (D 5) bis nach Thorenc zum Park.

Vom Park in Thorenc nach Quinson

Vom Park in Thorenc in westlicher Richtung (D 2) nach Castellane (D 4085) entlang der Verdon-Schlucht (D 952) zum Lac de Sainte Croix und Lac de Quinson bis zum Museum in Quinson fahren.

Von Quinson nach Marseille

Von Quinson auf der D 13 in südlicher Richtung zu den interessanten Dörfern Montmeyan und Tavernes. Von hier den D 554 und D 561 folgen (Dörfer: Varages, Esparron, Rians, Jouques). Dann Autobahn A 51 in Richtung Aix-en-Provence bis nach Marseille nehmen.

PYRÉNÉES-ATLANTIQUES

Toulouse, die Stadt in den Midi-Pyrenäen, ist nicht nur Zentrum der Luftfahrtindustrie des 21. Jahrhunderts, sondern bietet sich als idealer Ausgangspunkt für Rentier-Exkursionen an, wie etwa zur Höhle von Isturitz, sowie als Zielflughafen für die Entdeckung der Höhlen und Abris im Bereich der Dordogne. In der Stadt lässt es sich im Schatten der Platanen am Canal du Midi herrlich flanieren, geruhsam shoppen und in vielen wunderbaren Restaurants nach allen Regeln der Kunst schlemmen. Apropos Kunst, dieses Museum, mit Exponaten aus Indien,

Georges-Labit-Museum, Toulouse

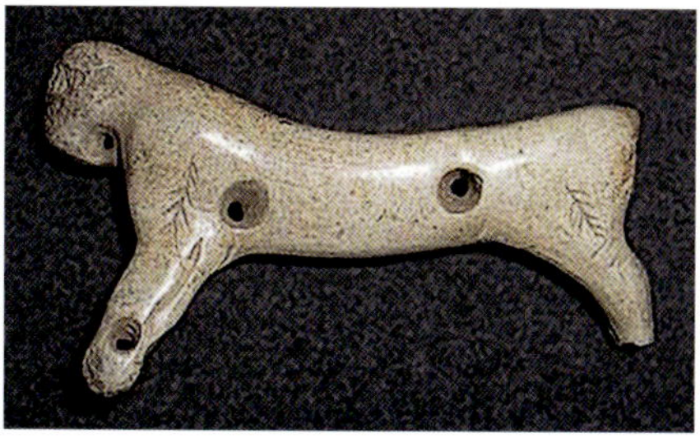

Katzenkopf-Anhänger aus Rentiergeweih, Höhle Isturitz

China, Kambodscha, Tibet, Nepal, Ägypten und Japan, sollte man sich, wenn man schon hier ist, auf gar keinen Fall entgehen lassen:

Georges-Labit-Museum
17 rue du Japon
31400 Toulouse
✆ +33 56 15 34 82 5
www.toulouse.fr

36 Höhle von Isturitz

Isturitz ist ein seit etwa 80.000 Jahren aufgesuchter zentraler Siedlungsplatz und verfügt über altsteinzeitliche Höhlenkunst. Hervorzuheben ist hierbei ein mit sich überlagernden Rentieren gravierter Kalksinterpfeiler. Die Entdeckung der Höhle erfolgte 1895, als beim Betrieb der Förderung von Phosphat prähistorische Objekte entdeckt wurden. Eindrucksvoll ist ein durchbohrter Anhänger, der einen Katzenkopf darstellt und aus einem Stück Rentiergeweih hergestellt wurde.

Grottes d'Isturitz et d'Oxocelhaya
64640 Saint Martin d'Arberoue
✆ +33 55 92 96 47 2
www.grottes-isturitz.com

Die prähistorischen Funde, darunter sehenswerte Rentier-Schmuckstücke, sind im Museum in Toulouse zu besichtigen.

Muséum de Toulouse
35 allées Jules Guesde
31000 Toulouse
✆ +33 05 67 73 84 84
www.museum.toulouse.fr

37 Höhle de Gargas

Nach jüngsten wissenschaftlichen Untersuchungen von *Cristina San Juan-Foucher*, *Carole Vercoutère* und *Pascal Foucher* konnten die hier gefundenen Knochen-Fragmente als

Lithografie der Höhle von Gargas aus dem 19. Jahrhundert

Schmuck und verzierte Objekte aus dem Aurignacien (die älteste archäologische Kultur des europäischen Jungpaläolithikums) zugeordnet werden. Darunter sind viele Rentiergeweihbruchstücke, aus denen prähistorischer Schmuck hergestellt wurde. Die Höhle wird in Frankreich als geschichtliches Denkmal (Monument Historique) eingestuft.

65660 Aventignan
✆ +33 56 29 88 15 0
www.numerigrottes-pyrenees.fr

Tautavel, Gorges De Gouleyrous, mit Höhle von Arago

PYRÉNÉES-ORIENTALES

38 Tautavel

Das Winzerdorf im Département Pyrénées-Orientales, 20 km nordwestlich von Perpignan gelegen, hat sich wegen seiner prähistorischen Funde internationales Ansehen verschafft. Dort wurde im Jahre 1971 in der ***Höhle von Arago*** ein Schädel des ***Homo erectus*** ausgegraben, der auch als „Homo von Tautavel" in die Forschungen über die Urgeschichte einging. Die Wissenschaft kann diesen menschlichen Über-

Prähistorisches Museum Tautavel

Homo erectus vor dem Prähistorischen Museum Tautavel

Blick auf Tautavel

Prähistorischer Park mit Rentierjäger-Workshops

restefund immerhin auf 450.000 Jahre v. Chr. datieren. Doch nicht nur dieses einmalige Relikt macht das Pyrenäen-Dorf für die Archäologie so sehr bedeutsam. Neben Werkzeugfunden wurden auch viele Rentierfragmente zu Tage gefördert. Das belegt, dass sich in der damaligen Steppenlandschaft Rentiere aufgehalten haben. In einem Nachbau der Höhle im „Musée de Préhistoire" nahe Tautavel werden neben menschlichen Fossilien u. a. die Tiere der Urwelt ausgestellt – beispielsweise der „Überlebenskünstler", das Rentier.

Musée de Préhistoire
Avenue Léon-Jean Grégory
66 720 Tautavel
✆ +33 34 68 29 07 76
www.tautavel.com

SOMME

39 Prähistorischer Park Samara

In diesem tollen, 35 ha großen Areal inmitten des Flusstales der Somme gelegen, ist es eine Freude, sich auf prähistorische Spurensuche zu begeben. Etwa im Ausstellungs-Pavillon, in dem 600.000 Jahre Menschheitsentwicklung (***Homo sapiens***) bis heute an der Somme vorüberziehen. Ergänzt wird dieser theoretische Teil in den praktischen externen Bereichen, in denen rekonstruierte Hüttenbauten erkundet werden können. In Führungen und pädagogischen Workshops wird u. a. erklärt, wie die Rentierjäger vor etwa 15.000 Jahren hier Werkzeuge hergestellt haben und Feuer entfach-

Angles-sur-l´Anglin, Felsen der Zauberer (Nachbildung)

ten. Für die Rekonstruktion der Park-Hütten und Zelte war die Fundstelle ***La Verberie*** ausschlaggebend, wo ein Rentierjäger-Lager gefunden wurde (90 km nördlich von Paris). Hier wurden die Nordlandtiere erlegt, wie Fundstücke von Knochenfragmenten und Zähnen belegen.

Parc de Samara
Route de Saint sauveur
80310 La Chaussée Tirancourt
✆ +33 22 51 82 83
www.samara.fr

TARN UND TARN-ET-GARONNE

40 Abris von Bruniquel (Tarn-et-Garonne)

Reiche Funde mit Tierzeichnungen auf Steinplatten und Knochen, u. a. geschnitzte Rentiere und Menschenzeichnungen. Tolles Camp, auf dem man einen prähistorischen Tag verleben kann.

Campement Préhistorique
82800 Bruniquel
✆ +33 56 32 42 40 0
prehistocamp.monsite.orange.fr

VIENNE

41 Angles-sur-l'Anglin

Das kleine Dorf (östlich der Stadt Poitou) besticht nicht nur als eines der schönsten Dörfer Frankreichs. Archäologisch besonders hervorzuheben ist, dass hier am Fluss Anglin auf dem ***Roc aux Sorciers*** (Felsen der Zauberer) ein Tier-Relief von einem steinzeitlichen Skulpteur vor 15.000 Jahren geschaffen wurde, das Wissenschaftler und Besucher des Museums gleichermaßen begeistert. Unmittelbar daneben in der ***Taillebourg-Höhle*** wurden enorme Funde an Rentierfragmenten gemacht, die ebenfalls im Museum betrachtet werden können. Eine besondere Erfahrung mit den Skulpturen eröffnet sich den Besuchern an der äußeren Gebäudewand. Denn dort lässt sich das als „Lascaux der Skulpturen" als Nachbildung in Harz gegossen, großflächig ertasten und fühlen.

Centre d'Interprétation
du Roc aux Sorciers
2, route des Certeaux
✆ +33 3 5 49 83 37 27
www.roc-aux-sorciers.com

Tipp: Rundwanderweg entlang dem Felsen. Bummel durch das schön gelegene Dorf mit altem Schloss und Wassermühle.

VOSGES

42 Darney

Der Ort in den ***Westvogesen*** (Region Lothringen, 38 km westlich von Epinal) ist zu einem Zentrum der Vorgeschichte geworden. Forscher haben hier u. a. den Kopf eines Bisons, ein Stück Mammut-Stoßzahn und einen Unterkiefer eines Rentieres gefunden. Damit haben die Wissenschaftler neben anderen Funden in dieser Region belegen können, dass hier vor etwa 5.000 Jahren unsere Vorfahren gelebt haben müssen. Die Funde werden als eindrucksvolle Exponate der Vorgeschichte der Westvogesen präsentiert. Außerdem gibt es Workshops, an denen Kinder, Jugendliche und Erwachsene gleichermaßen teilnehmen können. Dabei lernen sie, wie Schmuck, prähistorische Tiere wie Mammut und Rentier, auf Stein gezeichnet werden, aber auch wie mit Mitteln der vorgeschichtlichen Zeit ein Feuer entfacht werden kann.

Darney, Workshop für Steinzeichnen

Centre d'Animation de la Préhistoire
14 rue Stanislas, 88260 Darney
✆ +33 32 90 98 06 6
www.centreprehistoiredarney.fr

YVELINES

Bisonkopf, eingraviert auf einem Stück Rentiergeweih, Museum von Saint-Germain-en-Laye

43 Saint-Germain-en-Laye

Saint-Germain-en-Laye ist eine Stadt mit grünem Gürtel, etwa 19 km westlich von Paris gelegen. Im Archäologischen Museum ist ein Ausstellungsstück zu besichtigen, das ein weibliches Rentier mit seinem Kalb zeigt und auf einem Stein eingeritzt ist.

Place Charles de Gaulle
78100 Saint-Germain-en-Laye
✆ +33 1 39 10 13 00
www.musee-archeologienationale.fr

GROSSBRITANNIEN & KANALINSELN

Die ***Gower-Halbinsel*** in Wales zählt wegen ihrer traumhaften Strände zu den Top-Touristenattraktionen Großbritanniens. Berühmtes Postkartenmotiv ist die ***Tree Cliffs Bay*** im Süden. Gower sorgte im Sommer 2011 für Schlagzeilen, als britische Wissenschaftler eine im Jahr zuvor in einer Höhle entdeckte Felszeichnung auf über 12.000 Jahre datierten: Ein ***Rentier mit einem Speer*** im Hals. Dies ist die bisher älteste bekannte Felskunst der Inseln. Da die Archäologen wegen Touristenrummels Bedenken hatten, wurde der Fundort geheim gehalten.

Tree Cliffs Bay auf Gower:
Hier wurde 2010 eine Felszeichnung mit einem Rentier entdeckt.

Was den Walisern ihre Felskunst ist, das ist den Schotten ihre ***Rentierfarm in Cairngorm***. Nie gehört? Loch Garten ist sicher vielen Schottlandfans durch seine kleine Dampfeisenbahn ein Begriff, die Aviemore mit Boat of Garten verbindet. Hier in der Nähe bei Aviemore tummelt sich Großbritanniens einzige (und artgerecht gehaltene) Rentierherde im Gebiet des zweithöchsten Berges namens ***Cairn Gorm*** (1.245 Meter). Dank dem schottischen Enthusiasmus und der Hilfe eines schwedischen Rentierherdenkenners existieren die ***schottischen Rentiere*** seit 1952. Inzwischen umfasst die Herde gut 150 Tiere. Wen es nach Schottland zieht, der kann auch gleich im ***Wild Farm Cottage*** nächtigen und mit den Rentieren auf Trekking-Touren im Sommer gehen.

Reindeer House Aviemore 7
Cairngorms National Park
Invernessshire PH22 1QU
✆ +44 1479 861228
www.cairngormreindeer.co.uk

JERSEY

An der Nordwestspitze der Insel verläuft ein Klippen- oder Küstenpfad, der atemberaubend ist. Er lässt sich in Teiletappen gehen. Die Strecke ist ca. 3 km lang. Los geht's bei **Grosnez Castle**, einem schönen Aussichts-

Rentier-Trekking in Schottland im Gebiet des Berges Cairn Gorm

punkt, von wo man bei guter Sicht die Kanalinseln Guernsey, Herm, Sark und Alderney sehen kann. Nach dem Start bei der Burgruine sind ca. 600 m zu laufen, wo sich unterhalb des Küstenweges die berühmte Höhle **La Cotte à la Chèvre** befindet. Hier wurden im Jahre 1911 Fragmente eines Rentiers und anderer prähistorischer Tiere gefunden. *Joseph Sinel* (1844–1929), ein Insulaner, war Mitglied der archäologischen und antiquarischen Gesellschaft von Jersey und verfasste über diesen Fund ein Buch, das 1914 erschien. Nach den Erkenntnissen des Wissenschaftlers *Arthur Smith Woodward* vom Britischen Museum in London gab es auch auf Jersey Rentiere in der Eiszeit. Damit werde zugleich belegt, dass die Höhle La Cotte die Heimat erster Inselmenschen gewesen sein muss. Zu dieser Zeit waren die Inseln noch mit dem Festland verbunden. **Übrigens**: Prinz Charles war 1968 als Student der Uni Cambridge zusammen mit einem wissenschaftlichen Team bei Grabungsarbeiten in der Höhle von La Cotte.

Rentierfund im Museum

Im ***Jersey Museum*** von St. Helier werden nicht nur Geschichte und Kultur der Insel, sondern auch die Prähistorie durch die nahezu naturgetreue Nachbildung der Höhle La Cotte erlebbar, wo man die eiszeitlichen Tierknochen gefunden hatte.

Jersey Museum
The Weighbridge
St Helier, Jersey, JE2 3NG
✆ +44 15 34 63 33 00
www.jerseyheritage.org

An der Nordwestspitze von Jersey befindet sich die Höhle La Cotte.

Die Farm Klausturssel mit Rentieren

ISLAND

Die Insel aus Feuer und Eis bietet den Touristen in ihrem östlichen Teil reichlich Natur und Kultur. Die Region ist beliebt durch ihre blühenden Ortschaften, ihre heißen Quellen und die sauberen Strände. Zugleich ist sie ein Eldorado für das Beobachten von Rentieren in freier Wildbahn. **www.egilsstadir.is**

Touren durch Ostisland:
www.austfjardaleid.is

oben: Egilsstadir in Ostisland
unten: Blick auf Klausturssel mit seiner Farm, Ostisland

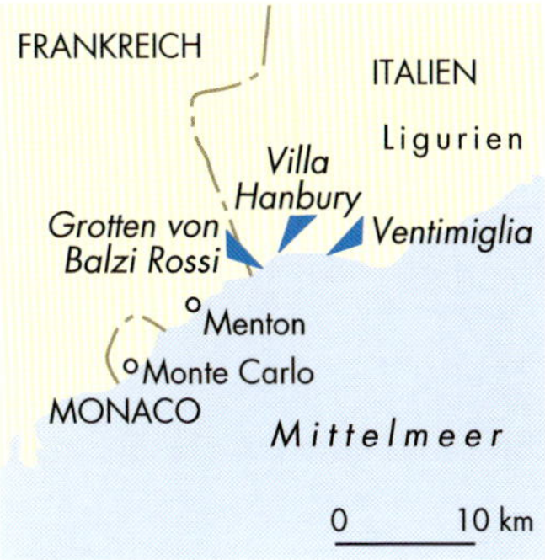

ITALIEN

Ligurien

Als letzte Ortschaft des ligurischen Westens hat sich ***Ventimiglia*** einen antiken Kern bewahrt und als wichtiges Touristenziel etabliert. Von hier bis Ospedaletti findet man in stetiger Aufeinanderfolge Strände und Gärten, blühende Villen und Hotels sowie kleine, in Naturstein konstruierte Dörfer, die sich im unmittelbaren Hinterland befinden. Von großem Reiz sind die Gärten rund um die ***Villa Hanbury***, wo seit dem 19. Jahrhundert etwa 6.000 lokale und exotische Pflanzen wachsen; die ***Grotten von Balzi Rossi*** zwischen Felsen mit rosarotem unverwechselbarem Farbton sind seit dem Paläolithikum bewohnt gewesen. Der Kalksandsteinkliff von Balzi Rossi besteht aus sieben Grotten: Grotte del Costantini, Grotte dei Fanciulli, Grotta del Florestano, Grotte del Caviglione, Barma Grande („Barma“ bedeutet Grotte, Höhle), Barma du Bausu da Ture und die Grotte del Principe. Ausgrabungen auf italienischer sowie französischer Seite brachten einige prähistorische Schätze ans Licht, welche heute im prähistorischen Museum von Balzi Rossi bei Ventimiglia ausliegen, das von *Sir Thomas Hanbury* Ende des 18. Jahrhunderts gegründet wurde.

Frühling in Ventimiglia (*oben*) und die Villa Hanbury (*unten*)

Die Grotten Balzi Rossi bei Ventimiglia

Die Sammlung des Museums besteht aus Stein-Ornamenten, Fossilien von prähistorischen Tieren wie Elefanten, Nilpferde, Rhinozerosse, aber auch Murmeltiere und sogar Rentiere.

Museum von Balzi Rossi
Via Balbi, 10, 16126 Genova
+39 01 02 71 82 02
+39 01 02 71 81
www.archeoge.liguria.beniculturali.it

Etwa 7 km westlich von Ventimiglia und weniger als 1 km von der Grenze zu Frankreich entfernt. Man kommt ganz einfach mit einem kleinen Umweg von der SS.1 Aurelia hierher.

In den Gärten der Villa Hanbury

Tipp: Die ***botanischen Gärten Hanbury*** auf dem Kap Capo Mortola, einem Meeresschutzgebiet, gelegen, erstrecken sich über ein Gebiet von 18 ha auf dem Vorgebirge der Mortola, im Gebiet von Ventimiglia, Provinz Imperia, wenige Kilometer von der Grenze zu Frankreich entfernt. Die Gärten entstanden ab 1867 aus der botanischen und naturalistischen Passion von *Sir Thomas Hanbury*, einem reichen Tee-Exporteur, der sich am westlichsten Ende von Ligurien niederließ. Später wurden die Gärten von seinem Bruder *Daniel* mit famosen Botanikern wie den Deutschen *Ludwig Winter* und *Alwin Berger* weiterentwickelt und in der ganzen Welt berühmt.

Amici dei Giardini Botanici Hanbury
c/o Arch. Italo Muratore
Corso Repubblica
218039 Ventimiglia IM
+39 01 84 35 11 26
www.amicihanbury.oranjuice.org

Auto: Autobahn A 10 Genua – Ventimiglia, Ausfahrt Ventimiglia. SS 1 Aurelia Richtung Frankreich Ponte San Luigi (7 km); Autobahn Escota A 8 Aix en Provence – Menton: Autobahn Menton. RN 7 Richtung Italien Ponte San Luigi. SS 1 Aurelia (3 km). **Zug**: Staatsbahn Genua–Ventimiglia (Bahnhof Ventimiglia). Endstation. Autobus RT Richtung Ponte San Luigi in der Via Cavour, 150 m vom Bahnhof von Ventimiglia entfernt.

KROATIEN

Kroatien wird wohl immer damit assoziiert werden, dass hier in den 60er-Jahren die Karl-May-Filme mit Pierre Brice, Götz George und Lex Barker in grandioser Landschaft und einer Seen-Kaskade für ein Millionenpublikum gedreht wurden. Die Schönheit des Landes besteht nicht nur aus den Küstenbereichen der kroatischen Côte d'Azur mit dem mondänen ***Opatia***, sondern auch aus den versteckten Kleinoden im Hinterland mit seiner ungewöhnlichen kulturellen und kulinarischen Vielfalt. Und es gibt – das ist im Allgemeinen nicht so sehr bekannt – einige sehenswerte Höhlen.

Panorama der alten Burg Starigrad in Varaždin

Eingangsbereich der Höhle Vindija

Vindija-Höhle

Die ***Špilja Vindija***, nördlich von Zagreb in Donja Voća gelegen, ist eine archäologische Fundstätte etwa 9 km nordwestlich von Ivanec und 20 km westlich von Varaždin. Sie wurde bekannt als Fundort der jüngsten Fossilien von Neandertalern in Mittel- und Osteuropa. Die Höhle wurde 1878 erstmals als archäologische Fundstätte erwähnt; erste Ausgrabungen fanden 1928 statt, die intensive Suche nach Fossilien begann jedoch erst Mitte der 1970er-Jahre. Entdeckt wurden u. a. zahlreiche Tierknochen, darunter Reste von Wollnashörnern, Saigas, Pferden, Rentier und Höhlenbär.

Tipp: 2010 wurde das **Neandertalermuseum** in Krapina eröffnet. Der Entwurf und die Ausführung jenes attraktiven Museumsteils, der das Leben der Neandertaler zeigt, wurde von der Pariser Bildhauerin *Elisabeth Doynes*, einer Expertin für hyperrealistische, dermoplastische Skulpturen, geschaffen.

Magistratska 11
49000 Krapina
✆ +385 49 371 330
www.tzg-krapina.hr

Ivanec ist als Ritterstadt bekannt. Das beweisen neben viel älteren Ausgrabungsstätten auch Dokumente um den „Ritterlichen Orden Sankt Johannis vom Spital zu Jerusalem". Danach haben die Ritter den Ort im 12. Jh. besiedelt. In einer ihrer Urkunden aus dem Jahr 1396 wird die Siedlung, das heutige Ivanec, erstmals erwähnt.

Zentrale für Tourismus
Trg hrvatskih ivanovaca 9b
42240 Ivanec
✆ +385 42 784 284
www.ivanec-turizam.hr
(nur kroatisch)

oben: Blick auf Ivanec
unten: Krapina, Neandertaler-Skulptur

Rentier im Zoo von Riga

LETTLAND

Zur eiszeitlichen Tierwelt des Landes zählten u. a. Rentiere. Deren Reste wurden in nacheiszeitlichen Bodenablagerungen gefunden, so etwa in ***Olaine*** anno 1906, nahe der Hauptstadt Riga. Funde in ***Salaspils***, 18 km südöstlich von Riga, lassen sich auf über 10.000 Jahre vor Christus datieren und weisen auf Rentierjägersiedlungen hin. ***Riga*** ist 2014 Kulturhauptstadt Europas und bietet Historie, Tradition sowie exzellente Küche. Sehenswert sind u. a. das Schwarzhäupterhaus, das Herder-Denkmal und die St.-Petri-Kirche. Auch das Naturkundemuseum sollte auf dem Programm stehen.

Naturkundemuseum Lettland
Krišjana Barona iela 4
Riga, LV 1050
✆ +371 67356023
www.dabasmuzejs.gov.lv/de

Wer in Riga weilt, sollte außerdem dem dortigen Zoo einen Besuch abstatten. Schon das Eingangsportal ist beeindruckend. Zur Tierwelt gehören auch die Rentiere, die täglich um 13.45 Uhr gefüttert werden.

Riga Zoologischer Garten
Meža prospekts 1, 1014 Riga
✆ +371 675 184 09
www.rigazoo.lv

Riga von oben

Foto-Tipp: Wer montags nach Riga kommt, kann leider den sonst geöffneten Turm der St.-Petri-Kirche nicht erklimmen, um ein Foto zu machen. Ein vielleicht noch besserer Blick bietet sich vom Balkon des 17. Stockwerkes der Akademie für Wissenschaften. Aus 65 m Höhe schweift der Blick über Alt-Riga, das Ufer von Daugava und die Stadtviertel von Prdaugava – und auf die St.-Petri-Kirche.

Die Burg von Liechtenstein

Schneeschuhe & Co. im Museum

LIECHTENSTEIN

Wer den Winter und den Ski-Langlauf in klarer Luft mag, der denkt nicht unmittelbar daran, dass zwischen dem High-Tech-Ski und Schneeschuhen von heute und aus grauer Vorzeit etwa 6.000 Jahre vergangen sind. Diese ältesten Dokumente des Skilaufs sind in einem ganz besonderen Museum von Liechtenstein zu sehen. Dort werden durch einzigartige Exponate das Leben mit

Ski und Schneeschuhen bei der Jagd nach Rentieren in grauer Vorzeit präsentiert. Das Ski- und Wintersportmuseum in Vaduz bietet aber noch mehr. Es zeigt originalgroße Abreibungen prähistorischer Felsgravuren, auf denen einzigartige Szenen mit Schneeschuhen und Skiern zu sehen sind.

FIS Ski- und Wintersportmuseum
Fabrikweg 5, 9490 Vaduz
✆ +423 232 15 02
www.skimuseum.li

Das mondäne Fürstentum Monaco aus der Vogelperspektive

MONACO

Das ***Musée d'Anthropologie de Monaco*** wurde im Jahre 1901 von Prinz Albert I. gegründet. Es präsentiert Funde der Region. Zahlreiche Skelette des Homo sapiens sind zu sehen, Steinwerkzeuge und Überreste von Grabstellen. Die Entwicklung der Tier- und Pflanzenwelt wird in Verbindung mit verschiedenen Klimaphasen dargestellt, in denen sowohl Flusspferde als auch Rentiere an der Côte d'Azur lebten. Über den Pavillon im Botanischen Garten haben die Besucher Zugang zur Höhle ***Grotte de l'Observatoire***. Im Eingangsbereich wurden Knochen von prähistorischen Tieren wie Elefanten, Höhlenbären sowie Rentier und Steinwerkzeuge gefunden. Diese Funde sind im Museum ausgestellt. Da die Einrichtungen alle dicht beieinander liegen, können bei einer archäologischen und botanischen Tagestour sowohl die Höhle, der Botanische Garten und das Prähistorische Museum besichtigt werden.

Musée d'Anthropologie de Monaco
Fondation du Prince Albert Ier
56 bis, Boulevard du Jardin-Exotique
98000 Monaco
✆ +377 98 98 80 06
www.map-mc.com

Das Anthropologische und Prähistorische Museum in Monaco

NORWEGEN

Norwegen – Land der Fjorde und Mitternachtssonne. Die Rentier-Fans können ihre Lieblinge in den Naturschutzgebieten live erleben, auf dem ***Olav-Pilgerweg*** historische Paarhufer-Relikte ausmachen und in Museen und Felszeichnungen die Rentierjäger-Kultur nachempfinden.

1 Felszeichnungen in Alta

Alta, am Ende des Altafjordes auf den Flussterrassen des Altaelva in Nordnorwegen gelegen, ist nicht nur eine der größten und wirtschaftlich bedeutendsten Städte des Finnmark, sondern liegt auch in einer Region, in der die ältesten Besiedlungsspuren Norwegens gefunden wurden.

In der unmittelbaren Umgebung von Alta wurden über 3.000 Felszeichnungen (***Helleristninger***) sowie 7 Wohnplätze mit einem Alter zwischen 2.500 und 6.200 Jahren entdeckt. Das archäologische Freilichtmuseum Alta wurde wegen seiner jungsteinzeitlichen und bronzezeitlichen Felszeichnungen 1985 in die Liste des Weltkulturerbes der UNESCO aufgenommen. Je nach Alter werden verschiedene Motive

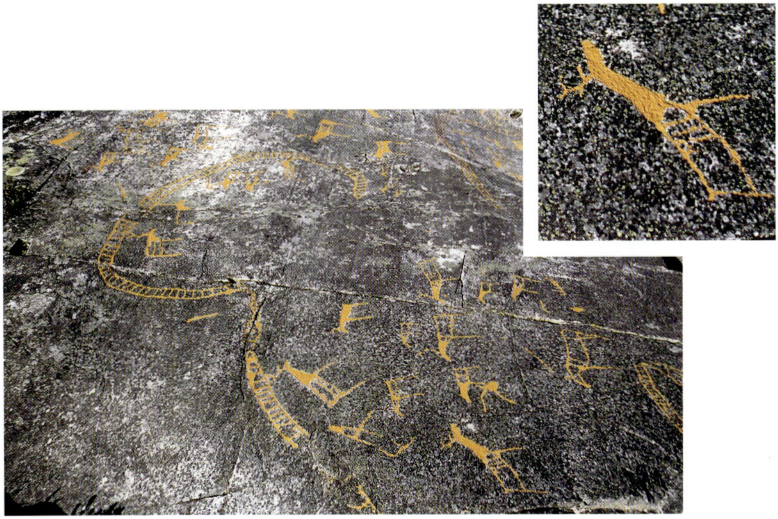

Felszeichnungen in Alta

von Tieren – etwa Landsäugetiere wie das Rentier – und des Menschen dargestellt.

Eine weltweite Rarität: Die „Treibjagd der Rentiere“

Eine Fels-Komposition ist die Rentiereinzäunung im linken Teil des Feldes, in der man Rentiere, einen Elch, zwei Boote und einen Menschen erkennen kann. Dies ist das älteste bekannte Bild in der Welt, auf dem Einzäunungen für die Treibjagd und die Sammlung der Rentiere dargestellt sind.

World Heritage Rock Art Centre –
Alta Museum IKS
Altaveien 19
9518 Alta
✆ +47 41 75 63 30
www.alta.museum.no

2 Das berühmteste Fels-Rentier der Welt

In ***Bølabua*** (Böla), 25 km nordöstlich von Steinkjer, Norwegens geografischem Mittelpunkt, befindet sich eine 5.000 Jahre alte Felszeichnung, auf der ein Rentier in Lebensgröße dargestellt ist. Mit 180 x 136 cm dürfte es die ***berühmteste Rentier-Zeichnung der Welt*** sein, die etwa 4.000 Jahre v. Chr. entstanden ist.

Das berühmteste Fels-Rentier der Welt befindet sich in Böla.

Bremanger und Drammen

In ***Vingen*** bei Bremanger (Westnorwegen) befinden sich etwa 4.000 Hirsch- und Rentierzeichnungen an einer steilen Felswand. Alle Tiere richten den Kopf nach dem Wasser unterhalb der Felsen. Dies soll mit der Jagdmethode zusammenhängen, bei der man die Tiere über die Felswand trieb. Die Felsbilder sind ein einzigartiges Kulturdenkmal. An der Küste befinden sich zwei der größten norwegischen Felder mit Felszeichnungen: Vingen und ***Ausevika*** in Flora. Ausevika ist für Publikum angelegt. Beide können während der Sommersaison mit einem Führer besucht werden.

Kalvåg Tourist Information
6727 Bremanger
✆ +47 48 14 04 88
www.fjordkysten.no/de

Eine norwegische Briefmarkenserie von 1963 mit Rentier, Fisch und Tierfalle erinnert an die Felszeichnungen (s.o.) bei Drammen.

Sehenswert ist auch das Sami-Museum in Bølabua/Bolarein.

Saemien Sijte
Flatbostad
7760 Snåsa
✆ +47 74 13 80 00
www.saemiensijte.no

Der Hafen von Tromsø

Die Eismeer-Kathedrale in Tromsø

3 Polarmuseum in Tromsø

Das Polarmuseum wurde am 18. Juni 1978 eröffnet, auf den Tag genau 50 Jahre, nachdem der Polarforscher *Roald Amundsen* Tromsø mit dem Flugzeug „Latham" verließ und durch einen Absturz ums Leben kam. Das Museumsgebäude wurde um 1830 erbaut und bis in die 70er-Jahre des letzten Jahrhunderts von der Zollbehörde als Lagerhaus benutzt.

Polarmuseum, Raum 2:
Spitzbergen oder Svalbard im 17. und 18. Jahrhundert

Der Name ***Svalbard*** stammt aus der nordischen Sprache, wie sie im Mittelalter gesprochen wurde. „Sval" bedeutet kalt und „bard" Kante. Zusammengesetzt bedeutet der Name „das Land der kalten Küste" (Spitzbergen). Übrigens: Auf Spitzbergen gibt es einen Hügel, der „Rennthiers Hügel" benannt wurde.

4 Der Rentierstamm auf Svalbard (Spitzbergen)

Die Rentiere auf Svalbard zeichnen sich durch ihr spezielles Aussehen im Vergleich zu anderen Artgenossen aus und gelten als ***Zwergrentierrasse***. Sie leben nicht in großen Herden, sondern in kleinen Gruppen und wandern auf kleinen Gebieten. Die guten Weiden bieten genügend Futter, außerdem haben die Rentiere auf Svalbard keine natürlichen Feinde. Das Lebensalter ist mit 17 Jahren durchschnittlich höher als bei den anderen Rentier-Arten. Ein besonderes Merkmal ist die bis zu 10 cm dicke Fettschicht.

Touristen auf Rentierjagd

In der zweiten Hälfte des 19. Jahrhunderts brachten Touristendampfer, Lustjachten und Eismeerkutter Touristen nach Svalbard. Jagd auf die Rentiere war bei den Touristen sehr beliebt. Nicht selten wurden die erlegten Tiere liegen gelassen, ohne dass Fell und Fleisch Verwendung fanden. Seit 1983 werden wieder Svalbard-Rentiere gejagt, nach festgelegten Jagdquoten für die Ansässigen und für Forschungszwecke.

Svalbard Museum
9171 Longyearbyen
✆ +47 79 02 64 92
✆ +47 79 02 64 90
www.svalbardmuseum.no

Samische Woche in Tromsø

Der Tag der Samen, der 6. Februar, ist der Jahrestag des ersten Treffens zwischen Samen aus dem Norden und dem Süden, aus Norwegen und Schweden. Es fand 1917 in Trondheim statt. Dieser Tag ist offizieller Ehrentag geworden und in ***Tromsø*** inzwischen ein jährliches Traditionsfest samischer Kultur, das sich über eine Woche erstreckt. Klar, dass in der „Rentier-Hauptstadt" Norwegens die Paarhufer mitten drin agieren, so etwa bei der Meisterschaft im Lassowerfen und den Rentierwettfahrten.

Visit Tromsø Tourist-Info
Postboks 311
9253 Tromsø
✆ +47 77 61 00 00
www.visittromso.no

Stiftung Norwegisches Wildrentierzentrum

Es sind eindrucksvolle Bilder, die auf **www.villrein.no** zu sehen sind. Und dazu dann der Satz: „Die Berge der Wildrentiere – ein europäisches Erbe, unsere Verantwortung." Genau darum geht es der „Stiftung Norwegisches Wildrentierzentrum und des Wildrentier-Rats". Norwegen verwaltet die letzten Reste des wilden europäischen Rentierbestandes in 23 mehr oder weniger getrennten Berggegenden in Südnorwegen und trägt damit besondere internationale Verantwortung. Die Stiftung verfügt über zwei Einheiten: „Norsk Villreinsenter Süd" in Skinnarbu in der Gemeinde Tinn und „Norsk Villreinsenter Nord" in Hjerkinn in der Gemeinde Dovre. Jedes Zentrum hat eine eigene definierte Wildrentierregion als geografisches Zuständigkeitsgebiet (südlich und nördlich des Sognefjords). Die beiden Wildrentierzentren geben Tipps für Wanderungen in den Bergen der Wildrentiere, einem Tier der Sonderklasse. Beide Zentren sind hochmodern mit Räumlichkeiten für Besucher und Aktionen ausgestattet.

Wildrentierzentrum Nord
2661 Hjerkinn
✆ +47 95 05 47 55

Wildrentierzentrum Süd
Skinnarbu, 3660 Rjukan
✆ +47 35 08 05 80
www.villrein.no

NATIONALPARKS

5 Rentierjäger-Wandertour in Skjåk: Nationalpark Breheimen

In der Nähe des Berghotels „Grotli" wurde ein Kulturlehrpfad angelegt, der die Rentierjagd zum Thema hat. Der Pfad ist etwa 2 km lang und leicht zu gehen. Entlang dem Pfad sind viele Fanggruben für Rentiere zu sehen, auch Unterstände für die Bogenschützen (bågåstøer) und Unterschlupfe in den Bergen von Skjåk.
www.visitjotunheimen.com

6 Nord-Europas größte Hochebene: Nationalpark Hardangervidda

Die Vidda ist als Heimat des größten Wildrentierbestandes in Europa sehr wichtig. Sie ist gleichzeitig das südlichste Ausbreitungsgebiet für Polarfüchse, Schneeeulen und zahlreiche arktische Pflanzen- und Tierarten.

RV 7 über die Hardangervidda, RV 40 von Nore Ulvdal, RV 13 am Sørfjord entlang, RV 11 über Haukelifjell, RV 37 bei Møsvatn.

7 Nationalpark Dovrefjell-Sunndalsfjella

Die Hochgebirgsfauna dieser Region mit wilden Rentieren, Vielfraßen,

Blick in den norwegischen Nationalpark Hardangervidda

Polarfüchsen und Steinadlern ist intakt. Eine Eigenheit des Dovrefjell ist der große Bestand von Moschusochsen. Die wilden und wunderschönen Berge von Sunndalsfjella bieten den Rentieren ein perfektes Gebiet für die Sommerweide und zum Kalben, während die Tiere im Winter in die niederschlagsarmen Gebiete weiter östlich ziehen.

Bahnhof Kongsvoll und Hjerkinn. Mit dem Auto: E6 Dovrefjell, E6 Oppdal, RV62 oder RV70 über Sunndal.

Wildrentiersafari

In Eikesdalen, an der Schwelle zum Nationalpark Dovrefjell, können Sie an einer Wildrentiersafari teilnehmen, dabei im Zelt übernachten und gut essen – und das alles, während Sie den vielleicht letzten ursprünglichen Wildrentierstamm in Europa aus nächster Nähe erleben. Bei der Safari lernen Sie auch den Geschmack des Wildfleischs kennen: Es wird in einem 3-Gänge-Menü im traditionellen Samenzelt, dem ***Lavvo***, serviert. Eine Übernachtung darin ist unbedingt zu empfehlen, auch wenn komfortablere Unterkünfte hier möglich sind. Die Safari-Guides sind orts- und naturkundig und haben mehrjährige Jagderfahrung. Begeben Sie sich mit ihnen auf eine Zeitreise in die ***Fosna-Kultur***.

Contrast Adventure
Auragata 3, 6600 Sunndalsøra
+47 95 23 12 4
www.contrastadventure.no

Die Gegend um ***Eikesdalen*** ist ein herrliches Wandergebiet. Touren hier sind auch für Kinder und ältere Urlauber geeignet. Leider werden hier auch Jagden auf Wildrentiere angeboten.

8 Snøhetta und die „Hütte"

Der spektakuläre Ort Snøhetta liegt am Rande des Dovrefjell-Nationalparks in 1.250 Metern Höhe. Der Hauptzweck des nur 75 m² großen, eindrucksvollen Bauwerks ist es, Schulklassen und Besuchern einen Beobachtungs- und Informations-Pavillon zu geben. Bergführer unterrichten hier über die einmalige Flora und Fauna und die Geschichte des Dovre-Bergplateaus. Auftraggeber der Hütte ist die „Stiftung Wildrentiere". **www.villrein.no**

Architektonisches Kleinod mit grandiosem Blick: die „Hütte" von Snøhetta

9 Nationalpark Reinheimen

Der Nationalpark ist Teil des zweitgrößten von industriellen Eingriffen verschonten Gebietes in Südnorwegen. Unberührte Wildnis prägt das Bild dieser äußerst abwechslungsreichen Gebirgslandschaft. Hier finden wir bis heute die meisten Bestandteile des ursprünglichen alpinen Ökosystems – wilde Rentiere, Vielfraße, Steinadler, Jagdfalken und Schneehühner. Überall in Reinheimen wird man Kulturdenkmäler aus der Zeit des traditionellen Rentierfangs entdecken.

Pilgerweg des heiligen Olav 3

Nicht nur nach Santiago de Compostella oder auf Mallorca führen christliche Pilgerwege. Als echter Geheimtipp steht der ***Olavsweg*** (deklariert als europäischer Kulturweg) den anderen in keiner Weise nach. Denn neben den sakralen Besonderheiten der Stabkirchen, dem ***Nidaros-Dom*** in Trondheim bieten die Kirchen am Wallfahrtsweg eine echte Alternative zu den bisherigen meist überlaufenen südlicher gelegenen Pilgerwegen – nicht zuletzt, weil an den einzelnen Streckenabschnitten in ruhiger, friedlicher Umgebung die Kulturgeschichte Norwegens *und* Rentiere ständige Begleiter sind. So können die Pilger auf der Dovrefjell-Route innehalten und die Tiere in freier Wildbahn sehen, die sie immer wieder auch

ein Stück des Weges begleiten. Auf dem Abschnitt über Gudbrandsdalsleden kommen die Pilger zum Kulturdenkmal ***Bågåstelle***. Eine „Bågåstelle" ist ein gemauerter Ansitz, von dem aus Jäger mit Pfeil und Bogen die Rentiere erlegten. Ebenso stoßen Wallfahrer auf eine Fallgrube, in der Rentiere gefangen wurden.

Der gesamte Olavsweg von Oslo bis zum Europäischen Nordmeer verläuft durch uralte Sami- und Rentiergebiete. Entlang des Pilgerweges stößt der Wanderer immer wieder auf Spuren der nordischen Ureinwohner mit ihren Rentierherden.

Westfront der Nidaros-Kathedrale in Trondheim

Darstellung des heiligen Olav

Auf dem Olavsweg: Ein Platz, wo Rentierjäger auf Beute warteten.

Unterwegs auf dem Olavsweg

National Pilgrimsenter
Munkegata 2, 7013 Trondheim
✆ +47 73 52 25 78
www.stolavsleden.com
(Informative dt. PDF-Broschüre mit druckbaren Wanderkarten)

⑩ Varanger – dort wo die Welt (doch nicht) zu Ende ist

Man glaubt es kaum: herrliche, feine Sandstrände und Begegnungen mit Rentieren direkt am Meer. Das kann durchaus so sein, ganz hoch oben im äußersten östlichen Zipfel von Norwegen – in Varanger. Sehenswert ist hier u. a. auch das ***Varanger Sami-Museum*** (mitten im Zentrum), das ganz speziell die Kulturgeschichte der auf der Varangerhalbinsel lebenden Sami dokumentiert und vermittelt.

Sami-Museum Varanger
Inggagoathi
9840 Varangerbotn
✆ +47 41 07 00 50
www.varanger.com
www.varjjat.org (Museum)

Tipp: Hamningberg ist zwar nur ein kleines, verlassenes Fischerdörfchen in Nord-Norwegen, welches heute nur noch als Ferienort dient, aber die Reise dorthin lohnt sich dennoch. Etwa 40 km von Vardo in westlicher Richtung befindet sich nämlich einer der schönsten Sandstrände des Landes. Das wissen auch die Rentiere schon seit langem, die sich hier oft zu Hunderten zur Abkühlung „on the beach" ein Stelldichein geben. Mit etwas Glück können in der Badebucht auch Adler und Wale beobachtet werden.

Sami-Museum in Varanger

St. Michaelsmesse bei den Sami

Jährlich einmal wird in der letzten Septemberwoche die St.-Michaels-Messe gefeiert. Sie beginnt stets Freitagnachmittag und endet am Sonntag. Der Grundgedanke dieser Veranstaltung ist, dass Menschen aus verschiedenen Kirchenverbänden und anderen Glaubensrichtungen zusammenkommen, um einander besser zu verstehen.

www.varanger.com

Kapelle in Hamningberg

11 Røros

Das norwegische Bergbaustädtchen Røros liegt südöstlich von Trondheim unweit der Grenze zu Schweden. Seit der Mitte des 17. bis in die 70er-Jahre des 20. Jahrhunderts

Hamningberg mit seinen schönen typischen norwegischen Häuschen

In Røros befindet sich die nördlichste Sanddüne Europas.

wurde hier ***Kupfererz*** abgebaut, was das Aussehen der Stadt sehr geprägt hat. Die großteils erhaltene alte Bausubstanz hat Røros eine Eintragung

Im Bergbau-Museum Røros

als Weltkulturerbe ermöglicht. Im Bergbau-Museum ist eine Plastik zu bewundern, die dem Rentier gewidmet ist. Zu Ehren kam das Nordlandtier hier deshalb, weil – so die Legende – ein vom Jäger *Hans Olsen Aasen* getroffenes Rentier in seinem Todeskampf mit den Hufen ein Stück glänzendes Stück Stein aus der Erde scharrte, nämlich Erz. Das bescherte den Bauern fortan wirtschaftlichen Erfolg. In Røros wurden übrigens auch Filmsequenzen von „Pippi geht von Bord" (1969) gedreht. Was dem Städtchen aber darüber hinaus einen besonderen Status verleiht, das ist seine kleine Sanddüne. ***Kvitsanden*** gilt als die nördlichste Sanddüne Europas; sie liegt etwa 1 km nordwestlich vom Zentrum. 2 km entfernt werden ***Rentierschlittenfahrten*** mit Chauffeur oder für Selbstfahrer angeboten. Hierbei können die Tiere auch gefüttert werden; Lassowerfen steht ebenso auf dem Programm wie Tipps zum Zähmen von Rentieren. Saison ist von Dezember bis April.

RØROSREIN

Rentierzentrum Rørosrein
Hagaveien 17, 7374 Røros
✆ +47 72 41 10 06
www.rorosrein.no
www.roros.no

ÖSTERREICH

Als „Sensationelle Entdeckung" betitelte das Clubjournal „Baumit aktuell" 1999 den Fund in der ***Lurgrotte*** in Peggau (Steiermark, Graz). Dem Bericht zufolge wäre es zwei Wissenschaftlern gelungen, Rentierknochen mit Spuren der Radiokarbon-Datierung auf ein Alter von wahrscheinlich mehr als 50.000 Jahren vor heute festzulegen. Das sei ein Hinweis auf eine vielleicht mehr als 50.000 Jahre alte ***Rentierjäger-Station***. Heute wird ein Teil des bedeutsamen Fundortes der Lurgrotte als Schauhöhle genutzt

www.lurgrotte.com

Stillfried – Zentrum der Urzeit

Wer mit der Geschichte des Bernsteins und der Rentier-Archäologie etwas am Hut hat, sollte sich unbedingt nach Stillfried begeben. Das liegt an der berühmten Bernsteinstraße, die von der Kurischen Nehrung über Österreich bis nach Italien führte (etwa 900 v. Chr.). Seit mittlerweile 13 Jahren findet dort das Bernsteinstraßenfest statt.

Stillfried-Zentrum der Urzeit
Museum für Ur- und Frühgeschichte
Hauptstraße 23
2262 Stillfried an der March
✆ +43 67 66 11 39 79
www.museumstillfried.at

Stillfried-Zentrum der Urzeit

„Rentier"-Wein

Gobelsburger Spitzenwein wächst auf „Rentier"-Lager. Die Lage Grub befindet sich genau zwischen dem Heiligenstein und dem Gaisberg in Niederösterreich. Etwas erhöht und wunderbar windgeschützt dehnt sich der Weingarten als ehemaliger Lagerplatz für Mammut- und Rentierjäger aus. Als nämlich vor 20.000 Jahren noch Mammute und Rentiere durch die Ebene von Langen-

Schlosskirche und
Schloss Gobelsburg

lois zur alten Donau zogen, zogen von hier aus die Jäger los, um dann die erlegte Beute zurück ins Lager zu bringen, wo sie dann zerlegt wurde und die Überreste liegen gelassen wurden. So bildete sich über die Jahre dieses steinzeitliche Rentier-Knochenbett, das heute die Grundlage u. a. für den „Schloss Gobelsburg Grüner Veltliner Kammerner Grub“ bildet.

Schloss Gobelsburg liegt mitten im Ort, die Weingärten in Gehweite. Bis zum Fundort der ***Knochenflöte*** (s. dazu auch S. 44) braucht man zu Fuß etwa 20 bis 25 Min. Der Fundort liegt inmitten grüner Veltliner Weingärten des Weingutes „Schloss Gobelsburg“, die ***Riede Grub***, an der ein Hinweisschild auf den Fund aufmerksam macht. Der Fund aus dem Jahre 1994 – eine Rentier-Knochenflöte, datiert auf etwa 20.000 Jahre – wird im Urgeschichtlichen Museum in Asparn (s. S. 44) aufbewahrt (**www.mamuz.at**), wo sie in der Dauerausstellung zu besichtigen ist.

Übrigens: Asparn war nicht nur Station und Lagerstätte von Rentierjägern, sondern ist, wie Stillfried, auch ein Kreuzungspunkt auf der Bernsteinstraße.

Weingut Schloss Gobelsburg GmbH
Schlossstraße 16
3550 Gobelsburg
✆ +43 27 34 24 22
www.gobelsburg.at

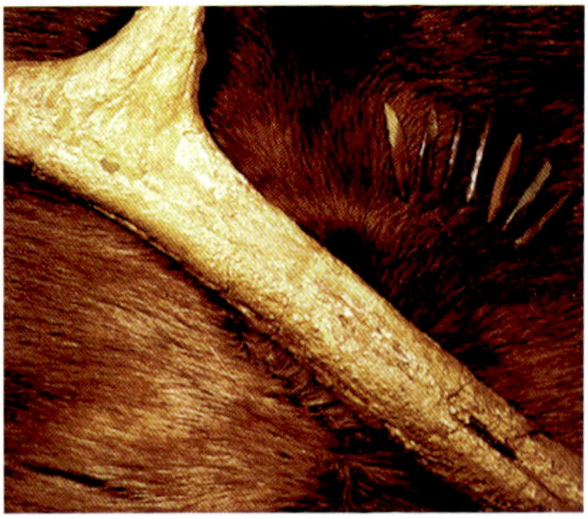

Schloss, Asparn, Zaya (oben) und
Knochenflöte, Urgeschichtliches
Museum Asparn

Die Burg von Bobolice in der Nähe der Stajnia Höhle

POLEN

Manche Regionen des heutigen Oppelner Landes gehören zu jenen Gebieten in Polen, die durch die siedlungsfreundliche geografische Lage und fruchtbaren Böden schon sehr früh und auch sehr dicht besiedelt wurden. Hierzu zählt zweifellos die Mährische Pforte/Brama Morawska, durch die viele Völker gen Norden gezogen sind. Die ältesten Homoniden-Spuren auf diesem Gebiet sind 200.000 Jahre alt. Siedlungsspuren von Neandertalern wurden in der Nähe von Ratibor/Racibórz (Habergrund/Owsiszcze, Kornitz/Kornice, Berendorf/Bieńkowice) gefunden. Neuere Spuren (40.000 Jahre v. Chr.) fand man in Dzierżysław (Landkreis Leobschütz/Głubczyce), in der Nähe des Sankt Annaberges, im Neisse--Gebiet. Die Jäger der Eiszeit jagten hier Rentiere und Mammuts.

www.visitopolskie.pl

Im Wigry-Nationalpark ist das Museum in Stary Folwark zu besichtigen (s. S. 128). In der Nähe liegt die Stadt Białystok mit ihrem Branicki-Palast, Versailles von Podlachien, und das Esperantomuseum.

Stajnia Höhle bei Bobolice

Einen bedeutsamen Fund konnte 2010 ein polnisches Wissenschaftsteam vermelden: drei Zähne eines Neandertalers in der Stajnia Höhle, 50 km von Bobolice entfernt. Neben den menschlichen Überresten

Baumallee auf dem Weg von Białystok nach Mikolajki

wurden aber auch noch Tierknochen, meist von Rentieren, gefunden. Die Funde datieren zwischen 80.000 und 100.000 Jahren v. Chr. Eine Besonderheit weist ein gefundenes damaliges Werkzeug auf: Es ist ein Hammer, der aus einem Stück Rentiergeweih und Knochenteilen eines Höhlenbären handwerklich hergestellt wurde.

Tipp: Besuchen Sie Bobolice mit seiner eindrucksvollen Burg. Von hier aus kann man gut die Umgebung auf einem Burgenweg erkunden.
www.zamekbobolice.pl

Landschaftsparks in der Woiwodschaft Łódz

Um die wertvollen naturlandschaftlichen Vorzüge der Region wirksam zu schützen, wurden auf dem Gebiet von Łódz 7 Landschaftsparks angelegt. Auf dem „Maierhof Kołacinek" wird den Besuchern das Modell eines polnischen Dorfes vor 150 Jahren näher gebracht. In der Winterzeit (November–Februar) ist das Wunderland von St. Nikolaus zu besuchen: Allen voran St. Nikolaus mit seinen Rentieren. Den Besuchern stehen auch ein Restaurant und ein Hotel zur Verfügung.

Herrenhaus Kołacinek
Kołacinek 21, 95-061 Dmosin
✆ +48 468 747 686
www.lodzkie.travel

Rentier-Farm in Czelin

Dass die Neumark immer wieder für Überraschungen gut ist, beweist der kleine Ort Czelin: Hier werden Rentiere gezüchtet. Die aus Skandinavien stammenden Tiere fühlen sich als „echte Neumärker" und können besichtigt werden.

Aus Richtung Kostrzyn kommend weiter in Richtung Mieszkowice fahren. Vor Erreichen des Orts rechts abbiegen. Nach Bahngleisen weiter der Straße folgen und ca. 2 km vor dem Ort Czelin rechts zur Rentierfarm abbiegen.

Bio-Farm in Czelin
Bartosz & Andrzej Woźniakul Mieszka
974-505 Mieszkowice
✆ +48 603 05 04 78
www.biogospodarstwo.pl

PORTUGAL

Parque Arqueológico do Vale do Côa

Die archäologischen Grabungsarbeiten in Portugal stehen erst am Anfang von möglichen spektakulären Funden. Zwar wurden schon einige prähistorische Höhlen entdeckt, beispielsweise in der Algarve, im Alentejo und im Norden. Doch ähnlich wie in Spanien darf man davon ausgehen, dass die Forscher

Felsritzzeichnungen von Vale do Côa; einige Motive lassen eine Deutung auf Rentiere zu.

Der Douro mit seinen Weinhängen

noch Erstaunliches in Sachen Höhlenkunst und Felsmalereien zu Tage fördern werden. Sensationell waren u. a. die Malereien im Tal des Flusses Côa, dessen Kunst schon seit 1998 als ***UNESCO-Weltkulturerbe*** eingestuft wurde. Hier wurden im Park an 60 Stellen Felsritzzeichnungen u. a. mit Pferden, Ziegen und Auerochsen als Motive interpretiert. Die ältesten der Freiluft-Gemälde reichen bis in die Altsteinzeit zurück. An 26 Stellen gibt es Motive von Hirschen, die auch eine Deutung auf Rentiere zulassen (gut sichtbar am Fels Nummer 148). Der Sitz des Nationalen Zentrums für Felsmalereien von ***Vale do Côa*** befindet sich in Vila Nova de Foz Côa. Wohl einzigartig in Europa ist, dass sich der archäologische Park Vale do Côa und der grenznahe spanische prähistorische Park ***Siega Verde*** der Felsbildkunst verschrieben haben.

Tipp: Für eine Douro-Flusskreuzfahrt schauen Sie sich die Ausflugsprogramme der Reiseanbieter an. Oft steht auf dem Weg entlang der terrassenförmig angelegten Weinhänge auch der Besuch von Vila Nova de Foz Côa im archäologischen Park an.

SCHWEDEN

Kungsleden, ***einer der besten Wanderwege der Welt***, führt 450 km durch die schwedische Bergwelt von Hemavan im Süden bis Abisko im Norden von Västerbotten. Auf dieser Strecke bietet der „Königsweg" abwechslungsreiche Natur und tolle Bergerlebnisse mit Rentieren.

Das Museum in Tanum

1 Tanum und seine Felsritzzeichnungen

Bei Tanum wurden zwei Museen (etwa 8 km voneinander entfernt) für Felsritzungen errichtet, um das Verständnis für die etwa 10.000 Bilder in der Region zu verstärken. *Dr. Gerhard Milstreu*, Direktor des Tanum Rock Art Museums, befürchtet, dass die Felsritzungen (u. a. Ab-

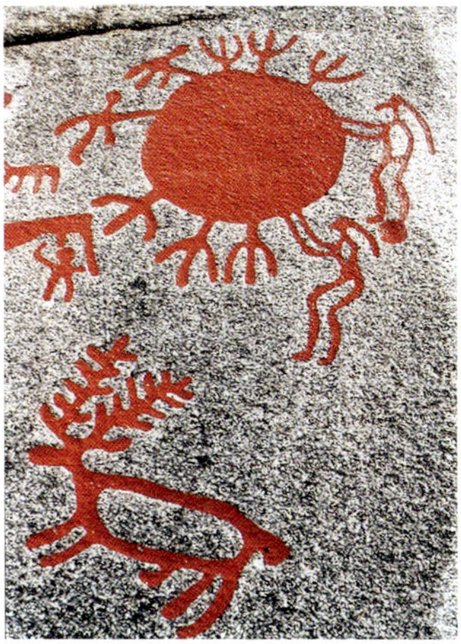

Tanumshede: Felszeichnung

Mittsommernacht in Skansen

bildungen mit Rentieren) in vielleicht 100 Jahren – bedingt durch die negativen Folgen von Industrie- und Umwelteinflüssen (saurer Regen) – als Kulturerbe verloren gehen könnten.

Tanums Hällristningsmuseum
Underlös (Tanum Rock Art Museum)
45791 Tanumshede
✆ +46 525 29 555
www.rockartscandinavia.se

Vitlycke Museum
Vitlycke 2, 45793 Tanumshede
✆ +46 525 209 50
www.vitlyckemuseum.se

2 Freilichtmuseum Skansen, Stockholm

Wer nicht alle abwechslungs- und kulturreichen Landstriche persönlich besuchen kann, der liegt bei Skansen in Stockholm genau richtig. Denn hier – im ersten Freilichtmuseum der Welt – befindet sich ***Schweden in Miniatur***: Von den Wohnstätten der Sami im Norden bis zum Skånegården im Süden.

Skansen wurde 1891 vom Völkerkundler *Artur Hazelius* gegründet und recht schnell sehr beliebt. In mehr als 160 Häusern und Höfen aus dem ganzen Land und aus verschiedenen Epochen wird Schweden dargestellt. Im angeschlossenen Tierpark werden skandinavische Arten präsentiert, z. B. Wolf, Luchs, Vielfraß, Braunbär, Elch und Rentiere. Sie leben im Skansen in der Nähe samischer Wohnstätten, um zu zeigen, wie die Sami in Nordschweden leben.

Skansen
(Insel Djurgården, Stockholm)
Djurgårdsslätten 49
115 93 Stockholm
✆ +46 8 442 80 00
www.skansen.se

Västerbotten

Västerbotten ist eine der schönsten Wildnisse in Europa mit den Annehmlichkeiten des 21. Jahrhunderts. Dass die Region stark von den Samis geprägt ist, macht auch das Wappen mit Rentier deutlich (s. S. 170).
www.vasterbotten.net

Tipp: Samilager Njarka (**www.njarka.com**), wo Rentiere aus der Nähe betrachtet werden können.

Im Njarka Sami-Lager

❸ Umeå – Kulturhauptstadt 2014

Mit 116.000 Einwohnern ist Umeå die größte Stadt Nordschwedens. Es gibt ein reichhaltiges Kulturangebot mit etablierten Theater- und Musikbühnen. **www.umea.se**

Skiline von Umeå

Västerbottens Museum in Umeå hat eine permanente Ausstellung über die Sami in der Provinz (s. u. Freilichtmuseum Gammlia).

Freilichtmuseum Gammlia

Das Museum liegt im Zentrum von Umeå. Auf dem Areal befinden sich u. a. drei verschiedene Sameviste, Sami-Siedlungen, als Beispiele für samische Bautradition. In den Lappenkaten kann der Besucher Kaffee trinken und mehr über die samische Kultur erfahren.

Västerbottens museum, Gammlia
Box 3183, 90304 Umeå
✆ +46 90 16 39 00
www.vbm.se

❹ Lycksele

Die Stadt ist seit 400 Jahren Handelszentrum im Binnenland, heute ist sie ein wichtiges, modernes in Südlappland. Die Fußgängerzone ist von Warenhäusern, Fachgeschäften, Cafés und Restaurants gesäumt. Parks, großzügige Grünflächen und

Lycksele, ein altes Handelszentrum

das Fließwasser des Umeälven machen Lycksele zu einer schönen und angenehmen Sommerstadt.
www.lycksele.com

Offerhällan

Åsele ist ein Ort in der schwedischen Provinz Västerbottens län und der historischen Provinz Lappland. Es liegt 160 km westlich von Umeå. Etwa 16 km außerhalb von Åsele

Aussicht von der Klippenstelle

Orte der Sami nach badischer Prinzessin benannt: Die schwedische Provinz „Västerbotten län“ ist Teil der historischen Provinz von Lappland. In vielen Orten können die Besucher noch heute die faszinierende samische Kultur kennen lernen, etwa in Dorotea (s. S. 417), Fredrika und Vilhelmina. Die drei haben eine Geschichte, die bis in die badische Markgrafschaft Karlsruhe reicht. Hier wurde Prinzessin Friederike Dorothea Wilhelmine von Baden am 12. März 1781 geboren. Als Frau von König Gustav IV. Adolf war sie von 1797–1809 die Königin von Schweden. Sie starb 1826 in Lausanne. Die beliebte Regentin wurde sehr verehrt, was sich auch in der Benennung dieser drei Orte ausdrückt. Eine weitere Hommage wird der schwedischen Herrscherin zuteil, indem die genannten Orte als das „Königinnenland“ bezeichnet werden. Auch die Pfarrei Dorothea (gegr. 1799) wurde nach der Prinzessin benannt. Der Ort „Fredrika“ geht auf Viska (vom samischen „Visteke“ = an Rentierflechte reich) zurück.

liegt ein alter ***samischer Bestattungsort***, eine Art „Sippenklippe", von der sich, so vermutet man, nach einer alten samischen Tradition alte Menschen stürzten, um ihrer Sippe nicht zur Last zu fallen. An dieser Klippenstelle hat der Besucher eine rundum tolle Aussicht.

Åsele Turisteninformation
✆ +46 94 11 40 78
www.lapplandturism.se

Svansele Vildmarkscenter

Hier sind 650 Tiere, darunter auch Rentiere, in ihrer natürlichen Umgebung zu sehen. Es gibt Übernachtungsmöglichkeiten und verschiedene Aktivitäten. Das Essen wird über offenem Feuer zubereitet.

Svansele 67, 93693 Boliden
✆ +46 91 52 10 00
www.svansele.se

Lycksele Djurpark

Im nördlichsten Tierpark Schwedens sind die Tiere des Nordens aus nächster Nähe betrachtbar: Elche, Bären und Rentiere. Ganz besonders im ***Weihnachtszoo***, wenn Santa Claus seine Rentiere füttert.

Brännbergsvägen
92136 Lycksele
✆ +46 95 01 63 63
www.lyckseledjurpark.se

Wildrentier im „Djurpark"

Fatmomakke – Kulturaustausch am See Kultsjön

In Kultsjödalen liegt die samische Kult- und Kirchensiedlung Fatmomakke. Sie wurde seit Ende des 18. Jahrhunderts von den Sami und später auch von Siedlern bewohnt. Die kleine Holzkirche aus den 1880er-Jahren wird noch genutzt und etwa 80 Katen und Vorratshäuser liegen entlang mehrerer Pfade an den Berghängen. Die Holzhäuser der Siedler hingegen wurden am Seeufer errichtet. www.fatmomakke.se

Risfjells Samegalleri, der samische Museumsbereich in Vilhelmina zeigt u. a. das größte Sami-Messer der Welt mit einer Länge von 2,5 m. In der

Die Kirche von Fatmomakke

Bibliothek von „Folkets Hus" in Vilhelmina befindet sich eine der größten und bedeutendsten Literatursammlungen des Landes über Sami in samischer und in schwedischer Sprache.

Storgatan 8
91233 Vilhelmina
✆ +46 94 01 52 05
www.sameslojd.se

Sutme Lappläger

Sutme Lappläger westlich von Borgafjäll ist etwa 200 Jahre alt. Hier gibt es drei Samikaten, eine davon ist öffentlich zugänglich.

Dorotea Turistbyrå
Storrgatan 40
917 81 Dorotea
✆ +46 94 21 40 63
www.lapplandturism.se

Lappstan in Malå mit 21 Hütten veranschaulicht die Bautradition der Waldsami.
www.mala.se

Kirchdörfer – wichtige Treffpunkte

In Schweden gab es gut 70 Kirchdörfer, heute sind nur noch 16 „belebte" übrig, einige davon in Västerbotten. Sie wurden wegen der Kirchgangspflicht im Land angelegt, d. h. man musste die Kirche besuchen. Für viele bedeutete das eine lange Anreise, in den Kirchhäusern war Platz für Übernachtung.

Lapplatsen in Ammarnäs

Der kleine Flecken hat nur 14 gezimmerte Häuschen, die von den Sami an den Kirchenwochenenden zur Übernachtung genutzt wurden. In Ammarnäs gibt es eine schindelverkleidete Holzkirche von 1912.
www.svenskaturistforeningen.se

5 Dorotea

Dorotea ist der Hauptort der gleichnamigen Gemeinde. In diesem seit Urzeiten samisch besiedelten Land-

Der Bahnhof von Dorotea

strich können Sie auch heute noch die faszinierende ***Rentierscheidung*** erleben und ein Samilager besichtigen. Das Samilager Sutme ist etwa 200 Jahre alt. Die Samilager Storviken und Lappvallen sind auch noch im Originalzustand und auf jeden Fall einen Besuch wert.

Dorotea Turistbyrå
Storrgatan 40
917 81 Dorotea
✆ +46 94 21 40 63
www.lapplandturism.se/dorotea

Tipp: In Hemavan befindet sich Schwedens höchstgelegener Garten mit über 400 Bergpflanzen. Dieser leicht zugängliche Naturgarten vermittelt einen Vorgeschmack auf die Gebirgsflora. In Fjällbotaniska Trädgården finden Führungen unter sachkundiger Leitung statt.

www.fjallbotaniska.se

6 Rentierwanderung im Muddus-Nationalpark

Der Park befindet sich im Weltnaturerbe Laponia, südwestlich der Städte Gällivare und Jokkmokk in der Landschaft Lappland. Er umfasst eine Fläche von rund 500 km^2, etwa die Hälfte davon Waldgebiet. Der Touranbieter **guideboard.com** aus Dreden z. B. ist auf Aktivurlaub und Abenteuer-Touren spezialisiert. Er hat auch Rentier-Specials im Programm, u. a. im Muddus-Nationalpark. Dabei wird die 4-tägige Tour vom Wildnisdorf ***Solberget*** als Basislager als geführte Wanderung durch den Nationalpark in Begleitung von Lastenrentieren durchgeführt. Die Tagesetappen liegen bei

Die schwedische Kronprinzessin Victoria besuchte den ältesten Markt in Jokkmokk, 2011

Das Wildnisdorf Solberget: Silke und Dirk Hagenbuch, seit Jahren in Schweden, sind ausgebildete Laponia-Guides. Ihr „Solberget" ist ein Wildnisgehöft mit allem, was dazugehört: Quellwasser, Petroleumlampen, gusseiserne Öfen. Hier findet man intakte Umwelt vor, die mit eigenen Rentieren samt Schlitten erkundet werden kann. Während der schneelosen Zeit wird sanftes Rentier-Trekking im Mudduspark angeboten sowie u. a. steinzeitliches Zubereiten von Lachs in Birkenrinde (auch Vegetarier kommen hier nicht zu kurz).

Wildnisdorf Solberget
Box 37. Solberget
982 06 Nattavaara
✆ +46 970 40144
www.solberget.com

Vor grandioser Bergwelt in Schwedisch-Lappland: Rentier-Trekking

8–12 km, damit noch genügend Zeit für Naturbeobachtungen und das Versorgen der Rentiere bleibt.

Norrbotten Jokkmokk

Jokkmokk ist das Zentrum der samischen Kultur. Die Stadt in der nordschwedischen Provinz Norrbottens län und der historischen Provinz Lappland am nördlichen Polarkreis wird jährlich von Besuchern aus aller Welt wegen seines ***Jokkmokks Vintermarknad*** (Wintermarkt) frequentiert. Er gilt als einer der ältesten Märkte in Schweden und auf der Welt, bei dem die Samen schon seit dem Jahre 1605 ihre Waren anbieten. Der Treffpunkt ist allerdings auch durch die Rentierscheidungen im Februar ein besonderer Anziehungspunkt. Im Jahr 2014 steht „Das Rentier“ als Thema im Mittelpunkt des beliebten Marktes.

Rentier-Trekking im Wildnisdorf Solberget

Utvecklingskontoret
962 85 Jokkmokk
✆ +46 971 2 22 50
www.jokkmokksmarknad.se
www.turism.jokkmokk.se
(Link „Turism“; auch auf Deutsch)

Schon Rentier-Kälbchen sind richtige Flitzer.

Retos Rentier-Touren

Bereits im Dorf Mittådalen beginnt der ***Flatruetväg***, Schwedens höchst gelegene Straße, die sich über das mächtige Kahlfjäll-Plateau des Flatruets in etwa 980 m hinweg zieht (erreicht in Ljungdalen wieder das Tal). Es kann vorkommen, dass die Straße auf Grund der enormen Schneehöhe oder bei starkem Sturm längere Zeit geschlossen ist (Hinweistafeln beachten). Im letzten Haus des Ortes, vor der großen Einsamkeit des Flatruets, lebt *Reto*, der jüngste Sohn von *Renrajd-Uwe Kunze* (s. S. 115) und hält in der angrenzenden Gärde seine gezähmten Rentiere. Im Winter bietet er Rentierschlitten-, im Sommer Trekking-Touren mit Rentieren an. Selbst während eines kurzen Zwischenstopps haben Sie die Möglichkeit einer einstündigen, geführten Tour mit Rentier durch die unberührte Wildmark. **www.renrajd.com**

Mit Rentierschlitten in Schwedisch-Lappland

Früher folgten die Sami ihren Herden auf den Wanderungen im Renrajd (Rentierschlitten-Gespanne samt Trage-Rentiere). Das mit dem Ökotourismuspreis – dem Grand Travel Award – ausgezeichnete Unternehmen „Vägvisaren/Pathfinder Lapland“ bietet Touren auf den Spuren dieser alten Tradition an.

Von Stockholm entweder mit dem Flugzeug direkt nach Gällivare oder mit dem Zug bis Gällivare oder Jokkmokk. Unterkunft: im Samizelt (Kate), in der Hütte oder in Hotels.

Große Ausfahrt mit Rentieren

www.pathfinderlapland.se
www.gellivarelapland.se
www.visitsapmi.com

Samische Ökoabenteuer

Das nordschwedische Unternehmen Nutti Sámi Siida darf sich seit Ende Januar 2012 als Sápmi Experience-Unternehmen bezeichnen. Dabei handelt es sich um ein samisches Zertifikat für nachhaltigen und verantwortlichen Tourismus. Das Unternehmen bietet ***Rentier-Logdes*** sowohl im Winter (Rentierschlitten-Touren) als auch im Sommer an.

Nutti Sámi Siida
AB Marknadsvägen 84
Jukkasjärvi
✆ +46 98 02 13 29
www.nutti.se

Nordlichter über „Öko-Hotels“ in Jukkasjärvi, Schweden

SCHWEIZ

Archäologie-Park und Museum Neuchâtel

Das Museum zählt zu einem der größten in Europa. Die Planer und Verantwortlichen haben sich bei der Wahl des Standortes viel gedacht, denn das ***Laténium*** steht an bedeutenden Fundorten in der Schweiz. Von hier blickt man auf das legendäre ***Opfermoor von La Tène*** aus keltischer Zeit. Zudem kam beim Bau der Autobahn in Hauterive ein Rentierjäger-Lager von vor etwa 15.000 Jahren zutage. Im Laténium gibt es dazu einen „Jägerraum", der die damaligen Verhältnisse anhand der Fundobjekte – u. a. Rentierknochen-Fragmente – verdeutlicht.

Laténium, Diorama, den Jägern auf der Spur

Laténium – Neuenburger Archäologie-Park und Museum
Espace Paul Vouga
2068 Hauterive
✆ +41 32 889 69 10
www.latenium.ch

Der Archäologiepark Laténium in Hauterive am Neuchâteler See

Tipp: Der „Archäologiepark Laténium" liegt bei einem Besuch quasi in der Mitte des Drei-Seen-Landes Murten-, Neuenburger- und Bielersee – eine wunderbare Gegend.

Neuchâtel

Nur etwa 4 km unweit des Archäologieparks kommt man direkt über die Uferpromenade nach Neuchâtel

Am Hafen von Neuchâtel (Neuenburg)

am gleichnamigen See. Sehenswert sind u. a. das Schloss mit toller Aussicht über Stadt und See sowie das Dürrenmatt-Museum.

Mont Vully-Weinlehrpfad

Auf einem 5 km langen Themenpfad durch die Rebberge des Freiburger und Waadtländer Vully wird an Schautafeln die Entstehung des Weines näher gebracht.

Die St. Peterinsel

Die kleine Insel im Bielersee gewährt einen vielfältigen Blick in die Geschichte: Prähistorischer Siedlungsplatz, römischer Kultort, burgundisches Machtzentrum, Priorat im Mittelalter, Zuflucht für den Genfer Schriftsteller und Philosophen *Jean-Jacques Rousseau*. Nicht versäumen, dem kurzen Fußweg zum Nordende der Insel zum etwas erhöhten Rousseau-Pavillon zu folgen – eine rundum schöne Aussicht.

Murtensee

Der „Gemüsepfad" erstreckt sich ein Stück entlang des Sees bis zum Fuß des Hausberges ***Mont Vully***. Der Garten wird als „größter Gemüsegarten der Schweiz" bezeichnet.

Auf dem Jakobsweg

Von Basel kommend führt der Santiago-Zubringerweg über Sugiez, Murten, Münchenwiler, Merlach nach Avenches und weiter bis Payerne. Die Strecke von Murten nach Avenches – immer mit Blick auf den See – beträgt etwa 12 km (etwa 3,5 Std.). Pilgerstempel gibt es hier: Deutsche Kirche, Französische Kirche, Römisch-katholische Kirche, Murten; Reformierte Kirche Meyriez/Merlach und bei der Schlosskirche in Münchenwiler.

www.murtentourismus.ch
www.swiss.de/schweiz/neuenburg/neuchatel

SERBIEN, BULGARIEN, RUMÄNIEN UND MOLDAWIEN

Zwischen Serbien, Bulgarien und Rumänien fließt die Donau durch Schluchten. Das Flusstal war einst Korridor für Völkergruppen auf ihrer Route von Ost nach West. In den Bergen und Kämmen fanden Archäologen Überreste ihrer Kultur und eine Fauna mit Artefakten von Mammut und Rentier. So etwa in der Höhle von ***Pestera cu Oase*** in Rumänien, die auf etwa 40.000 Jahre vor unserer Zeit datiert wird. Moldawien ist noch ein relativ unbekanntes Land im Osten Europas. Besonders Individualtouristen finden hier eine Fülle ungeahnter Möglichkeiten. Die Hauptstadt Chisinau wird aufgrund ihrer Architektur, den großzügigen Parks und Triumphbogen gerne als das „Paris Osteuropas“ betitelt. Sehenswert sind auch der Bahnhof und die moldauisch-orthodoxe Kathedrale mit dem imposanten Glockenturm (zwischen 1830 und 1836 erbaut). Für Rentierfreunde sei auf die Höhle von Duruitoaera Veche hingewiesen. Dort hat man viele Rentierartefakte gefunden. **www.moldovenii.md**

Duruitoaera Veche, wo in der gleichnamigen Höhle Rentierartefakte gefunden wurden.

Pestera cu Oase

Pestera-Höhle

SLOWENIEN

Das grüne Land steckt voller Überraschungen: Kulturschätze, zauberhafte Seen, grandiose Bergwelten, Naturparks und kulinarische Gaumenfreuden bis hin zu den bedeutendsten Karsthöhlen Europas. Beispielhaft seien hier die ***Höhlen von Postojna*** genannt. Diese umfassen ein ganzes Höhlensystem mit 21 km Länge. In diesem System wurden neben Höhlenbären auch Rentierfunde nachgewiesen. Die Höhle von Postojna ist eine der meist besuchten Schauhöhlen in Europa (bis Herbst 2013 sind über 35 Millionen Besucher gekommen) und weist eine Besonderheit auf, die bis heute in der Welt einzigartig sein dürfte: Die Be-

Zentrum von Postojna

 2

Weltberühmt: Die Höhlen von Postojna.
Einzigartig ist das Entdecken mit einem kleinen elektrischen Zug.

Der „Weiße Saal" in den Höhlen von Postojna ist mit einem Garten von Tropfsteingebilden geschmückt.

sucher können nämlich die unterirdische Welt mit einer kleinen elektrischen Bahn besichtigen. Ein Ausflug der besonderen Art, auf der fantastische, verspielte Skulpturen aus Sintergestein (das durch Kalkablagerung ensteht), grandiose Höhlengewölbe und zauberhafte unterirdische Hallen vom Zug aus bestaunt werden können. In der Nähe des Höhlensystems befinden sich noch zahlreiche andere Tropfsteinhöhlen, wie etwa die von der UNESCO als ***Weltnaturerbe*** geschützten Höhlen von ***Škocjan*** oder ***Ovcja jama***, bei der bezüglich der prähistorischen Fauna die Rentierfragmente ca. 50 % ausmachen. Die Höhlen liegen in der Nähe von Postojna. Außerhalb von Primorska entdeckte man allerdings schon im Jahre 1905 in der Tongrube der *Ziegelei Petri* in Vrhnika ein Rentiergeweih.

www.postojnska-jama.eu/de

Tipp: Nur 9 km von den Höhlen von Postojna entfernt, oberhalb des idyllischen Dorfes Predjama, liegt die Burg Predjama. Seit über 700 Jahren thront sie hier unter einer 123 Meter hohen Felswand. Spektakulär!

Sehenswert, die Burg Predjama, unweit der Postojna-Höhlen

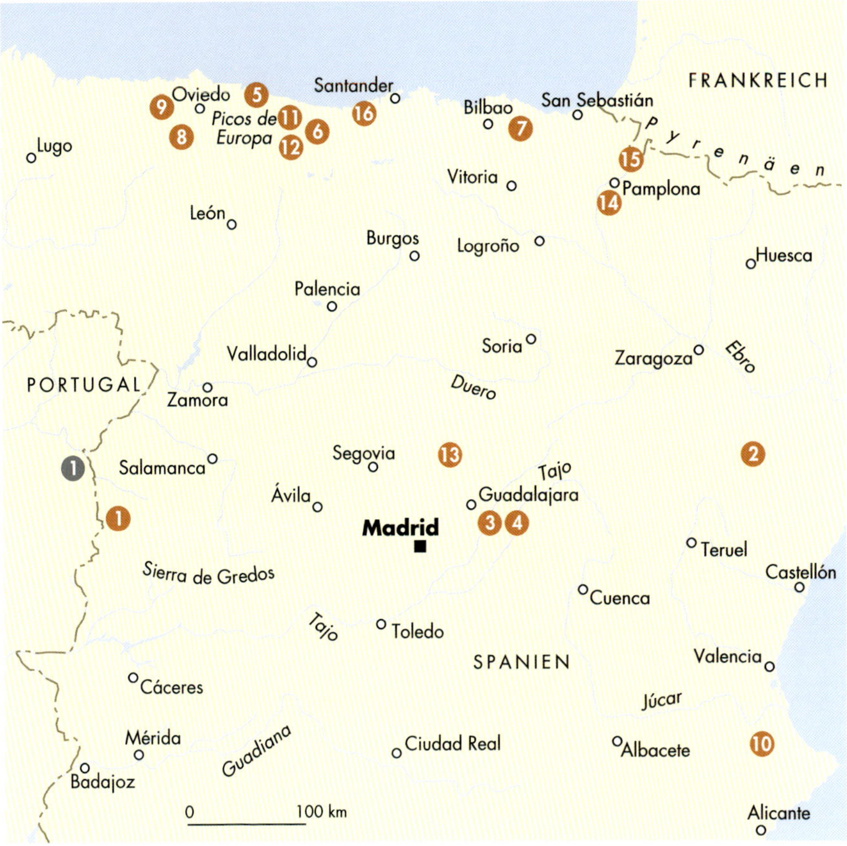

SPANIEN

1 Siega Verde

Ähnlich wie im benachbarten portugiesischen archäologischen Park ist Siega Verde Teil des bedeutendsten Steinzeit-Felskunstensembles unter freiem Himmel in Spanien. Die Fundstätte in der Provinz Salamanca (Kastilien-León) birgt etwa 645 in Stein gehauene ***Petroglyphen*** (Felsbilder). Sie wurden Ende der 1980er-Jahre entdeckt und stellen wegen ihres guten Erhaltungszustandes ein wertvolles Zeugnis dar. Die Felsritzungen zeigen Tiere und schematische Figuren. Seit 2010 gehören sie zum ***Weltkulturerbe*** des prähistorischen Gesamtkunstwerks

Felszeichnung in Siega Verde

von Vale do Côa und Siega Verde. Im Gegensatz zum portugiesischen Park sind hier neben Pferd, Auerochse und Hirsch auch zwei Rentiergravierungen vorhanden.

Region Salamanca, ca. 15 km westlich von Ciudad Rodrigo, nahe Castillejo de Martín Viejo, am Fluss Rio Agueda

2 Bumerang für Rentier-Jagd

Neben den gerade genannten Freiluft-Darstellungen von Rentieren haben Wissenschaftler fossile Funde, Jagdgeräte sowie Malereien in vielen nordspanischen Höhlen zutage gefördert. Beispielsweise gibt es in der Höhle ***Cueva del Chopo*** (Obón, Teruel) Hinweise darauf, dass der Bumerang als Jagdinstrument für Rentiere eingesetzt worden war. Damit haben die eiszeitlichen Jäger die Paarhufer während ihres Laufes an den Füßen so getroffen, dass sie zusammensackten und zur leichten Beute wurden.

oben: Cueva de la Hoz
darunter: Eingang zur Höhle von Monedas

Höhlenkunst und Fossilfunde

Nach einem Bericht von *N. Garcia* und *J. L. Arsuaga* von der Universität Madrid (2003) gibt es folgende

Cueva del Chopo, Obón

Kathedrale von Teruel

Prähistorischer Park von Galeria, Teverga

oben: Cueva de las Monedas, Wandzeichnungen mit Pferd (links) und Rentier

darunter: Höhlenmalerei Altxerri mit Rentier

Höhlen, in denen Rentiere als Zeichnungen vorkommen: 3 Cueva del Reno (s. S. 434), 4 Cueva de la Hoz (Guadalajara), 5 Tito Bustillo (s. S. 432), 6 Las Monedas (Cantabria) sowie 7 Altxerri (Guipúzcoa). Fossile Rentier-Funde konnten die Wissenschaftler in den nördlichen Regionen in insgesamt 21 Höhlen nachweisen. Für einen archäologischen „Rentier-Trip" bieten sich folgende Museen und Städte an:

8 Prähistorischer Park in Teverga

Der ***Park der Vorgeschichte*** liegt eingebettet in einer einzigartigen Naturlandschaft in der zentralen Bergkette von Asturien und nur 40 km von Oviedo entfernt. Hauptattraktion des Parks ist die sogenannte ***Höhle der Höhlen***, in denen die Reproduktionen der beiden asturischen Höhlen „La Peña de Candamo" und „Tito Bustillo" sowie des bekannten „Schwarzen Salons" von Niaux zu sehen sind. In der „modernen Kunstgalerie der

In den Innenräumen des prähistorischen Parks von Teverga

Vorgeschichte“ wird in didaktischen Werkstätten gezeigt, wie die Vorfahren die ihnen zur Verfügung stehenden Materialien für die Jagd auf Rentiere vor etwa 30.000 Jahren einsetzten.

Von Oviedo auf der A63 in Höhe von km 9 bei Trubia abbiegen. Weiter auf der AS228 Richtung Puerto Ventana. 3,5 km von San Martin befindet sich der Prähistorische Park Teverga.

Sehenswert in Teverga ist u. a. die ***Stiftskirche San Petro***, die möglicherweise das erste Gotteshaus in Asturien war und Ende des 11. Jahrhunderts erbaut wurde.

9 Archäologisches Museum von Asturien in Oviedo

Aus den ältesten Phasen des Paläolithikums (Altsteinzeit) sind solche Stätten in Nordspanien auszumachen, als Jäger und Sammler die küstennahen Regionen mit ihrer reichen Fauna an Pferden, Bisons und Rentieren für die Jagd auserkoren hatten. Hierfür notwendige Äxte und Schaber, die aus Quarz oder Feuerstein gefertigt wurden, können im Archäologischen Museum Oviedo angesehen werden.

Calle San Vicente 3-5
33003 Oviedo (Asturien)
✆ +34 985208977
www.museoarqueologico deasturias.co

oben: Archäologisches Museum Oviedo, Innenhof des Klosters San Vicente

unten: Oviedo vor der „Sierra del Aramo“

10 Parpalló-Höhle

In der Parpalló-Höhle fand man 1872 über 5.000 Tafeln mit geometrischen Darstellungen und Tierzeichnungen. Die Zeichnungen stellen Szenen aus dem Leben der Rentierjäger und Sammler dar. Gemalt wurde mit eingefärbten Fingerspitzen, wobei sich die Meister der Felskunst Risse und Vorsprünge zu Nutzen machten, um dreidimensionale Effekte zu erwirken. Ihre Farbe entnahmen sie der Erde und den Steinen, zur Herstellung der schwarzen Pigmente bediente man sich der Kohle von Knochen (Rentiere), Horn oder Holz. Die Höhle selbst ist für den Publikumsverkehr geschlossen, die Funde können im kleinen archäologischen ***Museum von Gandia (MAGa)*** besichtigt werden.

Museum von Gandia (MAGa)

Tipp: Die auch touristisch attraktive Stadt Gandia liegt an der Küste von Valencia in der Region „La Safor" (Nächste Flughäfen: Valencia, etwa 65 km nördlich von Gandia, und Alicante, etwa 120 km südlich von Gandia). Das **MAGa** befindet sich in der Straße „Calle del Hospital" in der Nähe des Rathauses.

Blick über die Stadt Ribadesella

Playa de Vega, Ribadesella

Im Museum von Ribadesella mit Rentier aus der Höhle Tito Bustillo

Prähistorischer Rundwanderweg: Der gut beschilderte Rundwanderweg (ca. 6 km; ca. 3 Std.) führt an der Höhle vorbei und weiter durch eine herrliche Gebirgslandschaft.

Mit dem Auto von Oliva kommend in Richtung Norden mit der Ausfahrt „CV 675 Gandia, Barx" Richtung Barx Nationalstraße 332 verlassen. Nach 10 km weist rechts ein ausgeschilderter Wanderparkplatz auf „Ambit de Parpalló" hin, der zugleich Ausgangspunkt des Rundwanderweges ist.

Ribadesella und 5 Tito-Bustillo-Höhle

Die Höhle Tito Bustillo von Ribadesella (Station am ***Jakobsweg***; Camino de la Costa) befindet sich in einem Kalkmassiv inmitten einer herrlichen Urlaubsregion an der Flussmündung des Sella. Ein weiter Sandstrand und dichte Wälder laden in eine Region ein, wo Ur-Vorfahren fischten und jagten. Aus dieser Zeit stammen die Fundstücke und Wandmalereien in der Höhle Tito Bustillo, die so bedeutend sind, dass die Höhle unter Fachleuten als ebenbürtig mit der berühmten Höhle von Altamira in Kantabrien gilt. Die Besonderheit von Tito Bustillo liegt in den großen Malereitafeln, auf denen neben Pferden und Rehböcken auch Rentiere zu sehen sind.

Avenida de Tito Bustillo s/n
33560 Ribadesella (Asturien)
Voranmeldung obligatorisch
www.centrotitobustillo.com

oben: Höhleneingang von Tito Bustillo
unten: Wandzeichnungen

oben: Playa de Andrin, Llanes
unten: Cueva del Pindal, Atlantikküste

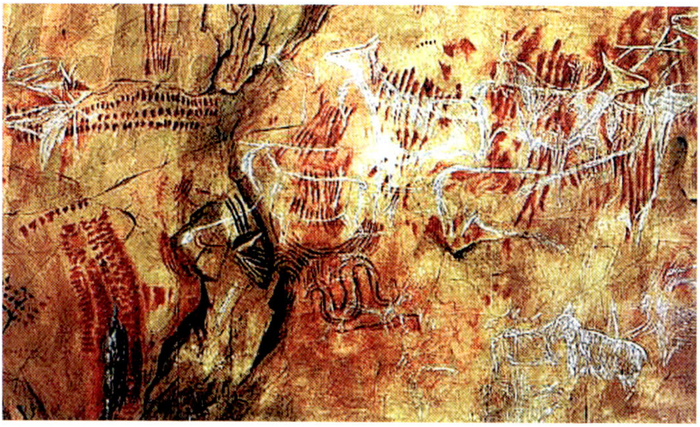

Concha de la Cova mit Bison- und Rentierdarstellungen, Llonin

⑪ Llanes und die El Pindal-Höhle

Die Höhlenkunst von Pindal an der Biskayaküste wurde im Jahr 2008 zum ***Weltkulturerbe*** erklärt. Sie liegt in einer spektakulären Umgebung an einer Klippe hoch über dem Meer. Die Wandkunst zeigt u. a. Pferd, Bison und Rentier, aber auch einen Fisch und ein Mammut. Rote und schwarze Töne sind mit Ritzungen gemischt. Die Entstehungszeit dieser Kunstwerke wird auf 13.000 bis 18.000 v. Chr. geschätzt.

Über die Landstraße N-634, Verbindungsstraße zwischen Llanes-Unquera, bis etwa 4 km in Richtung Colombres fahren und dann in Richtung Pimiango abbiegen. Von dort aus führt eine sehr schmale Straße (!) weiter, die in der Nähe der Höhle endet.

⑫ Llonin und die Concha de la Cova-Höhle

Die Höhle ***Concha de la Cova*** befindet sich im Küstengebirgszug Cuera, etwa 700 Meter nördlich von Molinuca. Die vorhandenen Felszeichnungen lassen eine Zuordnung zu fünf Stufen zu, die von der Gra-

Höhle von Llonin mit Rentier

vettien- bis zur Magdalénien-Kulturstufe reichen. Es sind etwa 30 Tierdarstellungen, sowohl Gravierungen als auch Malereien, zu sehen, wobei am häufigsten hirschartige Tiere, aber auch Ziegen, ein Bison und die Hörner eines Rentieres unterschieden werden können.

Von Santander in westlicher Richtung auf der A 67/A 8 bis Bustio fahren. Dort in südlicher Richtung abbiegen und auf der N-621 bis El Mazo fahren (etwa 2 km von Panes). Hier liegt die prähistorische Höhle.

13 Die Rentierhöhle von Guadalajara

In der ***Cueva del Reno*** („Rentierhöhle") sind unter den etwa 16.000 Jahre alten Felszeichnungen auch 19 Tiere – darunter Rentiere – gemalt. Guadalajara ist die Hauptstadt der gleichnamigen spanischen Provinz und liegt etwa 53 km nördlich von Madrid am Fluss Henares.

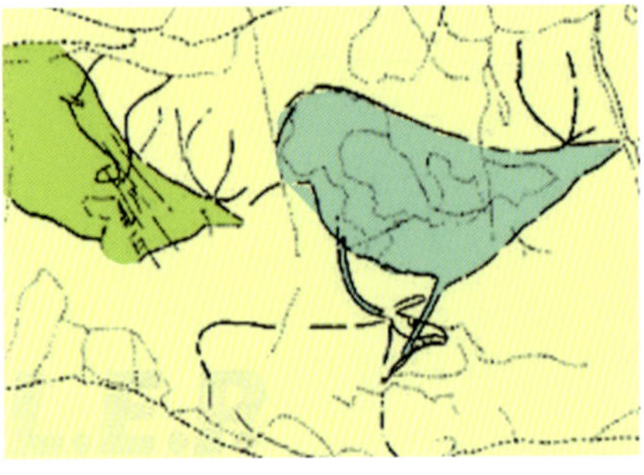

Rentierzeichnungen in der Höhle Cueva del Reno

Älteste Landkarte Westeuropas mit eingravierten Rentierfundorten, Abauntz

Die Höhle befindet sich im **Tal des Rio Jarama**, im Wandergebiet von La Ribera bei Puebla de Valles (erreichbar von Madrid aus in einer Autostunde in nördlicher Richtung auf der CM-1001).

Landkarte aus der Steinzeit zeigt Orte von Rentieren 14

Diese Karte aus der Steinzeit (s. Abb. oben) – die älteste Landkarte Westeuropas, die vor etwa 14.000 Jahren entstanden ist – wurde in der ***Felsgrotte von Abauntz*** in der Nähe von Arraitz gefunden. Ein Forscherteam der Universität von Zaragoza hat diesen Fund eingehend untersucht und fand dabei Erstaunliches heraus: Auf dem faustgroßen Felsbrocken sind sowohl Berge, Flüsse und Wege, als auch grasende Steinböcke und Rentiere zu sehen. Diese wertvolle und kulturell auf hohem Niveau liegende künstlerische Leistung aus der grauen Vorzeit ist heute im Navarra-Museum in Pamplona zu besichtigen.

Ein schöner Platz in Pamplona: Meson del Caballo Blanco

Rathaus von Pamplona

Kongress-Palast von Pamplona

14 Museum von Navarra Pamplona

Hier werden neben der prähistorischen Landkarte auch Fundstücke aus der Römerzeit, romanische, gotische und muslimische Kunst, Malerei aus dem 17. bis 19. Jahrhundert von Künstlern aus Navarra gezeigt.

Calle Santo Domingo 47
31001 Pamplona-Iruña (Navarra)
✆ +34 848426492
✆ +34 848426493
www.cfnavarra.es/cultura/museo/index.html

15 Archäologische Route zur Höhle von Abauntz

Von Pamplona fährt man in nördlicher Richtung auf der N-121a. Der Weg führt vorbei an den Ezcabarte, Sorauren, Olaibar und Olague bis nach Arraitz. Von Arraitz gehen Sie zu Fuß auf einem bequemen Weg, der durch die Schlucht von Abauntz zur etwa 3,5 km entfernten Höhle führt. In Richtung Höhle ragt links der Monte Gregorio und rechts – oberhalb der Höhle – der Monte Abauntz empor. Für Hin- und Rückweg (7 km) sollten mit Pause etwa 3 Std. eingeplant werden (Picknickmöglichkeiten auf Wiesengelände).

Straße in Santillana del Mar

16 Altamira

Die Höhle von Altamira zeigt einige der schönsten Beispiele prähistorischer Höhlenmalerei. Seit 1985 gehört die Höhle zum ***Weltkulturerbe***. Die 1868 entdeckten Zeichnungen sind etwa 14.000 Jahre alt und zeigen Bisons, Hirsche, Wildschweine, Pferde und Rentiere. Zu ihrer Ausführung wurde schwarz umrandeter, rot pigmentierter Ocker verwendet. Bereits 1979 musste die Höhle aus konservatorischen Gründen ***geschlossen*** werden, da der große Publikumsansturm und die damit verbundenen Feuchtigkeitsschwankungen den Bildern stark zugesetzt hatten. Um die frühzeitlichen Bilder dennoch zugänglich zu machen, wurde eine originalgetreue Nachbildung der Höhle in ca. 500 m Entfernung aufgebaut. Dort sind nicht nur die perfekten Kopien der Steinzeit-Bilder im Maßstab 1:1 zu sehen, sondern auch Licht, Geräusche und die Temperatur von 18 Grad sind exakt dem Vorbild nachempfunden. „Altamira 2“ und das angeschlossene Museum der Vorgeschichte (in Santillana del Mar) erwiesen sich sofort nach der Eröffnung 2001 als Publikumsrenner.

Seit 2014 ist die original Höhle Altamira wieder für kleine Gruppen zugänglich.

Altamira, Tafel mit Hinweis auf das Weltkulturerbe

Zona Cuevas de Altamira
39330 Santillana del Mar
(Cantabria)
http://museodealtamira.mcu.es

SÜDTIROL

Nicht erst seit *Luis Trenker* und *Reinhold Messner* sind die Dolomiten in Südtirol bekannt. Herrliche Natur-Panoramen, Gastlichkeit und Ferienspaß für die ganze Familie. In **Sexten-Moos** im Hochpustertal – dem berühmten „Dorf der Drei Zinnen" – wird seit Jahren auf den Rotwandwiesen eine Begegnung mit den dort lebenden Rentieren angeboten. Die Rentiere stammen aus Finnland und fanden vor einigen Jahren auf den saftigen Wiesen ein neues Zuhause. Im Sommer sind die Tiere im Gehege bei der Bergstation der Kabinenbahn Rotwand untergebracht, wo Kinder mehr über die nordischen Vierbeiner erfahren und sie sogar füttern können. Im Winter laufen die Südtiroler Rentiere frei herum oder werden zum Highlight für Kinder – beim Rentierschlittenfahren auf den Rotwandwiesen. Sicher ein besonderes Erlebnis, welches nicht nur bei den Jüngsten in Erinnerung bleiben wird.

Treffpunkt: Bergstation Rotwand.
Info & Anmeldung
Sextner Dolomiten AG – Alta Pusteria
✆ +39 47 47 10 35 5
www.hochpustertal.info/suedtirol

Rentiere im Hochpustertal

Auch in der Balcarká-Höhle wurden Rentiere nachgewiesen.

TSCHECHIEN

Für Höhlenbegeisterte und Spurensucher von prähistorischen Tieren bietet die Höhlenverwaltung der Tschechischen Republik einiges. So gibt es derzeit fast 4.000 Höhlen, wovon allerdings nur 14 der Öffentlichkeit zugänglich sind. Zwei von ihnen – die Balcarká- und Pekárna-Höhlen – sind für Rentierfunde bekannt geworden.

Höhle Balcarká

Die Balcarká-Höhle zeichnet sich durch ihren außerordentlich reichen Tropfsteinschmuck und ihre Farbigkeit aus. Die Besichtigungsstraße führt über das „Museum" mit der ***Rentierjägerausstellung***. Dort werden die Bedingungen der Rentier- und Pferdejäger präsentiert, die einst hier ihr Winterquartier hatten.

Eingangsbereich zur Balcarká-Höhle

Jeskyne Balcarká
679 14 Ostrov und Macochy
☎ +420 516 444 330
www.cavemk.cz

Höhle Pekárna

Die Höhle befindet sich 10 km nordöstlich von Brno (Brünn) auf dem Mährischen Karst (Mokrá-Horákov). Die Funde wurden auf 11.000 v. Chr. datiert: Feuerstellen, Knochen von Rentieren, Pferden und Hasen sowie Waffen und Werkzeuge aus Stein, Knochen und Geweih.

Tourismuszentrale – Südmähren
Radnická 2, 260200 Brno
☎ +420 542 211 123
www.ccrjm.cz

Holländerwindmühle in Ostrov

Wallfahrtskirche in Sloup

Urzeitkünstler Burian

Zdeněk Burian (1905–1981) besaß ein ungewöhnliches malerisches Talent, weshalb er bereits mit nur 14 Jahren auf die Prager Akademie der bildenden Künste aufgenommen wurde. Einen Höhepunkt seiner Karriere bildete das Jahr 1932, als er nach der Herausgabe von *Eduard Štorchs* Erzählung „Mammut- und Rentierjäger“ in einer Zeitschrift von *Josef Augusta*, Dozent für Paläontologie der Karlsuniversität zu Prag, angesprochen und um Zusammenarbeit gebeten wurde. So entstanden in der Folgezeit sieben Bücher über die Urzeit, die Burian mit seinen wunderbaren Illustrationen Weltruhm einbrachten.

Das Burian Museum in Štramberk

Tipp: Das ***Burian Museum*** in Štramberk wurde 1992 durch die Stiftung Zdeněk Burian-Museum gegründet. Sehenswert in Štramberk, das „Mährische Bethlehem“: die Parkanlage und die Burgruine, von der man einen schönen Blick auf die Stadt hat.

Muzeum Zdeněk Burian
Náměstí 31
742 66 Štramberk
✆ +420 558 840 617
www.stramberk.cz

Informationen zu den Höhlen:
www.caves.cz
www.cavemk.cz

Höhle Mladeč

Die Höhle Mladeč Litovel gehört zu den bedeutendsten Tropfsteinhöhlen, in denen menschliche Schädel, Zähne und Knochen gefunden wurden, die ein Alter von ca. 31.000 Jahren haben. Sie zählen in Europa zu den ältesten Komplettresten des ***Homo sapiens***. Zusätzlich wurden Knochen von Rentieren, Werkzeuge und Waffen gefunden. Bei den Malereien der Höhlen von Býčí skála, Pekárna, Děravá und Hostim sind Pferde am häufigsten abgebildet, jedoch auch Bär, Bison und Rentier.

783 21 Mladeč
✆ +420 585 347 148
www.caves.cz

Höhle Býčí skála

Rekonstruiertes Mammuthaus von Mezhirich

UKRAINE

Der Fluß ***Dnepr*** führt durch Russland, Weißrussland und die Ukraine. Entlang des drittlängsten Flusses in Europa (2.200 km) ließen sich etwa 30.000 bis 12.000 v. Chr. Mammut- und Rentierjäger nieder. Zeugnis geben davon u. a. auch zwei große Fundstätten, nämlich die von ***Mezhirich*** und die von ***Gontsy***. An der Lagerstätte von Mezhirich fand man seit 1965 Mammutknochen und Rentiergeweihe. Daneben stieß man am Fundort Gontsy bei Grabungen auf immense Mengen Mammut- und Rentierknochen aller Art.

Ausgrabungsteam bei Gontsy

Herrlicher Ausblick auf dem Wanderweg zum „Lillafüreder Schlosshotel"

UNGARN
UND SLOWAKEI

Höhlen und Rentier-Artefakte findet man in beiden Ländern. Zwei Beispiele von vielen: Die ***Höhlen des Aggteleker Karsts*** wurden 1995 in die Liste des Weltnatur- und Kulturerbes aufgenommen. Im Aggteleker und in dem mit ihm im geologischen und geographischen Sinne eine organische Einheit bildenden ***Slowakischen Karst*** entstand das größte Höhlensystem Mitteleuropas. Die längste Höhle in Ungarn ist die ***Baradla-Höhle***, deren Gesamtlänge 25 km beträgt. Ein 5,6 km langer Höhlenabschnitt liegt auf dem Gebiet der Slowakei und ist als ***Domica*** (s. S. 442) bekannt.

Aggtelek-Höhlensystem
3759 Aggtelek, Külterület
✆ +36 48 50 30 00
www.baztour.hu/Sehenswurdigkeiten/Aggtelek/Baradla-Hohlensystem-Aggtelek-Josvafo

Baradla-Höhle mit Lehrpfad

Bükk-Gebirge

Dieses Gebirge in Nordungarn zählt mit seinen rund 1.000 Höhlen zu einem wichtigen Gebiet für archäologische Funde. Empfehlenswert ist den Rentier-Wanderern u. a. die ***Szeleta-Höhle***. Dort wurden bisher 10 große Ausgrabungen vorgenommen, bei denen interessante Artefakte zutage gefördert wurden. So beispielsweise Knochen von Höhlenbären, Hyänen, Rentieren und Mammut inklusive urzeitliche Gegenstände. Diese für die Höhlen des Bükk-Gebirges charakteristischen „Steinwerke" werden heute weltweit als ***Szeleta-Kultur*** bezeichnet.

Höhlentherme in Miskolc

Eingang zur Domica-Höhle, in der man eine Bootsfahrt machen kann.

Wander- und Ausflugtipps

a) Start und Zielpunkt dieser etwa 11 km langen prähistorischen Tour ist Miskolc im Szinva-Tal.
www.miskolc.hu

b) Eine kürzere Tour von etwa 5 km Länge startet beim „Schlosshotel Palota" in Lillafüred. Auf dem weiteren Wegeverlauf mit wunderbaren Ausblicken auf das Schlosshotel gelangt der Wanderer zu den folgenden Höhlen: Szeleta, Büdös und Kescke. Auf dem gleichen Weg geht es wieder zurück. Festes Schuhwerk ist erforderlich. Dauer der Tour ca. 2 Std.; Schwierigkeitsgrad: mittel. Wer die gesundheitlichen Vorteile von Höhlen genießen und etwas entspannen möchte, dem sei das großzügige und einzigartige Thermal- und Höhlenbad ***Miskolctapolca*** empfohlen.
www.miskolctapolca.hu

ASIEN

VR CHINA

Wer hätte das gedacht: Es gibt nicht nur arktische Rentier-Cowboys, sondern auch chinesische. Im Nordosten von China – im Autonomen Gebiet Innere Mongolei mit den Städten Hailar und Genhe – leben die heute letzten ***Rentierzüchter von Aoluguya***. Die Aoluguya gehören zum Stamm der Ewenken. Doch im Gegensatz zu den meisten Ewenken lebten sie bis 2003 abgeschieden in den Bergen, gingen der Jagd nach und züchteten Rentiere. Mit der Umsiedlung 2003 in die Stadt ***Genhe*** vollzog sich ein tiefgreifender Wandel in der Beschäftigung und Lebensweise des ethnischen Volkes, das seit Jahrhunderten Rentierzucht betreibt. Zwar leben die Aoluguya heute in einer neuen Siedlung mit festen Häuschen, doch die Freiheit, als ***chinesische Rentier-Cowboys*** durch die Wälder zu streifen wie in den 80er-Jahren, die ist vorbei. Vorbei auch die Zeit, welche die Aoluguya mit ihren geliebten Rentieren in den Sommer- wie Winterlagern in einer

Sommer-Futterplatz mit Rentieren, Aoluguya 1984

Aoluguya-Rentierzüchter

Jagd mit Rentieren im Aoluguya-Wald

engen emotionalen Verbindung als beste Freunde auf Augenhöhe verbrachten.

Genhe

Heute zählt der Stamm der Aoluguya noch ca. 240 Angehörige (Oktober 2013), die in Genhe leben. Genhe wird im aufkeimenden Tourismus als „Einzige Rentier-Hauptstadt" Chinas und als „North Pole" von China bezeichnet. Die Rentierherden-Züchter haben noch knapp 1.200 Rentiere.

Hailar

Die Stadt liegt 240 km in südwestlicher Richtung von Genhe. Im Jahre 2013 fand hier der internationale ***Reindeer Herders Congress*** statt. Sehenswert ist u. a. eine riesige Rentierskulptur, die die Liebe der Ewenken zu ihren Paarhufern dokumentiert. Ein Besuch lohnt auch dem Hailar National Forest Park.

www.china-tourism.de
(Informationen zur Inneren Mongolei)
www.hailar.gov.cn
www.chinannc.com
(zur Geschichte der Aoluguya)

Chi Zijian: **The last quarter of the moon**. Über den Lebensalltag der Ewenken, Schamanen und Rentierherden. Englische Ausgabe, 2013, London, ISBN 978-1846554827

Rentier-Skulptur in Hailar

KOREA

Rentiere in der Silla-Kultur

Dass die Mythologie mit Rentieren bis nach Südkorea reicht, mag erstaunen. Doch zu den Nationalschätzen Südkoreas zählen die ***Kronen des Königreiches von Silla***, eine Attraktion ersten Ranges. Besonders beachtenswert ist die Silla-Krone aus Gold und Jade mit Anhänger, die aus der frühen Silla-Zeit (etwa von 57 v. Chr. bis 935) stammt und im Hwangnamtaechong-Grab ausgegraben wurde. Die Krone befindet sich seit 2005 im Koreanischen Nationalmuseum im Südosten von Südkorea, ***Gyeongju National Museum***. Das Besondere der Krone – als Nationales Kulturgut Nummer 191 festgehalten – wird in einem koreanischen Geistes- und Kulturförderungsprojekt (**www.koreanhero.net**) beschrieben: „Die Grundform der Goldkronen folgt der Form eines Astes oder Geweihs. Darin finden der Respekt und das Staunen der antiken Völker vor der

Goldkrone von Silla im Gyeongju National Museum

Gyeongju National Museum

Natur ihren besonderen Ausdruck. Ein Baum schlägt seine Wurzeln tief in die Erde, während seine Äste nach dem Himmel streben. Man sah in ihm eine Verbindung zwischen Himmel und Erde. Der Baum wurde auch als Symbol ewigen Lebens betrachtet, da er sich immer wieder verjüngt. Das Rentier, in der schamanistischen Kultur der Antike auch bekannt als „Kavalier des Waldes", wurde auch als heilig angesehen. Über viele Jahrhunderte tauchte es in Gemälden, Wandschirmen und als Dekoration von Möbeln auf. Es gilt als eines der „Zehn Symbole der Langlebigkeit ... "

Gyeongju National Museum
186, Iljeong-ro, Gyeongju-si
Gyeongsangbuk-do
✆ +82 54 740 75 00
gyeongju.museum.go.kr

Koreanisches Nationalmuseum
137, Seobinggo-ro,
Yongsan-gu, Seoul
✆ +82 2 20779000
www.museum.go.kr

Koreanisches Nationalmuseum, Seoul

RUSSLAND UND SIBIRIEN

Die Weiten Russlands und die Taiga – ein Kontinent mit indigenen Völkern und Rentierherden, die trotz Urbarmachung und Rodungen immer noch Naturreservate bilden. So zählen u. a. die Naturschutzgebiete „Pasvik", „Lapplandskij" und „Kostomukschskij" sowie die Nationalparks „Paanajarvi" und „Kalevalskij" zum sogenannten „grünen Band Europas", das in Russland entlang der russisch-norwegischen und russisch-finnischen Grenzen verläuft.

RUSSLAND

Naturschutzgebiet Pasvik

Das Naturschutzgebiet „Pasvik" liegt auf der nordwestlichen Seite der ***Kolskij-Halbinsel*** im Gebiet von Murmansk am Fluss Pas mit Wäldern, Sümpfen, Flüssen und Seen. Im Mittelpunkt der Schutzbemü-

Rentiere im Verwaltungsbezirk Bystrinski Rayon

hungen steht der Berg „Kalkupja“. Rentiere stehen im Gebiet Lapplandskij unter besonderem Schutz.

Biosphärennaturschutzgebiet Lapplandskij

Das staatliche Reservoir verfolgt das Ziel, die Anzahl der Rentiere auf der Kolskij-Halbinsel konstant zu halten. Ebenfalls in diesem Gebiet und ebenfalls geschützt sind archäologische Denkmäler der Samen. Passend zur Winterzeit hat sich hier seit dem Jahre 2001 ***Ded Moros***, Väterchen Frost, niedergelassen. Einfach im Museum „Heimat von Ded Moros“ vorbeischauen; das ist ein Freizeitpark in Weliki Ustjug mitten in der Taiga und bietet den Besuchern

Haus von Väterchen Frost, Ded Moros

ein Zauberland, einen Zoo mit Rentieren und Elchen sowie dazugehörige Hotels. **www.dom-dm.ru**

Kostomukschskij

Im Nordwesten der Republik Karoline an der Grenze zu Finnland liegt dieses Naturschutzgebiet mit Kieferwäldern, in denen Rentiere, Bären, Wölfe, Otter und Vielfraße sowie seltene Vögel leben.

St. Petersburg

4 In der St. Petesburger ***Eremitage*** ist ein Felsfragment aus Granit mit 60 eingeritzten figürlichen Darstellungen ausgestellt. Wegen der Form wird es als „Dach" bezeichnet. Der ausgestellte Felsbrocken stammt vom Ostufer des Onegasees, datiert auf eine Zeit um etwa 4.000 v. Chr. Ein Bereich zeigt Elche und Rentiere. Diese sind so dargestellt, dass sie als Herden gegen Süd- und Nordosten wandern.

Staatliches Museum Eremitage
Dvortsovaya Naberezhnaya,
34190000 St. Petersburg
✆ +7 812 710 90 79
www.hermitagemuseum.org

St. Petersburg, St. Isaak-Kathedrale

Tschuktschen Rentier-Züchter vor seinem Zelt und Kopfschmuck für Schamanen, Nordmongolei, 19. Jh.

In der Petersburger Eremitage befindet sich ein Onega-Felsfragment aus Granit mit Darstellungen von Elchen und Rentieren

Moskau

Seit 2004 gibt es in Moskau ein ***Eiszeit-Museum*** – derzeit Russlands größtes privates paläontologisches Museum. Es ist ein Forschungs- und Ausstellungszentrum, an dem Palä-

Eiszeit-Museum, Exponate mit Rentieren und Schlitten

ontologen aus aller Welt tätig sind. Die Exponate des Museums stammen aus den überaus reichen paläontologischen Sammlungen, die von der so genannten „Nationalen Allianz Schidlowskis" bei Expeditionen in das nordöstliche Jakutien, auf die Tschuktschen-Halbinsel, in den Altai und in den südlichen Ural zusammengetragen worden sind. Gezeigt werden u. a. wunderschön geschnitzte Kunstgegenstände, bei denen die Rentiere dominant sind.

Prospekt Mira
Gesamtrussisches
Ausstellungszentrum (WWZ)
Pavillon 71, Moskau
U-Bahn-Station WDNCh
✆ +7 499 9 29 09 13
www.iceage.ru

Sotschi 2014, Olympia-Fackellauf mit Russlands Rentieren

Rentiere für Sotschi

Selbst für die im Februar 2014 stattgefundenen Olympischen Winterspielen in Sotschi zeigten die Rentiere was sie drauf haben: Sie transportierten auf der gigantischen olympischen Fackellaufstrecke von etwa 65.000 km das ***olympische Feuer*** ein Stück von der Station Narjan-Mar dem olympischen Austragungsort entgegen. ***Narjan-Mar*** ist die Hauptstadt des Autonomen Kreises des indigenen Volkes der Nenzen im Nordwesten Russlands, welche bis heute den Rentierschlitten als Transportmittel nutzen.

Im Stadtwappen (s. S. 168 ff.) sind Rentier und Fische als Symbole der Urbevölkerung dargestellt.

SIBIRIEN

Der Baikalsee ist ein Begriff für vielfältige Entdeckungstouren. Archäologisch gesehen haben hier in der Verwaltungseinheit Oblast Irkutsk die Wissenschaftler Besonderes zu-

Felsgravierungen in Sibirien am Fluss Pegtymel (s. S. 39)

tage gefördert. Es sind die „Venusfiguren von ***Mal'ta***" (nicht zu verwechseln mit der Mittelmeerinsel Malta). Mal'ta ist der bedeutendste Fundort für prähistorische Kunst in Sibirien. Unter den zahlreichen altsteinzeitlichen Darstellungen des weiblichen Körpers sind auch zwei Figuren, die aus Rentiergeweih gefertigt wurden. Die Objekte sind in der „Kunstkamera" zu sehen:

Peter der Große-Museum für
Anthropologie und Ethnographie
Russ. Akademie der Wissenschaften
3 University Emb., St. Petersburg
✆ +7 812 328-1412
www.kunstkamera.ru/en

Rentier-Schamane, Sibirien

Eiszeit-Mammutbabys

2007 machte ein Rentiernomade auf der sibirischen Halbinsel Jamal einen sensationellen Fund: das bis dahin besterhaltenste Mammut. Es ist im ***Schemanowski Museum*** in Salechard ausgestellt. Expeditionen zu den letzten Rentiernomaden Sibiriens bietet z. B. **Polar-Travel** an. In Wintercamps werden landesübliche Speisen serviert. Übernachtet wird meist in ***Pologs*** (Zelte), wo Rentierfelle so gut isolieren, dass es innen 20 °C, draußen -30 °C hat.
www.paradeast.de

Petropavlovsk-Kamtschatka

Kamtschatka

Die östlichste Halbinsel Russlands ist ein Landstrich, der wegen seiner noch relativ unberührten Natur mit Vulkanen zu einem besonderen Juwel der Individualreisenden zählt. Viele Reiseveranstalter haben die Halbinsel ins Programm aufgenommen, zumal dort Bären und eine seltene Rentier-Art sowie Pflanzen und geologische Naturschauspiele einen Aufenthalt unvergesslich machen.

MONGOLEI

Trotz des extrem kontinentalen und rauen Klimas ist die Mongolei überraschend reich an verschiedenen Arten von Tieren, da das Land sechs verschiedene Naturzonen aufweist.

Naturhistorisches Museum Ulan Bator

Ulan Bator

Das Nationalmuseum wurde im Jahr 1991 gegründet. Ausstellungen zeigen die Geschichte und Kultur der

Nein, kein Rentier, auf dem der Vater der Unabhängigkeit Damdin Süchbaatar inmitten des gleichnamigen Platzes in Ulan Bator da reitet. Dahinter das höchste Gebäude der Mongolei (Blue Sky Tower, 105 m) – ein 5-Sterne-Hotel.

Felsritzzeichnung in der Mongolei

Mongolen von der Steinzeit bis heute, im 1. Stock u. a. Felszeichnungen, Rehsteine (Steinskulpturen von Rentieren u. a.) sowie Grabstätten der ***Hunnen*** und Uygurischen Äras.

Nationalmuseum
Chingeltei duureg,
Hudaldaanii gudamj
210646 Ulaanbaatar
+976 1 325 65 6
www.nationalmuseum.mn

Bulgan Aimag und seine Rentiersteine

Bulgan, die kleine Aimag-Hauptstadt, ist als Übernachtungsort auf halbem Weg zwischen Ulan Bator und dem legendären ***Khuvsgulsee*** unter Ausländern bekannt. Was aber für alle an den prähistorischen und mystischen Spuren von Rentieren Interessierten wichtig ist, befindet sich etwa 20 km südlich von Bulgan, östlich von Orkhon. Dort befinden sich meterhohe sieben Rentiersteine. Es gibt inzwischen eine Reihe von Unternehmen in Europa

Rentiersteine in der Mongolei

und in der Mongolei, die spezielle Touren zu den Rentiersteinen anbieten. Nachstehend ein mongolisches Unternehmen:

Mongolian Adventure Tours Co. Ltd
University Street. Building 2
Ulaanbaatar 210646, P.O. Box 484
✆ +976 11 32 08 50
www.adventuretours.mn

Tsaatan Festival

Das Festival, welches in der Provinz ***Khuvsgul Aimag*** stattfindet, bietet Gelegenheit, die uralte Rentierzüchterkultur der Tsaatan zu erleben. Seit vielen Generationen bereits halten diese ihre Rentiere hoch in den Bergen, beten Naturgeister an und praktizieren Schamanismus. Das Fest enthüllt die Kultur der Nomaden (mongolisch ***tsaa*** bedeutet Rentier)

Postkartenmotive:
Endlose Weiten und Natur pur

Die Mongolei hat die niedrigste Bevölkerungsdichte der Welt.

auf verschiedene Weise, etwa mit einem Konzert von Volksliedern aus der Region **Darkhad** (etwa 50 km westlich des Khövsgöl-Sees), der Wanderung mit Rentierherden, einem Freudenfeuer und schamanistischen Ritualen, die rund um die Tipis durchgeführt werden.

Mongolian National Tourism Center
Baga toiruu 55, Central Sports Palace
Ulaanbaatar, P.O.B – 1520,
index 211213, Central Post Office
✆ +976 11 33 06 75
www.mongoliatourism.org

Mongolei: Lagerplatz mit Rentierherde

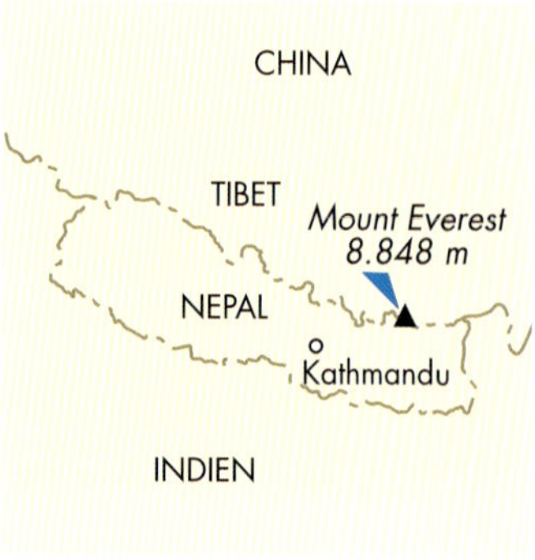

NEPAL / TIBET

In Rentier-Schuhen zum Mount Everest

Mit „These boots are made for walking"" landete *Nancy Sinatra* 1966 einen großen Hit. Was Schuhe mit dem entsprechenden Material aushalten, ist schier unglaublich: Am 29. Mai 1953 betrat der nepalesische Scherpa *Tenzing Norgay* in Begleitung des Engländers *Sir Edmund Hillary* als Erster den Gipfel des Everest. Jenen legendären Schritt

Der Himalaya

Am Mount Everest. Nepalesen mit Rentierfellstiefeln

wagte er in einem Paar Rentier-**Himalaya-Boots** aus dem Hause *Bally*. Dieser Schuh wurde im 60. Jahr der Wiederkehr der Erstbesteigung im Jahre 2013 als Sondermodell (s. Bild rechts) neu aufgelegt. Am 7. Januar wurde er in London von *Rebecca Stephens*, der ersten Britin, die den Mount Everest erklommen hat, präsentiert. – Der Scherpa Norgay trug diese Rentier-Schuhe übrigens nicht als Einziger.

Alle Scherpas bei der Expedition von 1953 waren mit den gleichen Boots der berühmten Schweizer Schuhmanufaktur ausgestattet.

Der Durbar Square in Kathmandu

Hillary-Tenzing-Denkmal in Kathmandu

NORDAMERIKA

Es gibt sie noch, die Stille in der Natur. Wer sie endlich entdeckt, verliebt sich zumeist in die Urwüchsigkeit von Regionen und Landstrichen. Zu ihnen zählen Naturparks und -reservate in Nordeuropa und Asien genauso wie in Nordamerika. Hier wird überwiegend eine Natur bewahrt, die oftmals gerade aus einer gewissen Abgeschiedenheit ihre Einzigartigkeit schöpft. Auch wenn

Herbst im Nationalpark Bering Land Bridge

Karibus in Wales, Bering Land Bridge National Preserve

diese Gegenden teilweise nur mühsam und nicht immer auf modernsten Verkehrswegen erreichbar sind, gibt es fern jeder Bettenburg naturnahe Camps und Lodges für Erkundungen dieser letzten Paradiese. Abertausende von Tieren gehen hier mit der Stille eine harmonische Symbiose ein – Karibu-Tourismus auf sanfte Art.

Besonders hervorzuheben sind etwa die beiden Nationalparks ***Bering Land Bridge National Preserve*** (**www.nps.gov/bela**) und ***Cape Krusenstern National Monument*** (**www.nps.gov/cakr**); leider betreiben im Gebiet um die Stadt Nome einige Veranstalter auch Jagdtourismus: ***Karibu-Schießen*** als „Programm-Highlights" – ein mehr als fragwürdiger Zeitvertreib. Die Region wurde von den Inuit jahrhundertelang zur Jagd genutzt.

Kap Krusenstern

Auch in den Selkirk Mountains findet man im ***Glacier National Park*** (**www.nps.gov/glac**) eine Welt vor, in der die Zeit stehen geblieben zu sein scheint.

Wie beliebt Tierbeobachtung dieser Art sind, das macht auch der kanadische ***Gaspésie National Park*** (**www.sepaq.com/pq/gas**) deutlich, der mit seinen Karibu-Herden in-

Das Chics-Chocs-Gebirge im „Parc de la Gaspésie“ beheimatet die letzen Waldkaribus. Durch den Park führt der Fernwanderweg „Sentier International des Appalaches“. Einfache Hütten und Zeltplätze sind vorhanden.

Im Gaspésie National Park

ternational auf Platz drei vegleichbarer Angebote rangiert.

Vielfältige Reiseninformationen zu Parks in Alaska und Canada finden sich hier: **www.alaskausa.de** + **www.pc.gc.ca**.

USA
MIT ALASKA

Cowboys, Canyons, Weizenfelder so weit das Auge reicht, dazu traumhafte Strände und Filmmetropolen. Beredte Beispiele (freilich, es gibt auch andere) für das „Land der unbegrenzten Möglichkeiten“. Indes, die Vereinigten Staaten sind mehr als die Summe von wirtschaftlichem Boom, können stolz sein auf die historischen Wurzeln der indianischen Ureinwohner und die phänomenalen Leistungen in Wissenschaft, Technik und Gesellschaft. Der kulturelle Schmelztiegel belebt die Städte im Westen genauso wie die beschaulichen Landdörfer und die Ballungszentren und Börsenstädte an der Ostküste. – Und wer heute in die USA oder nach Alaska reist, kann sich auch auf Spurensuche nach frühen Siedlungsresten und prähistorischen Tierfunden begeben, die ihresgleichen suchen.

Werbung für Caribou Coffee

Caribou Coffee

Wer ein echter Naturfreund und Karibu (Rentier)-Fan ist, der verzichtet auch nicht auf seinen heißen Kaffee. Nicht irgendeinen, sondern einen, der den Namen der nordamerikanischen Karibus trägt: „Caribou Coffee“. Dahinter steckt die junge Idee eines Unternehmens der Eheleute *John und Kim Puckett*, die inzwischen über 400 eigene Filialen in 16 amerikanischen Staaten und auch in vielen anderen Ländern außerhalb der USA betreibt. Der erste Caribou-Coffeeshop wurde in einem Vorort von Minneapolis 1992 eröffnet. Mittlerweile gehört Caribou Coffee internationalen Investoren, welche die Expansion des Unternehmens vorantreiben, das inzwischen zur zweitgrößten Coffeeshop-Kette nach Starbuck aufgestiegen ist. Namen und Logo kamen übrigens so zustande: 1990 reiste *John Puckett* zum ***Sable Mountain*** nach Alaska. Als er die Spitze von nahezu 6.000 m erreicht hatte, wurde er mit einer überwältigenden Aussicht belohnt: grenzenlose Bergwelt, klarer blauer Himmel ... und eine Herde von donnernden Karibus im Tal.

www.cariboucoffee.com

Hier hat der Caribou Coffee seinen Namen bekommen: Sable Mountain, Alaska.

USA

Der Song „Rudolph" in der Gebärdensprache

Bei der Trauerfeier für den südafrikanischen Präsidenten *Nelson Mandela* im Dezember 2013 sollte die Rede von US-Präsident *Barack Obama* von einem Gebärden-Dolmetscher übersetzt werden. Dieser gestikulierte jedoch mit immer den gleichen Zeichen herum. Ganz anders wenige Tage später die Fünfjährige *Claire Koch* aus Florida, die überaus professionell das Weihnachtskonzert ihres Kindergarten für Gehörlose erlebbar machte. Die

Claire übersetzt den Song „Rudolph" (s. S. 81) in die Gebärdensprache.

Kinder singen u. a. den Weihnachtsklassiker „Rudolph the Red Nosed Reindeer". Als die kleine Claire beim Wort „Reindeer" die Finger an den Kopf legt und die Geweihe symbolisiert, sind ihre taubstummen Eltern angetan von den Übersetzungskünsten der Tochter. Der Clip wurde bei youtube bereits millionenfach angeklickt.

Lake Huron

I Karibufalle unter Wasser

Im Jahre 2009 meldete die Presse, dass Archäologen auf dem Boden des ***Huronsee*** nicht nur Reste eines Lagers gefunden hätten, sondern auch eine raffinierte Jagdanlage: in 30 m Tiefe entdeckten *John O'Shea* und *Guy Meadows* von der University of Michigan eine Art Karibujagdfalle, die etwa 400 Meter lang war. Das sei ein Beweis für die ers-

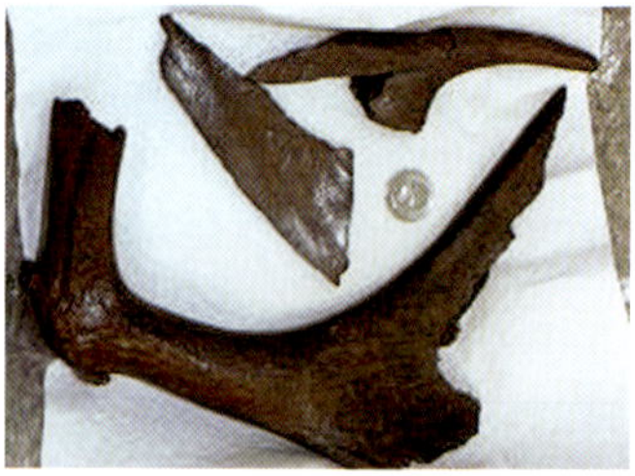

Karibu-Fossilfragment im New Jersey State Museum, Trenton

ten Karibu-Jäger in diesem Gebiet gewesen.

Karibu-Fossil in New Jersey

Ein 10.000 Jahre altes Karibufragment wurde dem New Jersey State Museum gespendet. Es wurde 2009 in Monmouth County von *Andrew Dillman* entdeckt.

New Jersey State Museum
205 W. State Street, Trenton
☎ +1 609 292-6464
www.njstatemuseum.org

2 City of Caribou, Maine

Dass eine Stadt gleich den Namen „Karibu" trägt – nämlich „City of Caribou" – ist schon ungewöhnlich. Wenn man dann noch weiß, dass dort alles mit den Karibus zusammenhängt, stutzt man nicht mehr so. Das **Nylander Museum** ist dem schwedischen Naturforscher *Olof Nylander* gewidmet und dementsprechend enthält dieses Museum in seiner Sammlung alles was mit Archäologie, Flora und Fauna zu tun hat – und eben auch mit Karibus.

Nylander Museum
657 Main Street
Caribou, ME 04736
☎ +1 207 498-6156
www.cariboumaine.org

Tipp: Der **Polarexpress** – von *Chris Van Allsburg* – wurde zum filmischen Weihnachtsereignis des 21. Jahrhunderts. Wer nicht genug davon kriegen kann, dem bieten sich in den USA 29 Eisenbahn-Stationen, an denen „The

Skelett eines Elches im New Jersey State Museum, Trenton.

Lkw vor einer Fabrik in Caribou im Oktober 1940

Polar Express" nach dem berühmten Buch und der gleichnamigen Verfilmung nachempfunden wird – von Alabama bis Wisconsin. Auf der Fahrt zum „Nordpol" wird die Geschichte erzählt, es gibt heiße Schokolade und Kekse, ehe am Ende der Fahrt Santa Claus und seine Rentiere auf die ganze Familie warten.

www.eventsinc.com
www.thetrain.com
(Grand Canyon Railway, Arizona)

3 New York

„New York, New York" ist die musikalische Hymne von *Frank Sinatra* auf die Stadt der Städte. Touristen sind stets begeistert von der Skyline, vom Central Park, dem Rockefeller Center und den zahllosen anderen Sehenswürdigkeiten, die die Megametropole zu bieten hat. In den Museen hier gibt es jede Menge Schätze zu entdecken, beispielsweise im ***Brooklyn Museum*** in New York City, einem der größten und ältesten Museen Nordamerikas. Auf fünf Stockwerken präsentiert es wertvolle Sammlungen und Arbeiten aus den Kulturen der Welt. Im 5. Stock befindet sich das „Luce Center für amerikanische Kunst". Unter den 2.500 Exponaten befindet sich auch eine ***Rentier-Schnitzerei*** aus Elfenbein aus dem 19. Jahrhundert. Die Schnitzerei (Inventar-Nr. 43.201.260) wird den ***Yupik***, einer auf der Tschuktschenhalbinsel und in Alaska lebenden

Der New York City-Marathon zählt zu den bekanntesten Laufveranstaltungen der Welt. Würden hier die ausdauernden und schnellen Karibus und Rentiere an den Start gehen, sähe der Rest der Läufer rasch ganz schön alt aus ...

Volksgruppe, auch als Inuit Sibiriens bezeichnet, zugeordnet. Das Museum, Teil einer Park- und Gartenanlage aus dem 19. Jahrhundert, ist verkehrsmäßig gut angebunden und hat eine eigene U-Bahn-Station.

Brooklyn Museum
200 Eastern Parkway
Brooklyn, NY 11238-6052
✆ +1 718 638-5000
www.brooklynmuseum.org

Kleine Rentier-Schnitzerei aus Elfenbein, Brooklyn Museum, New York

Amerikanisches Museum für Naturgeschichte

Die Filmkomödie ***Nachts im Museum*** mit *Ben Stiller* als Nachtwächter in der Hauptrolle spielt in einem der größten Naturkundemuseen der Welt, dem ***American Museum of Natural History***. Seine Sammlung umfasst über 32 Millionen Exponate und kulturelle Artefakte sowie eine der umfangreichsten Fotosammlungen weltweit; darunter auch wertvolle historische Aufnahmen ethnischer Völker Asiens wie den Ewenken und ihren Rentieren. In der Abteilung ***Hall of New York State Mammals*** sind Exponate der nordamerikanischen Karibus-Arten Porcupine und Woodland zu sehen.

„Reitende Ewenken" in Russland (1901) im American Museum of Natural History, New York

American Museum of Natural History
Central Park West
New York, NY 10024-5192
✆ +1 212 769-5100
www.amnh.org

Inuit-Parka aus Karibu-Haut und Umhang mit Karibu-Zähnen

The Smithsonian's National Museum of the American Indian

Das **NMAI** (Nationales Museum der amerikanischen Ureinwohner) hat mit über 200 Arbeiten eine der weltgrößten Sammlungen der nordamerikanischen Ureinwohner. Im Bereich „Arctic/Subarctic" ist u. a. ein ***Inuit Frauen-Parka*** um 1900 mit Umhang zu sehen, der aus Karibu-Haut und -Zähnen besteht.

Alex. Hamilton U.S. Custom House
One Bowling Green
New York, NY 10004
✆ +1 212 514-3700
www.nmai.si.edu

4 Kentucky

In der südlichen Region des Staates Kentucky nahe der Stadt ***Cave City*** gibt es etwas Einmaliges: es ist das längste Höhlensystem der Welt, die „Mammut Höhle" (***Mammoth Cave***) mit einer Länge von 644 km. Die Jahrtausende haben im Inneren der Höhle Gebilde aus Tropfstein und Ablagerungen angelegt. Wer an einer der angebotenen Führungen teilnimmt, kann auch die unterirdischen Wasserläufe und Seen entdecken, die zum Teil sogar mit dem Boot befahren werden können. Mammoth Cave ist seit 1981 Weltnaturerbe. Das Höhlensystem befindet sich im ***Mammoth Cave National Park***.

www.nps.gov/maca

Durch die Mammut-Höhle führt ein Steg, der sog. „Broadway".

Der Nationalpark kann mit einem weiteren Highlight aufwarten: dem ***Mammoth Cave Wildlife Museum*** in Cave City. Das 1969 gegründete Haus beherbergt über 1.600 Exemplare aus der Natur- und Pflanzenwelt. Darunter, und da hebt sich das Museum von vielen ab, sind beide nordische Paarhufer vertreten, d. h. Karibus und Rentiere.

Mammoth Cave Wildlife Museum
409 E Happy Valley St.
Cave City, KY 42127
✆ +1 270 773-2255
mammothcavewildlife
museum.webs.com

Diorama zur Karibu-Jagd im Pequot Museum, Mashantucket

5 Mashantucket Pequot Museum & Research Center

Das weltweit größte Museum für die Ureinwohner von Amerika und Kanada befindet sich in Mashantucket im US-Bundesstaat Connecticut. In Dauerausstellungen wird das Leben der Ureinwohner in einem kalten Klima präsentiert. Beispielsweise werden dazu in einem Diorama Abläufe zur Karibujagd gezeigt.

110 Pequot Trail, P.O. Box 3180
06338-3180 Mashantucket,
Connecticut
✆ +1 800 411-9671
www.pequotmuseum.org

6 Los Angeles Zoo

Seit 2013 präsentiert der Zoo als Weihnachts-Event den ***Reindeer Romp*** (Rentier-Tollerei). Immerhin

Im Zoo von Los Angeles gibt es seit 2013 den „Reindeer Romp“.

ein kleiner Trost dafür, dass die hiesigen Hollywood-Filmemacher in ihrem Kassenschlager ***Ice Age*** das Rentier als *den* wirklichen Überlebenskünstler vergessen haben. Oder kommt er vielleicht in Teil 5?

Los Angeles Zoo
5333 Zoo Drive, CA 90027
✆ +1 323 644-4200
www.lazoo.org

Naturhistorisches Museum Los Angeles (NHM)

Das ***NHM*** beherbergt etwa 35 Millionen Exemplare und kulturelle Artefakte, welche sich auf einen erdgeschichtlichen Zeitraum von etwa 4,5 Millionen Jahre datieren lassen.

Klar, dass hierbei auch die Rentiere (Karibus) in einem Diorama gewürdigt werden. Weiter zu sehen ist ein Gürtel aus dem 18. Jahrhundert, der mit 992 Rentier-Zähnen bestückt ist. Diese Kauwerkzeuge stammen von King Island im Westen von Alaska.

Natural History Museum
of Los Angeles County
900 Exposition Blvd.
Los Angeles, CA 90007
✆ +1 213 763-DINO (3466)
www.nhm.org

7 San Diego Zoo

Der Tierpark zählt zu den größten Zoos der Welt und beherbergt etwa 4.000 Tiere. Mit dabei die Rentiere im Bereich „Northern Frontier“.

2920 Zoo Dr.
San Diego, CA 92101
✆ +1 619 231-1515
www.sandiegozoo.org

Gürtel aus 992 Rentier-Zähnen und Karibu-Diorama im Naturhistorischen Museum Los Angeles

Junges Rentier im Zoo von San Diego

San Diego Naturhistorisches Museum

In der Ausstellung ***Fossil Mysteries*** werden hier die prähistorischen Rekorde der Region anhand einer geologischen Zeitleiste aufgeführt. Dabei sind im Bereich der Säugetier-Evolution neben Wollmammut und Wollnashorn auch das Rentier als Nachweis für die große „Eiszeit“ (Great Ice Ace) aufgeführt.

1788 El Prado, Balboa Park
San Diego, CA 92101
✆ +1 619 232-3821
www.sdnhm.org

San Diego Natural History Museum, Ausstellung „Fossil Mysteries“

8 Colorado Caribou Ranch

Die Ranch in den Rocky Mountains nahe Nederland ist ein Ort, wo Musikgeschichte geschrieben wurde. Denn dort gibt es ein Tonstudio, in dem schon etwa *Michael Jackson*, *Elton John* und die Gruppe *Chicago* Spitzensongs aufgenommen haben.

Caribou Ranch, Nederland, Colorado

Seine Referenz gegenüber dem Ort und den Karibus erwies beispielsweise *Elton John* mit seinem Album „Caribou“, das er 1974 aufgenommen hatte. Der Ort mit dem Namen erinnert an die vielen Karibus, die einst dort vorbeizogen.

Caribou Rd., CO 80466
✆ +1 303 678-6200

9 Karibu-Pate für Veteranen-Verein der US-Air Force in Ohio

Das ***National Museum of the United States Air Force*** in Ohio ist das offizielle Museum der Air Force der Vereinigten Staaten und zugleich das weltweit älteste und größte Museum für militärische Luftfahrt. Hier können die Besucher sich über die Geschichte der Flugzeuge für den zivilen Verkehr als auch den Einsatz im militärischen Bereich, über Raketen bis hin zur Präsidentenmaschine ***Air Force One*** von Präsident *John F. Kennedy* informieren. Es gibt aber auch einen Memorial Park, in dem die Air Force ihre Mitarbeiter und Einheiten für ihren Einsatz in Freiheit und Kriegszeiten ehrt. Dort findet sich auch ein Denkmal für den „Caribou-Verein“ namens

Buch über die Caribou Airlines (1966 – 1967)

C-7A Caribou Association, auf dem die Namen der Caribou-Einheit aufgeführt sind, welche die Aufgabe hatte, den Transport der Soldaten zwischen 1961 und 1973 nach Kambodscha und Laos sowie im Vietnam-Krieg durchzuführen.

1100 Spaatz Street,
Wright-Patterson AFB OH 45433
(nahe Dayton; Ohio)
www.nationalmuseum.af.mil

⑩ Nine Mile Canyon (Utah)

Die berühmten Felszeichnungen im ***Nine Mile Canyon*** zählen zu den herausragenden Sehenswürdigkeiten in Nordamerika. Die etwa 10.000 Petroglyphen entlang einer Strecke von 60 km werden als „längste Galerie der Welt“ bezeichnet. Die Felsmalereien stammen von den Fremont-Indianern sowie den sog. „Ute people“ und datieren zwischen 700 bis 1.300 v. Chr. Der Nine Mile Canyon ist übrigens nicht 9 Meilen lang, sondern etwa 78. Der Name geht zurück auf eine Expedition im Jahre 1869. Ein Vermessungsingenieur erstellte dabei eine Zeichnung „Nine-Mile-Triangulation“, der er den Namen „Nine Mile Creek“ gab. Verkehr und Industrie (Öl und Gas) gefährden die wertvollen Kulturschätze zusehends. Um die Archäologin *Pam Miller* hat sich daher das Bündnis „Nine Mile Canyon Coalition“ zusammengeschlossen.

www.ninemilecanyoncoalition.org

Kurios: In einer der zahlreichen Zeichnungen findet sich ein Santa Claus, ein Elfen sowie neun Ren-

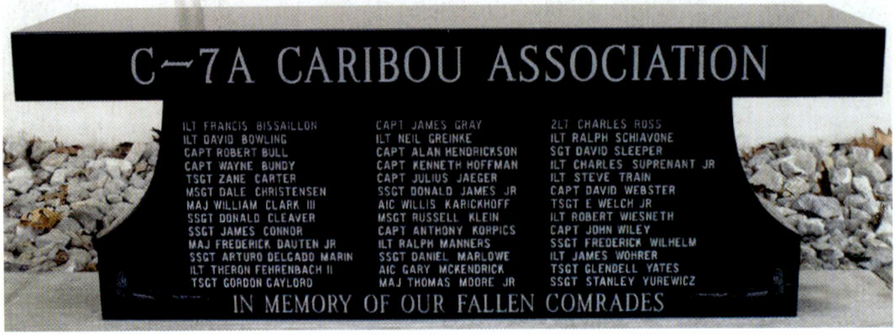

Caribou Denkmal für gefallene Kameraden der US Air Force

oben: Detail einer Felsenzeichnung im Nine Mile Canyon
Mitte: Detail der Santa-Claus-Felszeichnung mit Elfen und Rentieren
unten: Nine Mile Canyon

tiere als fliegende Mannschaft. Dieses Werk kann schwerlich den frühen indianischen Kulturen zugeordnet werden, denn die Geschichte mit den fliegenden Rentieren hat ihren Ursprung ja erst im späten 19. Jahrhundert (s. S. 79). Zumal außerdem *Rudolph* abgebildet ist, muss es sich bei der zweifelos gekonnt integrierten Zeichnung um die Arbeit eines eher unbekannten „Meisters" nach 1949 handeln, dem Erscheinungsjahr des Erfolgssong, in dem das 9. Rentier estmals in Erscheinung tritt.

11 Michigan State University

Die Universität Michigan (MSU) wurde 1855 gegründet und zählt zu den besten staatlichen Hochschu-

Sternbild Rentier,
Bode Tarandus Kustos

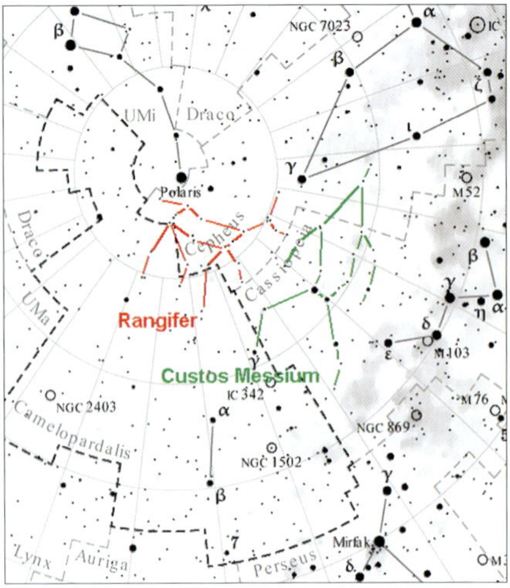

Sternbild Rentier mit dem Sternbild Erntehüter (Custos Messium)

len der USA. Ihr angegliedert ist die weltweit renommierte Abteilung für Physik und Astronomie. Der dortige Astronom *Ian Ridpath* (**www.ianridpath.com**) hat sich u. a. mit 30 offiziell nicht anerkannten Sternbildern, sog. ***obsolete constellations***, auseinandergesetzt, darunter das Rentier. Sie sind auf der Homepage der Uni zu finden: **www.pa.msu.edu**

Michigan State University
220 Trowbridge Rd,
East Lansing, MI 48824
✆ +1 517 355-1855

Die Astronomen Le Monnier und Lalande

Das Rentier ist ein Sternbild des Nordhimmels, das nicht zu den 88 anerkannten Sternbildern der Internationalen Astronomischen Union (IAU) zählt. Entdeckt hat es der französische Astronom *Pierre Charles Le Monnier*, der sich u.a. an der Gradmessung eines langen Meridianbogens anlässlich einer Expedition von *Pierre Louis de Maupertuis* 1736/37 in Lappland beteiligte. 1743 veröffentlichte er sein Buch „La Théorie des Comètes", in welchem die Spuren des Kometen von 1742 am Nordpolar-Himmel beschrieben sind. Le Monnier war fasziniert vom Kurs des Kometen, da auf seiner Spur die Umrisse eines Rentieres nahe dem Polarstern lagen. 1775 hat der französische Astronom *Jérôme Lalande* (1732–1807) das Rentier als Sternbild in die astronomische Welt eingeführt. Der deutsche Astronom *Johann Elert Bode* (1747–1826), der u.a. die Bahn des Uranus entdeckte, führte in dem Katalog „Allgemeine Beschreibung und Nachweis der Gestirne" (1801) das Rentier-Sternbild als Zeichnung auf.

ALASKA

12 Denali Nationalpark 9

Alaska bietet eine Vielzahl an Nationalparks und Naturschutzgebieten (**www.alaskadenalitours.com**). Der wohl bekannteste Park des Bundesstaates ist der „Denali", in den jährlich über 400.000 Besucher kommen. Er liegt 240 km nördlich von Anchorage und wird von den Talkeetna Mountains im Osten und von der Alaska Range im Westen begrenzt. *Charles Sheldon* und *Harry Karstens* haben mit ihren Wildtier-Beobachtungen im Sommer 1906

oben: „Denali" ist der bekannteste Nationalpark Alaskas.
Mitte: Überwältigend, Alaska Range, Mount Mc Kinley (6.194 m)
unten: Grizzly im Denali-Nationalpark

und 1907 das Gebiet bekannt gemacht. Noch heute kann man ihre alte Blockhütte bestaunen (Toklat River). Shelden hatte auch die ursprüngliche Idee eines Nationalparks. Karstens leitete die erste Besteigung des ***Mount McKinley*** im Jahre 1913. Zu den berühmten Bewohnern des Parks zählen u. a. der Grizzlybär, Elche und Wölfe. Die Karibuherden sind in ihrem Bestand dramatisch zurückgegangen.

Denali National Park
Denali Park, AK 99755
✆ +1 907 683-9532
www.nps.gov/dena

13 Selawik Nationalpark

Der Park liegt östlich von Kotzebue Sound am Polarkreis. Der wichtigste Grund, weshalb das Schutzgebiet ins Leben gerufen wurde, ist die mit 490.000 Tieren ***größte Karibu-Herde Alaskas***. Die Western Arctic Karibu-Herde zieht mit den Jungtieren durch das Gebiet auf dem Weg zu ihrem Hunderte Kilometer entfernten Winterquartier.

Selawik National Wildlife Refuge
160 2nd Avenue
Kotzebu, AK 99752
✆ +1 907 442-3799
www.fws.gov/refuge/Selawik

Die Wetlands im „Selawik National Wildlife Refuge"

14 Kobuk Valley Nationalpark

Der Park, in dem es Karibus gibt, erstreckt sich über ein weitläufiges Tal, im dem das Mittelstück des Kobuk River von den Gebirgsketten der Baird und Waring Mountains flankiert wird. 120 km östlich von Kotzebue stößt man auf die ***Great Kobuk Sanddünen***.

Kobuk Valley National Park
National Park Service
Kotzebue, AK 99752
✆ +1 907 442-3890
www.nps.gov/kova

oben: Kobuk Sanddünen
unten: Alpine Tundra im Schutzgebiet des Noatak Nationalparks

15 Noatak Nationalpark

Auf einer Fläche so groß wie Mecklenburg-Vorpommern erstreckt sich dieser Park nördlich des Polarkreises. In der einsamen Region gibt es jede Menge Wildtiere, allen voran die ***Western Arctic Karibu-Herde*** mit rund 490.000 Tieren.

Noatak National Preserve
National Park Service
Kotzebue, AK 99752
✆ +1 907 442-3890
www.nps.gov/noat

12

16 North Pole (s. S. 90 ff.)

North Pole ist für Alaska-Reisende ein Muss. Der kleine Ort liegt 15 Min. südlich von Fairbanks. Hier ist praktisch das ganze Jahr über Weihnachten. Selbst im Hochsommer bei 28 °C ist alles weihnachtlich dekoriert. Die Besucher schlendern entlang der Santa Claus Lane, der Mistletoe Lane oder des Kris Kringle Drive und parken mit ihren Campern im Santaland-Park.

101 St. Nicholas Drive
North Pole, AK 99705
✆ +1 907 488-2200
www.santaclaushouse.com

17 Fairbanks

Fairbanks hat etwas Besonderes: das Polarlicht (***Aurora borealis***). Dem tanzenden Himmelsphänomen verfiel *Syun Akasofu*, der Gründervater des ***International Arctic Research Center*** an der University of Alaska Fairbanks (UAF) wurde. Reisende mit Interesse für die Arktis und ihre tierischen Bewohner profitieren von der einzigartigen geografischen Lage der zweitgrößten Stadt in Alaska,

Fairbanks, „Golden Heart Plaza", Denkmal für die erste Siedlerfamilie

denn hier befinden sich unter dem Dach der UAF verschiedene Institute zur Erforschung arktischer Lebens- und Kulturräume. So ist die Forschungsstation für Karibus, Moschusochsen und Rentiere (***Large Animal Research Station***) für Besucher zugänglich. Auch Führungen können gebucht werden. In diesem Gebiet ist eine der drei weltgrößten Karibuherden zu Hause, welche rund 123.000 ***Porcupine-Karibus*** umfasst. Eine Satellitenauswertung hat ergeben, dass diese Herden über 4.500 km pro Jahr zurücklegen. Nimmt man als Lebenserwartung eines Karibus ca. 15 Jahre an, dann legt es also 67.500 km nur durchs Laufen zurück. Das entspricht dem 1,5 fachen Äquatorumfang der Erde. Das hat bisher kein Mensch unter gleichen klimatischen Bedingungen und innerhalb dieses Zeitraumes geschafft ...

www.explorefairbanks.com
www.uaf.edu/museum
www.alaskadenalitours.com

Tipp: Wer einen Alaska-Trip Ende Februar einplant, sollte sich in Fairbanks das alljährliche **Festival of Native Arts** nicht entgehen lassen. Vom 27.2. bis 1.3. wird an der Universität die Kunst der Urbevölkerung Alaskas präsentiert. Der aus Tanana stammende athabaskische Künstler *James G. Schrock-Grant* hat 1974 das Emblem hierfür geschaffen, welches

Karibus grasen im Bereich der Arcticgas-Pipeline Alaska.

Namen und Persönlichkeiten und das Rentiergeschäft

Henry Moore: Die heutige Stadt Teller in Alaska wurde 1892 nach dem Senator Henry Moore Teller benannt, weil sich hier von 1892 bis 1900 eine Rentierstation befand.

Reverent Sheldon Jackson: Der Reverent unterrichtete nicht nur die Inuit und gründete Schulen für die Bevölkerung, sondern brachte auch um 1885 schon die ersten Rentiere aus Lappland und Sibirien nach Alaska. Im Jahre 1905 soll diese Herde insgesamt über 10.000 Tiere betragen haben. Sheldons Museum kann in Sitka besichtigt werden. www.museums.state.ak.us

Carl J. Lomen: Der amerikanische Entrepreneur und Fotograf ging in die Geschichte als der „Rentierkönig von Alaska" ein. Seine Devise lautete: „Organisation, Förderung, Vermarktung und Beeinflussung für die Rentierindustrie."

Rentier-Queen: *Sinrock Mary Antisarlook*, auch Rentier-Queen genannt, hat sich für die Ureinwohner Alaskas verdient gemacht, indem sie das Fleisch einer erworbenen Rentier-Herde an die Armee und Bergleute verkaufte. So wurde sie berühmt für ihre Rentierherde ... und zur reichsten Frau im Norden.

vier ethnische Ureinwohner bei der Arbeit zeigt, im Mittelpunkt die Tiere des Nordens als Symbol für einzelne ethnische Völker, so etwa der Wal bei den Yupik und Inupiaq und das Karibu bei den Athabaskans.

Festival of Native Arts
University of Alaska Fairbanks
315 Brooks Building
Fairbanks, AK 99775-6500
✆ +1 907 474-6889
www.fna.community.uaf.edu

oben: Eklutna, ein Ureinwohner-Dorf in Alaska mit der Russisch-Orthodoxen-Kirche St. Nikolai (1870)
unten: Festival of Native Arts, Fairbanks

Reindeer Farm Palmer, Alaska

18 Rentierfarm Palmer

Die Farm ist die Heimat von ca. 150 Rentieren, 35 Elchen und Pferden. Sie liegt in ***Palmer***, 70 km nordöstlich von Anchorage. Besitzer *Tom Williams* wuchs Mitte der 50er Jahre hier auf. Als Student erfuhr er viel über Rentierherden in Skandinavien und Sibirien. Den Traum, selbst eine zu besitzen, verwirklichte er 1987 mit dem Kauf erster Tiere aus Kanada. Mit Hilfe einer Stiftung konnte er die Farm umbauen. Hier werden Rentier-Touren in atemberaubender Umgebung angeboten.

Williams Reindeer Farm
5561 Bodenburg Loop Rd.
Palmer, AK 99645
+1 907 745-4000
www.reindeerfarm.com

Leithund Balto

1925, als im kleinen Nome im westlichen Teil von Alaska die ***Diphtherie*** ausbrach, waren die Menschen hier auf ein lebenswichtiges Serum angewiesen, das von Anchorage – nahezu 1.100 km südöstlich – hierher transportiert werden sollte. Doch damals gab es keine verkehrstaugliche Straßen, und die wenigen Flugzeuge konnten wegen Dunkelheit und schlechtem Wetter nicht in diese Wildnis starten. Schließlich entschieden sich die Verantwortlichen für eine Schlittenhundestaffel, die aus 20 Hundegespannen samt ***Musher*** (Führer) bestand und sich durch Schnee, eisige Winde und Temperaturen bis minus 50° C kämpften. Die Gespanne erreichten in 5 ½ Tagen ihr Ziel, unter ihnen

oben: Rentierherdenbesitzer *Samuel Johannesen* Balto ist Namensgeber für Hund Balto, an den in Palmer ein Denkmal erinnert (*unten*).

auch der Musher *Gunnar Kaasen* mit seinem Leithund *Balto*, die die letzten 85 km von Nenana nach Nome meisterten. Beide wurden bei ihrer Ankunft in Nome gefeiert. Noch heute erinnert der jährliche ***Serum Run to Nome***, an dem die besten Schlittenhundegespanne teilnehmen, an dieses Ereignis. Balto, ein sibirischer Husky, wurde übrigens nach dem norwegisch-samischen Rentierherdenbesitzer, Abenteurer und Entdecker *Samuel Johannesen Balto* benannt, der Mitglied in der Expedition des Polarforschers *Fridjof Nansen* in Grönland war. Der Leithund wurde nach seinem Tod präpariert und ist heute zu bestimmten Terminen im ***Naturhistorischen Museum von Cleveland*** zu besichtigen. Skulpturen von Balto befinden sich im Central Park von New York, in Anchorage und in Palmer. Mehr zur Geschichte des Rennens unter: **www.baltostruestory.net**

Tipp: Sehenswert ist in Palmer u. a. das **Palmer Museum für Kunst und Geschichte** und die Skulptur des Schlittenhundes Balto. Die Kleinstadt Palmer liegt an der berühmten historischen Schlittenhunde-Laufstrecke von Anchorage nach Nome.
723 South Valley Way
Palmer, AK 99645
✆ +1 907 746-7668
www.palmermuseum.org

Karibuarten in Alaska und Kanada

KANADA

„Winter in Kanada, so weiß war das Land" so beginnt die Liedzeile eines deutschen Schlagerhits der israelischen Sängerin *Elisa Gabbai* aus dem Jahre 1966. Viele haben Kanada besungen, das Land der Wälder, Seen, Bären und Karibus. Und wo sonst gibt es noch echte Wildnis, ohne asphaltierte Straßen, meilenweit nur Natur und Berge?

Tipp: Aufgepasst heißt es am **Caribou Crossing** (Yukon) für alle, die hier an der Kreuzung Tausende von Karibus beobachten wollen. An ein Weiterfahren mit dem Auto ist nicht mehr zu denken. Denn unaufhörlich zieht die Nordland-Karawane vorbei, als wolle sie nie enden. Ein Schauspiel ist dieser Treck allemal.
www.cariboucrossing.ca

1 Caribou Carnival

Seit 1955 findet alljährlich im März in der „Diamond Capital" ***Yellowknife***, Hauptstadt der kanadischen Nordwest-Territorien am Nordufer des Großen Sklavensees, der große „Karibu-Karneval" statt. Er geht zurück auf die einstigen Fallensteller, die Trapper in dieser Region, welche Karibus jagten. Nach erfolgreicher „Karibu-Ernte" wurde in Yellowknife stets ein Fest begangen, das bis heute fortgeführt wird. Das mehrtägige Event lockt tausende

oben: Feuerwerk beim „Caribou Festival" 2012
Mitte: Küste von Yellowknife
unten: Nordlichter über Yellowknife

Menschen aus der ganzen Umgebung an. Geboten werden u. a. Hunde-Derby, Kürung einer „Carneval-Queen", Eis-Skulpturen-Meisterschaft und Schneemobil-Rennen.

www.yellowknife.ca
www.thecircumference.org/caribou-carnival

Tipp: Im **Prince of Wales Northern Heritage Centre** ist u.a. eine Sammlung von Kleidungsstücken z.B. aus Karibu-Leder der Ureinwohner von Kanada sehenswert.
www.pwnhc.ca

2 Toronto

Toronto Zoo

Toronto ist mit rund 2,6 Mio. Einwohnern die größte Stadt Kanadas und die Hauptstadt der Provinz Ontario. Was aber den Rang der bisherigen Einmaligkeit unterstreicht, ist der Zoo von Toronto (nordöstlich beim Städtchen Scarborough und Rouge Park). Mit seinen 287 Hektar (!) ist er der größte Zoo Kanadas und ***einer der größten Zoos weltweit***. Weitläufiger geht es fast nicht für die dort lebenden Tiere. Im Bereich Tundra Trek sind neben Polarbären auch Karibus, Schnee-Eulen, arktischer Wolf und Fuchs in einem artgerechten, großzügigen

Hafen und Downtown Toronto

oben: Zoo Toronto, Caribou Café
unten: Zoo Toronto, Tundra Trek mit Eisbären und Karibus

Areal untergebracht. Und wer sich vom Schauen eine Verschnaufpause gönnen will, der findet diese stilgerecht – klar – im ***Caribou Café***.

Toronto Zoo
361A Old Finch Avenue
Toronto, ON, M1B 5K7
✆ +1 416 392-5929
www.torontozoo.com

High Park Zoo

Dieser Zoo in Toronto (etwa 10 km westlich der Altstadt) ist das ganze Jahr über eine Besuchsattraktion. Neben einem herrlichen Parkge-

lände hat der Zoo domestizierte und exotische Tiere, beispielsweise Karibus, Yaks und Lamas.

High Park Zoo
1873 Bloor Street West
Toronto, ON, M6R 2Z3
✆ +1 416 338-0338
www.highparktoronto.com

oben: Ghostown Dawson City im Territorium Yukon in Kanada, Zentrum des Klondike Gold Rush
unten: Indianerin beim Goldwaschen am Klondike, Yukon Kanada

❸ Dawson City Museum

Dawson liegt am Ostufer des legendären ***Yukon***, an der Mündung des Klondike River, 240 km südlich des nördlichen Polarkreises. Die Siedlung wurde 1896 zu Beginn des legendären Klondike-Goldrauschs gegründet und nach dem kanadischen Geologen *George M. Dawson* benannt, der die Region erforscht hat. Im Museum im städt. Verwaltungsgebäude kann man sich in die Geschichte des Goldrauschs vertiefen.

Dawson City MuseumBox 303
Dawson City, YT Y0B 1G0
✆ +1 867 993-5291
www.dawsonmuseum.ca

❹ Yukon Beringia Interpretive Centre

„Back to the Ice Age“, so könnte man die Zeitreise beschreiben, die in diesem Museum mit einem Film beginnt und atemberaubende Szenen aus dem heutigen Yukon, Computer-Animationen und seltene Ar-

chivaufnahmen miteinander kombiniert. Hier können Sie den Erzählungen der Indianer und Inuit lauschen, deren Vorfahren in der urzeit-

Herbstlandschaft am Yukon River

Historisches Gebäude in Fort Selkirk

lichen Welt von ***Beringia*** lebten. Bestaunen lassen sich auch lebensgroße Tiere aus der Beringia-Zeit, besonders die Nachbildung des größten gefundenen Langhaarmammuts.

Kilometre 1423 (Mile 886)
Alaska Hwy. Box 2703
Whitehorse, YT
✆ +1 867 667-8855
www.beringia.com

5 Fort Selkirk

Der ehemalige Handelsposten im Territorium Yukon ist auch als bedeutsamer Ort archäologischer Grabungsstätten bekannt. Die Tierwelt rund um die Ansiedlung ist überaus abwechslungsreich und enthält – allen voran – natürlich jede Menge Karibus. (s. S. 33)

15 Eddy Street, 7th floor (15-4-A)
Gatineau, QC, K1A 0M5
✆ +1 819 994-1200
www.virtualmuseum.ca

6 Bluefish-Höhlen

Die drei Höhlen liegen etwa 50 km südwestlich von Old Crow im Territorium Yukon. Archäologische Forschungen haben ergeben, dass u. a. Tierknochen zum Teil Bearbeitungsspuren aufweisen. Auch das Schienbein eines Karibus weist Abnutzungsspuren auf; der Knochen selbst wurde auf ein Alter von etwa 24.820 Jahren datiert. In ***Old Crow*** ist ein Do-

Karibus in Kanada

kumentationszentrum bzw. ein Museum entstanden, bei dessen Planung und Konzeption auch die ***Vuntut Gwitchin***-Ureinwohner beteiligt waren.

John Tizya Centre
Old Crow, YT
✆ +1 867 966-3261 ext 269
www.yukonmuseums.ca

Tipp: Wandern auf den Karibu-Pfaden und zu Stationen von Persönlichkeiten dieser Region.
www.tc.gov.yk.ca

7 Royal Alberta Museum

In diesem Museum in Edmonton lassen sich im Bereich „Boreal Forest Zone" die Maßstäbe, Perspektiven und Artenvielfalt in Alberta in den Blick nehmen. Dazu zählen u. a. Wolf, Elch und das Karibu.

12845-102nd Avenue
Edmonton, AB, T5N 0M6
✆ +1 780 453-9100
royalalbertamuseum.ca

Royal Alberta Museum Edmonton

Skyline von Edmonton

8 Royal British Columbia Museum, Victoria

Das 1886 gegründete Museum umfasst eine Artefakte-Sammlung und Exponate aus der Natur- und Volksgeschichte von Britisch-Columbien. Interessant die Darstellungen über ***Woodland-Karibus***, die hier vor 10.000 Jahren heimisch wurden. Hier wurden die Knochen und Felle der letzten drei, inzwischen ausgestorbenen ***Dawson-Karibus*** (kleine Insel-Herde der Queen Charlotte Islands) – konserviert und für Besucher zugänglich gemacht.

Royal BC Museum
675 Belleville Street
Victoria, B.C., V8W 9W2
✆ +1 250 356-7226
www.royalbcmuseum.bc.ca

British Columbia Museum, Victoria

British Columbia Museum, Victoria, Panorama der Säugetier-Artefakte

9 Canadian Canoe Museum, Peterborough

Das Kanadische ***Kanumuseum*** in Peterborough (Ontario) zeigt mit über 100 Kanus und Kajaks nicht nur eines der wichtigsten Transportmittel in Kanada des 19. Jahrhunderts, sondern auch Artefakte, die im Umkreis der Kanus gefunden wurden. So etwa Karibu-Knochen und Geweihe. In einer Ausstellung werden auch Inuit-Schnitzereien gezeigt, bei denen Karibu-Darstellungen integraler Bestanteil sind.

Kanumuseum Kanada, Skulptur eines Karibus aus Speckstein

Canadian Canoe Museum
910 Monaghan Rd.
Peterborough, ON, K9J 5K4
✆ +1 705 748-9153
www.canoemuseum.ca

10 Eiszeitkamel-Fund

Dass ausgerechnet „Wüstenschiffe" ihre Wurzeln im Karibu-Land Kanada haben ist nahezu unglaublich, aber wahr. So wurden auf der ***Ellesmere-Insel*** im Norden von Kanada urzeitliche Kamel-Fossilien gefunden. Entdeckt wurden Anfang 2013 von Wissenschaftlern um *Natalia Rybczynski* vom Canadian Museum of Nature Ottawa (**www.nature.ca** – beachtenswert die interaktive Gallerie, in der die Überlebenschancen der Porcupine-Karibus simuliert werden kann) in den ***Fyles Leaf Bed***s auf Ellesmere über 30 Fragmente eines Knochens, der von einem übergroßen Kamel stammte

Eiszeitkamel auf Ellesmere

und auf etwa 3,5 Millionen Jahre datiert wurde. Dieser Fund ist insofern etwas Besonderes, als dass auf dieser Insel mit einer Vegetation von Flechten und Moosen die ***Peary-Karibus*** das Sagen haben. Sie sind die kleinsten ihrer Gattung und gelten in ihrem Bestand als die bedrohteste Karibu-Unterart. Im Zeitraum von 1960 bis heute ist der Bestand von etwa 40.000 auf nicht einmal 1.000 geschrumpft. Diese Paarhufer tragen ganzjährig ein fast reinweißes Fell, welches als Tarnung vor Fressfeinden dient.

Ein umfangreiches Werk von *Wendy Dathan* über den dänisch-kanadischen Botaniker, der sich u.a. durch seine Sammlung von 25.000 arktischen Pflanzen und über 100.000 Proben einen Namen gemacht hat. Er studierte das Weiden-Potenzial der Karibu-/Rentierherden im arktischen Kanada, arbeitete in den 1920/30er Jahren am kanadischen Rentier-Projekt mit und war Kurator am „Canadian Museum of Nature in Ottawa".

University of Calgary Press, 2012
ISBN 978-1-55238-586-9
uofcpress.com/books

Schneeweißchen: Peary-Karibus auf der Insel Ellesmere

Last but not least: Auch das gibt's: Kanadischer Caribou-Whisky

Blick auf das Forschungsschiff „Polarstern“ in der King Edward Cove, Südgeorgien Institut

ANTARKTIS

Südgeorgien (South Georgia) **Kerguelen** (franz.)

„Südliche Rentiere“ sind hier heimisch geworden

A wie Antarktis und trotzdem wird der Kontinent, die größte Wüste der Welt, erst am Schluss dieses Buches behandelt? Dazu haben wir uns entschlossen, weil die dortige Präsenz von Rentieren im Vergleich zu den anderen weitaus dominanteren Regionen eine eher untergeordnete Rolle spielt. Und doch gibt es sie auch hier. Wer die Möglichkeit hat, eine Kreuzfahrt in die Antarktis zu unternehmen, dessen Weg könnte sich beim Landausflug mit dem der hiesigen Rentiere kreuzen, die vor einer Kulisse mit Pinguinen und in sich der Sonne aalenden Robben ihres Weges ziehen. Keine Fata Morgana, sondern Realität in einer der unwirtlichsten und zugleich faszinierendsten Gegenden unserer Erde. Rentiere, die auch als ***südliche Rentiere*** bezeichnet werden, sind also an den südlichsten Punkten der Erde heimisch geworden. Nach jüngeren Berichten (polar news vom 8.2.2013) möchte Südgeorgien seine 3.000 Exemplare umfassende Herde erlegen, weil sie angeblich das dortige fragile Ökosystem zunehmend bedroht. Und wer detailreiche Landkarten dieser Region einmal näher betrachtet, der findet noch mehr. Noch heute erinnert der ***Mont du Renne***, dass einst auch Rentiere von Lappland hierher exportiert worden sind.

Einstige Walfangstation in Südgeorgien

Die südlichsten Rentiere auf Südgeorgien zwischen Kaiserpinguinen und Robben

Da Rentiere mit dem Wenigen auskommen, was die Natur vorgibt, wurden sie im Jahre 1971 sogar nach Feuerland umgesiedelt. Seit einigen Jahren halten auch die Farmer auf den ***Falkland-Inseln*** Rentiere aus South Georgia.

www.polar-reisen.ch
www.polar-news.com

MS Bremen: Pinguine beobachten Neuankömmlinge in der Antarktis.

Briefmarke, Falkland Inseln

Filmische Rarität: Im Deutschen Wochenschau-Filmarchiv aus dem Jahre 1956 wird u.a. auch über den Kerguelen-Archipel berichtet. So zeigen die Wochenschau-Bilder, wie in einem Netz viele Rentiere aus Lappland vom Schiff entladen werden.
www.deutsche-wochenschau.de

Rentiere im Web

www.ajtte.com
Samen-Museum, Jokkmokk
(auch auf Deutsch)

www.ajtte.se
Samische Küche

www.samer.se
Samisches Informationszentrum

www.kongenshus.dk
Wanderpark

http://zoologi.snm.ku.dk
Zoologisches Museum
Kopenhagen

www.naturkundemuseum-bw.de
Staatliches Museum für
Naturkunde Stuttgart

www.engen.de
Städtisches Museum Engen

www.archaeopark-vogelherd.de
ArchäoPark Vogelherd

www.geopark-alb.de
Geopark Schwäbische Alb

www.zoo-berlin.de
Zoologischer Garten
Berlin

www.neanderthal.de
Neanderthal Museum Mettmann

www.arktikum.fi
Arktikum Rovaniemi

www.santaclausvillage.info
Rovaniemi

www.siida.fi
Sami-Museum und Nordlappland-Naturzentrum Siida

www.vallon-pont-darc.com
Route Gorges de l'Ardèche

www.solutre.com
Weindorf Solutré mit Felswanderung

www.tourisme-vezere.com
Rundweg zur Höhle von Lascaux

www.musees.strasbourg.eu
Archäologisches Museum

www.museeprehistoire.com
Museum d. Vorgeschichte Quinson

www.cairngormreindeer.co.uk
Schottische Rentierfarm in Cairngorm mit Trekking

www.amicihanbury.oranjuice.org
Botanische Gärten Hanbury

www.tzg-krapina.hr
Neandertalermuseum in Krapina

www.rigazoo.lv
Zoo Riga

www.skimuseum.li
Ski- und Wintersportmuseum Liechtenstein

www.alta.museum.no
Felszeichnungen Alta

www.visittromso.no
Tromsø

www.visitjotunheimen.com
Rentierjager-Wandertour

www.stolavsleden.com
Olav-Pilgerweg mit Rentierspuren

www.rorosrein.no
Bergbaustadt, Rentierskulptur und nördlichste Sanddüne Europas

www.museumstillfried.at
Bernstein & Rentier-Archäologie

www.gobelsburg.at
Wein auf „Rentier"-Lager

www.rockartscandinavia.se
Tanum und Felsritzzeichnungen

www.skansen.se
„Schweden in Miniatur"

www.turism.jokkmokk.se
Wintermarkt mit Rentieren

www.latenium.ch
Archäologiepark Laténium

www.postojnska-jama.eu/de
Höhlen von Postojna

museoarqueologicodeasturias.com
Archäologisches Museum Oviedo

www.cfnavarra.es/cultura/museo/index.html
Museum von Navarra

www.museodealtamira.mcu.es
Höhle von Altamira

www.cavemk.cz
Balcarká-Höhle

www.miskolc.hu
Prähistorische Tour (Szeleta-Kultur)

www.hermitagemuseum.org
Staatliches Museum St. Petersburg. Exponate aus Sibirien

www.iceage.ru
Eiszeit-Museum in Moskau

www.nationalmuseum.mn
Mongolische Geschichte in Ulan Bator, Rentiersteine

www.eventsinc.com
29 Eisenbahn-Stationen des Films „The Polar Express“

www.mammothcave.com
Längstes Höhlensystem der Welt mit Museum

www.nps.gov/dena
Denali, Nationalpark Alaskas

www.cariboucrossing.ca
„Caribou Crossing“ (Yukon)

www.uaf.edu/museum
Museum in Fairbanks

www.torontozoo.com
Zoo Toronto (287 Hektar)

www.fna.community.uaf.edu
„Festival of Native Arts“, Fairbanks

www.beringia.com
Sagen und Erzählungen der Inuit

„Rentier-Auto-Set“ (Minicooper)

Als Fortbewegungsmittel hat das Rentier bei den meisten Sami ausgedient: Moto-Cross-Motorrad neben einer Sami-Kåta bei der Rentierscheidung nahe Nikkaluokta (samisch für „Nils Bucht"), ein Dorf in Nordschweden.

Literatur

Seit Jahren lese ich vieles zu diesem Thema in Büchern, Zeitschriften und Zeitungen, vieles auch im Internet. Einiges davon hat es in meine Bibliothek geschafft und nimmt darin inzwischen einen größeren Raum ein. Des Weiteren habe ich einiges an Quellenstudium betrieben, bei dem gut 300 Original-Werke im deutschen, englischen und französischen Bereich beackert und bewertet wurden. Die nachfolgende Auswahl erhebt nicht den Anspruch auf Vollständigkeit, verweist aber darauf, was ich in dieser Zeit wohl häufiger in der Hand hatte.

Aldrovandus, Ulysses: *Quadrupedum omnium bisulcorum historia.* Bononia, 1621, digitale Ausgabe, Universität Göppingen

American-Mongolian Deer Stone Project. Field Report, 2009, Smithsonian Institution, Washington

Brehms Tierleben. Säugetiere Paarhufer, Neunter und Zehnter Band; S. 98-123 (Rentier), nach 2. Originalausgabe; Uhlenhorst-Verlag, Hamburg, 1928

Cook, Jill: *The Swimming Reindeer.* British Museum Objects in Focus, The British Museum Press, London, 2010

Crottet, Robert: *Verzauberte Wälder.* Geschichten und Legenden aus Lappland, Deutscher Taschenbuch Verlag, 1976

von Dittmar, C.: *Über die Koräken und die ihnen sehr nahe verwandten Tschuktschen.* Original-Bericht von 1854, Electronic edition, 2004

Die Geschichte der Langobarden, in: Digitale Sammlung der Bayerischen Staatsbibliothek. Hamburg, 1838

Die Kultur der Eiszeitjäger aus dem Kesslerloch. Seekreis Verlag Konstanz, 1977 und 1984

Dokumentation der dialektalen und kulturellen Vielfalt unter Ewenen in Sibirien. Projekt des Max-Plack-Instituts, Leipzig, Stand Juli 2010

Eitner, Hasso: *Der Rabe Kurkyl.* Ogham Verlag, Stuttgart, 1993

Eiszeit. Kunst und Kultur Baden-Württemberg (alm), Katalog, Stuttgart, 2009

Entdeckungen. Höhepunkte der Landesarchäologie 2007 – 2010. Esslingen, 2011; Landesamt für Denkmalpflege im Regierungspräsidium Stuttgart.

Exkursion Nordskandinavien, Sommer 2003. Institut für Geographie der Universität Leipzig

Funkkolleg: Jahrhundertwende, 1880 – 1930, Studienbegleitbrief 6, Beltz Verlag, 1989

Gesner, Conrad: *Historia animalium.* Francofurti, 1617, digitalisierte Ausgabe der Nationalbibliothek für Medizin, Rockville Pike, USA

Grzimeks Tierleben, Enzyklopädie des Tierreiches, Dreizehnter Band: Säugetiere 4; Kindler Verlag, 1968

Herre, Wolf: *Rentiere.* Die neue Brehm-Bücherei, A. Ziemsen Verlag, Wittenberg, 1956

Kahlke, Hans-Dietrich: *Die ältesten Ren-Funde der Welt.* Urania-Universum, Band 14, Leipzig, 1968

Kunze, Uwe: *Flatruet oder Die Träume der Rentiere.* Verlag Külzer-Schröder, 2011

Kunze, Uwe: *Nejla vom Sarvejohke,* Verlag Külzer-Schröder, 2008

Kuoljok, Sunna und Utsi, John-Erling: *Ajtte-Svenskt Fjäll* – och Samenmuseum, Luleå, 1995

Kvarfordt, Karin; Sikku, Nils-Henrik und Teilus, Michael (in Zusammenarbeit mit dem Nationalen Sami-Informationszentrum): *Sami – ein Ursprungsvolk in Schweden.* Västerås, 2007

Lagerlöf, Selma: *Nils Holgerssons wunderbare Reise durch Schweden.* Philipp Reclam jun., Suttgart, 1996

von Linné, Carl: Lappländische Reise, Insel-Verlag, Frankfurt, 1964

Magnus, Albertus: *De animalibus.* Mantua, 1479, in: Digitale Sammlung der Bayerischen Staatsbibliothek

Magnus, Olaus: *Die Wunder des Nordens*; erschlossen v. Elena Balzamo & Reinhard Kaiser, mit einem Nachdruck der Carta marina von 1539, Eichborn Verlag, Frankfurt a. M., 2006

Manker, Ernst: *Menschen und Götter in Lappland.* Morgarten Verlag, Zürich, 1950

Manthe, Markus & Henningen, Thomas: *Europas wilde Wälder.* Greenpeace-Bildband, Knesebeck Verlag, München, 2011

Märchen aus Lappland. Hrsg. und übersetzt von Hans-Hermann Bartens, Diederichs, 2003

Miles, Elizabeth: *Watching Reindeer in Europe*; First Library: Wild World 2006

Rangifer aus den Sanden von Mosbach. Paläontologische Zeitschrift, 37, 3-4; S. 277-282; August 1963

Reindeer Management in Northernmost Europe. Springer-Verlag, 2010

Renner, Erich (Hg.): *Das Leben des Rentierlappen Siri Matti*, von ihm selbst erzählt. Aufgezeichnet von Ludwig Kohl-Larsen. Frankfurt/New York, Campus, 1994

Rousselt, Jean-Loup & Grashammer, Veronika: *Jenseits von Bering.* Die russischen Kolonien des Nordpazifiks 1741 – 1867. Katalog, Staatliches Museum für Völkerkunde, München, Fondazione Galleria Gottardo, 2004

Rytchëu, Juri: *Der letzte Schamane.* Die Tschuktschen-Saga. Unionsverlag, Zürich, 2002

Schefferi, Ioannis: *Lapponia.* Königsberg, Frankfurt a. M., Leipzig, 1675; digitale Sammlung der Universität Heidelberg

Smith, Tilly: *The Real Rudolph.* A Natural History of the Reindeer, Sparkford, 2006

Stüssi, Anna (Hg.): *Die Sami.* Bedrohte Kultur in Lappland, Gesellschaft für bedrohte Völker, Bern, 1990

Topelius, Zacharias: *Neue finnländische Märchen.* Aus dem Schwedischen von Ilse Meyer-Lüne, H. Haessel Verlag, Leipzig, 1923

Turi, Johan: *Erzählungen vom Leben der Lappen.* Eichborn, 1996

Vajda, László: *Untersuchungen zur Geschichte der Hirtenkulturen.* Otto Harrassowitz, Wiesbaden, 1968

Vitebsky, Piers: *The Arctic is a homeland,* The Arctic Institute, Washington, 2000

Weltreise. Band 5: Europa, Novaria Verlag, München, 1971

Weltreise. Band 12: Nordamerika, Novaria Verlag, München, 1974

Wilfling, Alois: *Sapmi-Exkursion 2001.* XVII. Volkskunde und Geschichte. Universität Graz

Abbildungsnachweis

Titel: iStockphoto, Titel Rückseite l.o.: Rentierfarm in Cairngorm, Titel Rückseite r.o.: hummel-reiseideen.de, Titel Rückseite l.u.: visitnorway, Titel Rückseite r.u.: Uwe Kunze, 9 l.o.: Uni Birmingham, 9: Wagner, 12/13: Olaf Schneider, 14/15: Mari-Ann Nilssen, 16: Wagner, 17: Online-Bibliothek der Universität Heidelberg, 18 o.: Sammlung Høyem, 18 u.: Wikipedia, 19: M. Rissoan, 20: Rentierfarm in Cairngorm, 21 o.: Visit Finland, 21 u.: pr, 22 o.l.: Wikipedia, 22 o.r.: Visit Sweden, 22 M.l.: Wikipedia, 22 M.r.: Wikipedia, 22 u.l.: Visit Sweden, 22 u.r.: Chromy/Pichler, 22 M.u.r.: Wikipedia, 23 o.: Wagner, 23 u.: Wikipedia, 24 o.l.: Hans Mohr, 24 o.r.: Wagner, 24 M.l.1.: Wikipedia, 24 M.r.1: Visit Finland, 24 M.l. 2: Wagner, 24 M.r.2: Wikipedia, 24 M.l. 3: Visit Finland, 24 M.r.3: Wagner, 24 u.: Wikipedia, 25 o.l.: Wagner, 25 o.r.: Wagner, 25 o.r.2: Wikipedia, 25 M.: Mia Gallery, 25 u.: Wikipedia, 26/27: Visit Sweden, 28/29: visitnorway, Anders Gjengedal, 30: Kanadisches Naturmuseum in Ottawa, 33: Senckenberg Weimar, 34: Wikipedia, 35: Wikipedia, 37: Alta Museum, Norwegen, 38 M.: Wikipedia, 38 u.: Wikipedia, 39: Visit Finland, 40: Ardèche-Guide, 41: Jean Clottes, 42: Agence Fabre et Speller – Atelier 3A, 43: Jean Clottes, 44: pr, 45: pr, 46 o.: Karte nach Archäologisches Landesmuseum Baden-Württemberg (alm), 46 u.: pr, 47 o.: Wikipedia, 47 u.l.: pr, 47 u.r.: Wikipedia, 48-49: Visit Finland, 50: Wagner, 52: Wikipedia, 54: Visit Finland, 56: Visit Finland, 57: Wikipedia, 58: Kari Kivinen, 60 o.: Wikipedia, 60u.: Zoo Hannover, 61: Visit Finland, 62 o.: Visit Finland, 62 u.: Wikipedia, 64: Wikipedia, 65: pr, 66: Jason Roberts, Survival, 67: Wikipedia, 69: lapinporokoira.nl, 70: Visit Finland, 71: Wikipedia, 72/73: visitnorway, 74: Musée département de Préhistoire, Solutré-Pouilly, 75: Wagner, 76/77: Wagner, 78: Wikipedia, 80: visitfromstnicholas.com, 82: Wikipedia, 83: Wagner, 84 o.: Bayerischer Rundfunk, 84 u.: Siegfried Baum/pixelio.de, 85 o.: Wagner, 86: pr, 87: Conservation Council of New Brunswick, 88: norddsanta.com, 91: Postkarte, 1950: Historical Society Wilmington, 92: northpole.com, 93: Doug Chisholm, 94 o.: Wikipedia, 94 u.: Tourism Saskatchewan, 96: Roland Fränkle/ Stadt Karlsruhe, 97: Wagner, 98: Tom Høyem, 99: Tom Høyem, 100: Wikipedia, 101 o: Wagner, 101 u.: Wagner, 102-103: Visit Finland, 104: visitnorway, 105: Onlinebibliothek Universität Heidelberg, 106: Wikipedia, 107: Wikipedia, 108: Wikipedia, 109 o.: Lindemann, 109 u.: Universitätsbibliothek Tromsø, 110: Wikipedia, 111: Wikipedia, 112/113: arc-pic.com, 114: visit Danmark, 117: Wagner, 118: Wikipedia, 119: Wagner, 120: Wikipedia, 121: Wagner, 122: Uwe Kunze, 124: Wikipedia, 125: Wagner, 126: Uwe Kunze, 127: Wagner, 129 o./u.: Wagner, 130 o.: Wagner, 130 u.: iStockfoto, 131: Wagner, 132: Kantonsarchäologie Solothurn, 133: Rosgartenmuseum Konstanz, 134: iStockfoto, 137: wikimedia commons, 138: pr, 139: „From Dust", consolewars, 140: youtube, 141o.: Wikipedia, 142: pr, 144: Wagner, 145: pr, 147 o.: Sami-Museum Siida, 147 u.: Pfeiffer, 148: Wagner, 149: Wagner, 150: Wikipedia, 151: Schifffahrtsmuseum Nordfriesland, 152: Sommetourisme, Amiens, 153: Sommetourisme, Amiens, 154 M.u.: Wikipedia, 155: Wagner, 156: Wagner, 158: Wagner, 160: Wagner, 161: Wagner, 162: Archiv Wagner, 163: Coca-Cola GmbH, Berlin, 164: Wagner, 165: Wagner, 166/167: Chromy/Pichler, 172: Visit Finland, 173: Särestöniemi Museum, Kittilä, Finnland, 174: Archiv Heinz Hagemann, 175 o.: Augustinermuseum, Städtische Museen Freiburg, Fotothek/Bibliothek, 175 u.: youtube, 176: Wikipedia, 177: Gunther von Hagens, Institut für Plastination, Heidelberg, 178: Baroniet Rosendal, 179 o.: Kunsthalle zu Kiel, 179 u.: Baroniet Rosendal, 180: Wikimedia, 181 o.: Jerry

Magnum Porsbjer, 181 u.: kurtsvenssonskonst.com, Lars Pirak, 182 o.: Museum-Gallerie, Sodankylän, Finnland, 182 u.: Särestöniemi Museum, Kaukonen, 183 o./u.: Särestöniemi Museum, Kaukonen, 184: Chromy/Pichler, 185 o./u.: Ansgar Walk, 186: Ansgar Walk, 187: CreARTion, 188: posterdb.de, 189: Advanced Graphics, 190: posterdb.de, 192: posterdb.de, 194: ARD/Golz, 195: Kasten, 196: pr, 197: Hernyk Kotowski, 198: Visit Finland, 199: Påskefestivalen, 200: Norwegische National-Bibliothek, Oslo, 200 M./u.: Wikipedia, 201: Edvard-Grieg-Museum, Troldhausen, 202: Amazon, 204: Wikipedia, 205 o.: Wikipedia, 205 M.: big-movie.com, 205 u.: Wikipedia, 206: Wikipedia, 207: Mat'o, DeFlynka, Lenka (4ever.eu), 208: Literarische Gesellschaft Schweden, 209: flickr.com, 210: Frare children's book illustrations, 211: Sagavegen, Norwegen, 212/213: Duohtavuohta, 214: Visit Sweden, 215 r.: Duohtavuohta, 215 u.: Visit Sweden, 216 o.: Visit Sweden, 216 u.: Archiv Wagner, 217: Archiv Wagner, 218: Visit Finland, 219 o.: Ökologix at German Wikipedia, 219 u.: Wikipedia, 220: Knut Hansvold, NordNorsk, 221 o.: Gartenlaube, 1875, 221 M.: samieasterfestival.com, 222/223: Visit Sweden, 224: Visit Sweden, 226: Visit Sweden, 227: Wikipedia, 228 o.: pr, 228 u.: pr, 229: pr, 230: Wagner, 231: Wagner, 232 o.: Visit Finland, 232 u.: ustich.de, 233: Wagner, lustich.de, 236: neatocoolville.blogspot.com, 237: pr, 238/239: Visit Finland, 240: Volker Griener, SMNK, 241: Wagner, 242: pr, 244: pr/Wagner, 245: C.+H. Pfeiffer, 246 groß: Kari Kivinen, 246 klein: Wagner, 247: Stefan Niederer, 249: Springer-Ferazin, 250: Archiv Wirtz, 251 o.: flickr.com, Thomas Mues, 251 u.: flickr.com, Kenny Louie, 252: pr, 253 o.: Nic.Inga, 253 u.: awesomatik.com, 254: dpa Picture-Alliance GmbH, 255: Visit Finland, 256/257: Kasten, 258: Jon Nickles, 260: Wikipedia, 261: Bjørn Christian Tørrissen, Wikipedia, 262 o.: Hans Mohr, 262 u.: Stephan Röhl, Berlin, 263: O. Salge, Greenpeace, 264 o.: James W. Bee and E. Raymond Hall, 264 u.: pr, 266: Kasten, 267 o.: Kasten, 267 u.: pr, 268: Wikipedia, 269: Kasten, 270: Wikipedia, 272: NASA/DLR, 273: Wikipedia, Bild: GIPK „Dal'press", 274 o.: Wikipedia, 274 u.: Stiftung Wilderness International, 275: Stiftung Wilderness International, 276 o.: pr, 276 u.: Wikipedia, 277: pr, 278 o.: j.cosmas, 278 u.: Siida Museum, 280: pr, 281: Screenshot, Wagner, 282: Ökologix, 283: Finnish Wartime Photograph Archive, 284: Manfred Werner, 286: svt.de, 287: Archiv Wagner, 288 o.: pr, 288 u.: visitnorway, 289: pr, 290: visitnorway, 291: Christoph Silvanus, 292: Visit Finland, 293 o.: Wikipedia, 293 u.: M. Klüber, Wikipedia, 294/295: Steiff Museum, 296: Ajaloomuuseum, Tallinn, 297 o.: Visit Finland, 297 u.: Bernd und Natalie Kaifler, 298: Steiff Museum, 299: Steiff Museum, 300: Thomas Goldschmidt, BLM, 301: Ilmgold, 303: Archiv Wagner, 305: Reindeer-Geocaching, 306: Reindeer-Geocaching, 307 o.: Wagner, 307 u.: Pfeiffer, 308: Finnische Polizei, Facebook, 309: Wikipedia, 310/311: Musée de Préhistoire des Gorges du Verdon, F. Exubis, 312: spitzbergenblog.de, 314 o.: ARC-PIC.COM, 314 u.: Bert Wiklund, Visit Denmark (u.), 315: Office Belge de Tourisme Wallonie-Bruxelles, 317: Zoologisches Museum, Kopenhagen, 318 o.: Visit Denmark, 318 M.: ARC-PIC.COM, 318 u.: Visit Denmark, 319: Visit Denmark, 320: SMNS, C. Joachim, 321 o.: SMNS, R. Baumann, 321 u.: Dr. Thomas Coch, 323: Ortsverwaltung Freiburg-Munzingen, 324: Wagner, 325: Wikipedia, 326: Amazon, 327: Urgeschichtliches Museum Blaubeuren, 328: Wikipedia, 329: Urgeschichtliches Museum Blaubeuren, 330: Felsenhäusle-Museum, 331 l.: Nationalpark Bayerischer Wald, 331 r.: Museum für Ur- und Frühgeschichte, Eichstätt, 332 o.: Golz, 332 u.: Zoo Magdeburg, 333 l.: Wikipedia, 334 o.: Wikipedia, 334 u.: Wagner, 335: Rüdiger Wölk, Münster, 336: Wagner, 337: Tourismuszentrale Rügen GmbH, 338: Zoo Hannover, 339 l.: Zoo Hannover, 339 r.: Zoo Osnabrück, 340: Jacob Enos, Stefan Scheer, 341: Wikipedia, 342 o.: Jonas Lange, 342 u.: Stefan Enste, 343: Wikipedia, 344: Sammlung Alexander Duncker, 345: Wagner, 346 o.: Wahlen, 346 u.: Landesmuseum Bonn, 347: Wikipedia, 348: Wagner, 349: Stadt Halle, 350: Wikipedia, 351: Tierpark Dessau, 352: Wolfgang Pehlemann Steinberg/Ostsee, 353 o.: Museum für Erdgeschichte, 353 M.+u.: Waldzoo Gera, 354 o.: Archiv Wagner, 354 M.+u.: Arktikum Rovaniemi, 355: Siida-Museum, 356: Visit Finland, 357: Pyhätunturi , 359 o.: pr, 359 u.: commune de Sergeac, 360: Béridon, 361 o.: Jean-Jacques Delannoy, 361 M.: Wikipedia, 361 u.: Jean Clottes, 362 o.: Wikipedia, 362 u.: Office de tourisme de l'Entre-deux-Mers, 363 o., M.: Wikipedia, 363 u.: Office de Tourisme, Tarascon, 364: Prähistorisches Museum Solutré, 366: Archiv Wagner, 368: Wikipedia, 369 o.l.: Prähistorisches Museum Eyzies-de-Tayac, 369 o.r.: pr, 369 3 unteren: Prähistorisches Museum Eyzies-de-Tayac, 370: Musée d'Aquitaine, 371 o.: Préhistoparc, Tursac, 371 u.:

Wagner, 372: Office de Tourisme Strasbourg, 373: Wagner, 374: Parc Polaire, 375 l.: Laponia Dream, 375 r.: Musée et site archéologiques 377d'Argentomagus Les Mersans, 376 o.: Wagner, 376 M.+ u.: Wagner-Archiv, 377 o.: Pech Merle, 377 u.: pr, 378: Wagner, 379: Prähistorisches Museum Quinson, 381 l.: Wikipedia, 381 r.: Grottes de Isturitz, 381 u.: pr, 382 l.: Wikipedia, 382 o.: Wikipedia, 382 M.: Musée de Prehistoire, Tautavel, 382 r.u.: Musée de Prehistoire, Tautavel, 383: Samara, 384: Centre d'Interprétation du Roc aux Sorciers, 385 l.: Prähistorisches Zentrum Darney, 385 r.: Musée d'archéologie nationale, Saint-Germain-en-Laye, 386: Wagner-Archiv, 387 o.+M.: Rentierfarm in Cairngorm, 387 u.: Visit Britain, 388 o.+u.: Farm Klaustursel, 388 M.: Stadt Egilsstadir, 389 o.: Fototeca ENIT, 389 u.: Turismo Liguria, 390: Turismo Liguria, 391: Varaždin Tourismus, 392: Varaždin Tourismus, 393 M.: Zoo Riga, 393 u.: Wagner, 394 l.: Wikipedia, 394 r.: Ski- und Wintersportmuseum, Vaduz, 395: Wikipedia, 397: visitnorway, 398: visitnorway, 401: Wikipedia, 402: Wikipedia, 403: visitnorway, 404: Nationales Pilgerzentrum, Trondheim, 405 l.+r.: Sami Museum, Varanger, 405 r.u.: Wikipedia, 406 o.: Pfeiffer, 406 u.: Wikipedia, 407: Stillfried, Museum für Ur-und Frühgeschichte, 408 l.: Weingut Schloss Gobelsburg, 408 r.: Urgeschichtliches Museum Asparn, 409 l.: Wagner, 409 r.: Wikipedia, 410 o.: Wagner, 410 u.: Wikipedia, 411 o.: Wikipedia, 411 u.: Nationales Zentrum von Vale do Côa, 412: Tanum Rock Art Museum, 413: Swedish Rock Art Research Archives, 413 r.: Visit Sweden, 414: Visit Sweden, 415 l.o.: Wikipedia, 415 l.u.: Lappland-Tourismus, Schweden, 416: Wikipedia, 417: Wikipedia, 418: Wikipedia, 419 o.: Visit Sweden, 419 u.: Solberget, 420: Fredrik Broman (Human spectra), 421 o.: Wikipedia, 421 M.: visitsapmi.com, 421 u.: Visit Sweden, 422: Wagner, 423: Wagner, 424: Wikipedia, 425: Slowenische Fremdenverkehrszentrale, 426: Slowenische Fremdenverkehrszentrale, 427: Junta de Castilla und León, 428: Wikipedia, 429 l. : Wikipedia, 429 r.o.: Sociedad Regional de Turismo, Infoasturias, Recrea, 429 r.u.: Sociedad Regional de Turismo, 430 o.: Sociedad Regional de Turismo, 430 M.: Sociedad Regional de Turismo, Ana Müller, 431 l.o.: Wikipedia, 431 r.o.: Sociedad Regional de Turismo, 431 r.M.: Sociedad Regional de Turismo, Camilo Alonso, 431 u.: Wikipedia, 432 r.o.: Sociedad Regional de Turismo, Camilo Alonso, 432 l. o.+u.+r.u.: Wikipedia, 433: Wikipedia, 434 l.u.: Wikipedia, 434 r. o.: Museum von Navarra, Pamplona, 435: Tourismus Service, Pamplona, 436 l.: Wikipedia, 436 r.: Sociedad Regional de Turismo, 437: Sextner Dolomiten AG, Alta Pusteria, 438: Höhlenverwaltung Mährischer Karst, 439: Tourismuszentrale, Brno, 440 l.o.: Tschechische Höhlenverwaltung, 440 u.: Wikipedia, 441 o.: Lillafüreder Schlosshotel, 441 u.: Aggtelek-Höhlen, 442: Wikipedia, 443: chinannc.com, 444 o.: chinannc.com, 444 u.: pr, 445: Wikipedia, 446: Wikipedia, 447 o.: Erich Kasten, 447 M.: Wikipedia, 448 l.+r.o.: Russische Botschaft, 448 l.M.+u.: Museum für Ethnologie, St. Petersburg, 449 l.: Eiszeit-Museum, Moskau, 449 r.: AFP, 450 o.: Zeichnung: EFODON, Europäische Gesellschaft für frühgeschichtliche Technologie und Randgebiete der Wissenschaft, 450 l.u.: pr, 450 r.M.: Kasten, 451: Wikipedia, 452 l.o.: pr, 452 u.: Wikipedia, 453: Wikipedia, 454: Wikipedia, 454 M.: Mongolian National Tourism Center, 455: Wikipedia, 456: Wikipedia, 457 o.: National Park Service, Alaska Region: Neal Herbert, 457 r.M.: Wikipedia, 458: Wikipedia, 459 r.o.: pr, 459 u.: Caribou Coffee, 460 l.M.: YouTube, 460 r.o.: Wikipedia, 460 r.u.: New Jersey State Museum, 461: Wikipedia, 462: Brightroom, 463 l.: Wikipedia, 463 r.: AMNH, 464 l.o.: NMAI, 464 r.M.: Wikipedia, 464 r.u.: Mammut Cave Nationalpark, 465 l.: Wikipedia, 465 r.: Los Angeles Zoo, 466 l.: NHM, 466 r.: San Diego Zoo, 467 l.: Natural History Museum San Diego, 467 r.: Wikipedia, 468: US Air Force, Nationalmuseum, 469 o.+M.: Nine Mile Canyon Coalition/B. Beyant, 469 l.: Wikipedia, 469 r.: Michigan State University, 470: Wikipedia, 471 l.o.+l.u.+u.: Wikipedia, 471 l.M.: Rolf Six, 472: Wikipedia, 473 l.o.: Rolf Six, 473 u.: arcticgaspipeline, 474 r.o.: Rolf Six, 474 r.u.: Universität Fairbanks, 475: Reindeer Farm Palmer, 476 o.: pr, 476 l.: Wikipedia, 477 M.: Above All, Yellowknife, 477 u.: Wikipedia, 478: Wikipedia, 479 l. M.+o.: Wikipedia, 479 l.u.: Rolf Six, 479 u.r.: Wikipedia, 480 l.o.: Wikipedia, 480 r.o.: Wikipedia, Maedward, 480 u.: Hans Mohr, 481: Wikipedia, 482 o.: BCM, 482 l.u.: Canadian Canoe Museum, 483 l.o.+r.: Wikipedia, 483 l.u. : Nunavut, 483 r.u.: Wikipedia, 484 l.u.: Wikipedia, 484 r.o.: Alfred Wegener Institut, Prof. Dr. Wolf-Gladrow, 485 o.: Polar-Reisen, Schweiz, 485 l.u.: Wikipedia, 485 r.: Hapag-Lloyd-Kreuzfahrten, 491: drive-blog.de, 492: Ökologix, 496: Wikipedia, 500: Rentierfarm in Cairngorm, 502: visitnorway, 504: Visit Schweden, 520: visitnorway

Rentier-Trekking für Groß und Klein
im Cairngorms National Park, Schottland

Dankeschön

Neben den verschiedensten im Buch genannten Institutionen, universitären Fachabteilungen, Gesellschaften, Stiftungen, zoologischen Gärten, Wissenschaftlern, Tourismus- sowie Fremdenverkehrsämtern und Botschaften, die alle ihre Spuren in diesem Werk hinterlassen haben, bin ich nachfolgenden Stellen und Menschen zu ganz besonderem Dank bei der Entstehung des Buches verpflichtet:

Tom Høyem, Direktor der Europäischen Schule Karlsruhe; Professor Dr. Ralf-Dietrich Kahlke, Leiter der Forschungsstation für Quartärpaläontologie der Senckenbergischen Naturforschenden Gesellschaft, Weimar; den Mitarbeitern im Staatlichen Museum für Naturkunde Stuttgart; Peter Wollkopf, Archäologe im Rosgartenmuseum, Konstanz; Manuela Fustig, Steiff-Archiv; Kari Kivinen, Generalsekretär aller 14 Europäischen Schulen, Finnland; Monika Braun, Leiterin Kommunikation, Staatliches Museum für Naturkunde, Karlsruhe; Niklas Fauteck, VOX-Fernsehen, Presse und Kommunikation, Köln; meiner Nichte Miriam Wagner, Karlsruhe; Gabriele Berblinger, Europäische Schule, Karlsruhe; Rolf Six, Wolfgang Miller, Karlsruhe; sowie Aino Siebert, Eggenstein-Leopoldshafen.

Last but not least: Zu großem Dank verpflichtet bin ich dem Verlag – insbesondere Stefanie Iwanek – und Thomas Lindemann, der mich stets positiv für das „Rentier-Werk" gefordert hat. Seine kritischen Anmerkungen, Hinweise und Vorschläge bezüglich der umfangreichen Text- und Bildmaterialien haben das Buch erst zu dem gemacht, was es jetzt darstellt: einem abwechslungsreichen Mix aus Geschriebenem und Bebildertem, dem die Brücke zum Leser gelingen möge.

« Samisches Zelt im norwegischen Finnmark

Index

« Traditionelle Sami-Kleidung aus Rentierfellen

Nordkap